U0223631

国家出版基金项目
NATIONAL PUBLICATION FOUNDATION

国 家 出 版 基 金 资 助 项 目
"十三五"国家重点出版物出版规划项目
先进制造理论研究与工程技术系列

机器人先进技术研究与应用系列

月壤剖面探测机器人技术

Robotics Technology of Lunar Subsurface
Exploration

张伟伟 唐钧跃 姜生元 著

哈尔滨工业大学出版社
HARBIN INSTITUTE OF TECHNOLOGY PRESS

内 容 简 介

月壤剖面探测是一个较新的研究领域。本书侧重月壤剖面探测过程中机具与月壤的作用机理,将探测技术分为潜入探测、钻进探测及贯入探测三类。其中在钻进探测部分,考虑钻进对象的差异,拆解为月壤钻进和月岩切削两部分阐述。各探测技术在机理层面存在一定的共通性,但在技术方案上又迥然不同、各具特色、互为补充。

本书内容涉及航天探测机器人技术,可以作为硕士研究生项目设计、博士研究生课题设计的参考书籍,同时对相关领域科研人员也有较高的参考价值。

图书在版编目(CIP)数据

月壤剖面探测机器人技术/张伟伟,唐钧跃,姜生
元著. —哈尔滨:哈尔滨工业大学出版社,2022.9
(机器人先进技术研究与应用系列)
ISBN 978 - 7 - 5603 - 9344 - 5

Ⅰ.①月… Ⅱ.①张… ②唐… ③姜… Ⅲ.①月壤-
月面图-剖面图-空间机器人-机器人技术 Ⅳ.
①P184.6 ②TP242.4

中国版本图书馆 CIP 数据核字(2021)第 014387 号

策划编辑 张 荣 闻 竹
责任编辑 刘 瑶 张 荣 孙连嵩
出版发行 哈尔滨工业大学出版社
社 址 哈尔滨市南岗区复华四道街 10 号 邮编 150006
传 真 0451—86414749
网 址 http://hitpress.hit.edu.cn
印 刷 辽宁新华印务有限公司
开 本 720 mm×1 000 mm 1/16 印张 22.25 字数 448 千字
版 次 2022 年 9 月第 1 版 2022 年 9 月第 1 次印刷
书 号 ISBN 978 - 7 - 5603 - 9344 - 5
定 价 118.00 元

(如因印装质量问题影响阅读,我社负责调换)

国家出版基金资助项目

机器人先进技术研究与应用系列

编 审 委 员 会

序

机器人技术是涉及机械电子、驱动、传感、控制、通信和计算机等学科的综合性高新技术,是机、电、软一体化研发制造的典型代表。随着科学技术的发展,机器人的智能水平越来越高,由此推动了机器人产业的快速发展。目前,机器人已经广泛应用于汽车及汽车零部件制造业、机械加工行业、电子电气行业、医疗卫生行业、橡胶及塑料行业、食品行业、物流和制造业等诸多领域,同时也越来越多地应用于航天、军事、公共服务、极端及特种环境下。机器人的研发、制造、应用是衡量一个国家科技创新和高端制造业水平的重要标志,是推进传统产业改造升级和结构调整的重要支撑。

《中国制造 2025》已把机器人列为十大重点领域之一,强调要积极研发新产品,促进机器人标准化、模块化发展,扩大市场应用;要突破机器人本体、减速器、伺服电机、控制器、传感器与驱动器等关键零部件及系统集成设计制造等技术瓶颈。2014 年 6 月 9 日,习近平总书记在两院院士大会上对机器人发展前景进行了预测和肯定,他指出:我国将成为全球最大的机器人市场,我们不仅要把我国机器人水平提高上去,而且要尽可能多地占领市场。习总书记的讲话极大地激励了广大工程技术人员研发机器人的热情,预示着我国将掀起机器人技术创新发展的新一轮浪潮。

随着我国人口红利的消失,以及用工成本的提高,企业对自动化升级的需求越来越迫切,"机器换人"的计划正在大面积推广,目前我国已经成为世界年采购机器人数量最多的国家,更是成为全球最大的机器人市场。哈尔滨工业大学出版社出版的"机器人先进技术研究与应用系列"图书,总结、分析了国内外机器人

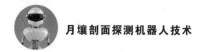

技术的最新研究成果和发展趋势,可以很好地满足机器人技术开发科研人员的需求。

"机器人先进技术研究与应用系列"图书主要基于哈尔滨工业大学等高校在机器人技术领域的研究成果撰写而成。系列图书的许多作者为国内机器人研究领域的知名专家和学者,本着"立足基础,注重实践应用;科学统筹,突出创新特色"的原则,不仅注重机器人相关基础理论的系统阐述,而且更加突出机器人前沿技术的研究和总结。本系列图书重点涉及空间机器人技术、工业机器人技术、智能服务机器人技术、医疗机器人技术、特种机器人技术、机器人自动化装备、智能机器人人机交互技术、微纳机器人技术等方向,既可作为机器人技术研发人员的技术参考书,也可作为机器人相关专业学生的教材和教学参考书。

相信本系列图书的出版,必将对我国机器人技术领域研发人才的培养和机器人技术的快速发展起到积极的推动作用。

蔡鹤皋

2020 年 9 月

前　言

2004 年,我国启动了月球探测"嫦娥工程"。"嫦娥工程"分为 3 个阶段,即"无人月球探测""载人登月"和"建立月球基地"。从 2007 年起,截至 2019 年年末,嫦娥一号到四号探测器相继成功发射,完成了绕月和月表巡视的工程任务。2020 年,按照计划我国发射了嫦娥五号探测器,通过铲取、钻取两种方式,采集了月球样品并带回地球。我国探月工程从此步入月壤剖面探测的新阶段。

本书作者所在团队全程参与了嫦娥五号探测器采样分系统的研制工作,对月壤剖面探测技术拥有较深厚的理论积累。月壤剖面探测技术是未来深空探测领域发展的关键技术之一。月壤剖面具有大纵深、非确知剖面组构、多形态等特点,在严苛的探测系统质量/动力、工作环境、空间距离条件限制下,月壤剖面探测器一般需要具备高效能潜入、自主控制等能力,在部分任务中还要求探测器具有土壤物性原位感测的能力。这些限制与要求给月壤剖面探测器的研制工作带来了巨大的挑战。如何在对象不确知的情况下建立有效的机土作用模型,如何依据工程要求制定月壤剖面刺入方案,如何在技术框架内完成探测机具的设计与优化,如何在地面环境中开展"等效性、覆盖性"试验,是本书主要解决的问题。

纵观人类的天体剖面探测历史,从美国的 Apollo 计划、苏联的 Luna 系列探测任务到近年美国火星 Insight 探测活动,代表性的月壤剖面探测技术可归纳为潜入探测、钻进探测、贯入探测三类。本书从以上三类代表性探测技术出发,围绕机具对月壤的作用机理、探测机具设计等问题展开阐述。全书共分为 5 章,第 1 章为月壤剖面探测概述,介绍了月壤与月球的环境,综述了以月球为主涵盖火星、小行星等近地天体的土壤剖面探测技术。第 2 章为月壤剖面蠕动掘进式潜探技术,以蠕动掘进式潜探器为研究对象、月壤剖面自主掘进潜入及月壤力学参数辨识为研究目标,介绍了次表层月壤蠕动掘进式潜探技术,内容包括蠕动掘进

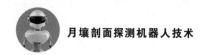

式潜探器设计、潜探器与月壤相互作用力学模型、潜探器参数优化及掘进潜入试验、原位月壤力学参数辨识方法与试验等。第 3 章为月壤剖面钻进采样技术,从月壤在约束空间内的排屑机理模型出发,介绍了螺旋钻杆参数的设计优化过程以及空间曲面螺旋钻头的构型设计。第 4 章为月岩钻进技术,介绍了基于该机理模型的钻头设计过程,提供了相关的试验数据。第 5 章为贯入式月壤剖面探测技术,分析了贯入器贯入原理及其效能影响因素,建立了贯入器贯入力学模型,并介绍了贯入器的设计及试验测试过程。

本书的素材一方面来自作者及其团队近几年在这一领域的研究成果,另一方面来自国内外发表的文章,作者在此表示诚挚的谢意。

月壤剖面探测技术难度大,涉及学科众多,由于作者水平所限,疏漏在所难免,欢迎广大读者批评和指正,在此谨表谢意。

作　者
2022 年 5 月

目　录

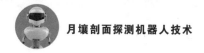

第 1 章

月壤剖面探测概述

月壤剖面探测是探究行星基础科学问题的需求和重要手段。本章主要介绍月球环境条件、月壤剖面特性以及针对月壤剖面采样及综合物性探测的技术发展现状等。

1.1　概述

认识地球形成演化规律,拓展生存空间是全人类共同关注的话题。对地球以外的天体开展探测活动,可以从太阳系的宏观视角深入认识地球的演化规律,并通过开发利用地外资源解决人类可持续发展问题,进而拓展人类的生存空间。目前,地外天体探测已经作为人类航天活动的重要方向和空间科学与技术创新的重要途径,是当前和未来航天领域的发展重点之一。

月球是离地球最近的地外天体,也是地球的卫星。覆盖在月球表面的月壤物质,其综合物性蕴藏了月壤演化、成因等诸多历史信息,一直是人类地外天体探测的主要目标。我国地外天体探测技术的快速发展,积累了大量月壤物质组成和地形地貌的探测数据,促进了天体化学、行星科学及比较行星学等多门学科对星体的形成演化的认识,但是月壤剖面组构及其综合特性的全局认知缺失限制了这一核心基础科学问题的进一步深入和拓展。因此,探测月壤剖面是基础科学问题研究和工程应用技术攻关的迫切需求,同时是面向人类探索地外水、寻找地外生命存在依据和探究行星基础科学问题的需要。

(1)探索地外水、寻找地外生命存在依据的需要。水是太阳系形成演化过程中的重要参与者,从最初的太阳星云到太阳系各天体的形成,从地球到八大行星的演化,从地球岩浆演化到全球气候变化,再从有机物的形成到生命的出现,这些行星科学、地球科学和生命科学的核心问题都与水息息相关。自20世纪60年代以来,人类针对月球、火星等地外天体是否存在水、水以何种形态存在、储藏丰度如何等科学问题开展了持续性探索,利用地基遥感、星载遥感、着陆就位探测等方式,已初步探明月球极区和火星地下均存在水冰物质。随着天体水科学问题研究的深入以及深空探测技术的发展,地外天体水冰物质的原位精准勘查已经成为深空探测领域的前沿和热点问题。受遥感等探测方式远距离、非接触测量原理的制约,目前的探测结果还比较粗略,无法精确获取含水冰月壤的综合物性以及水冰物质在纵深剖面中的分布规律及其同位素特征等数据。而这些信息恰恰是未来星球基地建设和水资源开发与原位利用的前提及依据,也是理解太阳系天体水的来源、早期地球及行星差异演化、生命起源演化等核心科学问题的关键证据。因此,开展月壤水冰在纵深剖面分布特性的精准勘查,为揭示天体中水的来源问题提供科学证据,同时进一步满足天体水资源开发与原位利用的工程需求。

（2）探究行星基础科学问题的需要。月壤演化、太空风化、星体表面热辐射和传输过程是行星科学研究的重要内容，体现了星体形成后经历的长达约30亿年的历史变迁。太阳系固体星球在完成早期的吸积增生和熔融分异后，形成一个由不同类型岩石组成的固体壳层，这一岩石壳层在随后的几十亿年中不断经受陨石的撞击、太阳风粒子和高能宇宙射线的轰击等太空风化的作用，岩体被撞击破碎、挖掘混合及辐射改造，在不同星体上形成了性质特征各异的土壤。这些月壤在没有生物扰动的情况下完整地保存了星体演化后期的重要过程信息。月壤的颗粒大小、颗粒形态、密度和孔隙度、堆积组构特征等机械物理特性都是由星体自身环境条件以及月壤形成过程中的各种物理和化学风化过程所决定的。在星体的演化过程中，来自外部的太阳辐射和来自星体内部的热流是月壤层的两个热源，决定着月壤层内部的温度变化，与星体水的储存和逃逸密不可分。月壤的热物理特性是理解和认识星体表面热辐射及传输过程的重要参数，受月壤颗粒大小、颗粒形态、密度和孔隙度、堆积组构特征等的影响。因此，对于基础科学问题，随着对月壤演化、太空风化、星体表面热辐射和传输过程研究的深入，迫切需要针对地外天体的月壤剖面开展探测与研究，这将对月壤综合物性的有限认识进行拓展，将月壤物性静态、准静态参数拓展到包含反映动态特性较完备的参数体系。

自20世纪60年代以来，人类已经对月球相继开展了多次探测活动，通过遥感探测、就位探测以及采样返回物的地面测分析，为人类认知月壤剖面提供了基础依据。月壤剖面具有大纵深的特点，探测点的月壤物理组构难以精确预估。月壤物质形态尺度差异大、分布不规律，可能包含高密度月壤颗粒聚合物、块状岩石、冰壤混合物、纯冰等多种形态。同时月面工作环境、系统质量／动力、遥操作、无人自主作业等条件限制也为月壤剖面探测机具设计带来了挑战。

1.2　月球环境

月球起源于40亿 ～ 60亿年前，是地球唯一的天然卫星，距离地球约38.4万 km，公转周期约为27.32 d。月球的重力加速度为地球的1/6，且重力分布存在分布异常。月球表面处于高真空状态，大气压强为10^{-13} Pa，白天月球表面最高温度达127 ℃，夜间可降至－183 ℃。图1.1为1972年12月13日 Apollo 17探测任务中的第三次舱外活动中，宇航员 Cernan 拍摄的金牛座－利特罗（Taurus-Littrow）登陆点周围的月球环境照片，可看到宇航员 Harrison Schmitt 站在巨大的、分裂的月球岩石旁边，远处能看见他们驾驶的月球车。

与地球环境相比，月球环境在大气环境、温度环境及重力环境等方面均存在诸多差异，这使得月面探测与地质勘探相比有了本质上的区别。

图 1.1　金牛座－利特罗登陆点周围的月球环境照片(Apollo 17)

（1）月面环境的特殊性。

① 低重力：导致低作用力，地质勘探领域中的大作用力模式将不存在。

② 导热条件：月球没有大气层保护，几乎为真空状态，探测过程中无对流导热，再加上月壤的热容量和热导率极低，且月球剖面温度按梯度分布，这对探测机具的热环境适应性提出了较高要求。

③ 探测器动力有限：受火箭运载能力和成本的限制，需要对探测器系统中各环节的质量进行严格控制，再加上月球低重力环境，使得探测器能提供的动力有限。

④ 探测时间窗口：由于执行月球探测任务的时间需要严格控制，这意味着在有限的时间内必须完成探测任务。由此可见，高效能探测尤为重要。

（2）月壤的特殊性。

① 颗粒形态：月壤颗粒的极端不规则度，导致其内聚力、内摩擦角远大于土壤，颗粒群之间相互咬合，滑移困难；当相对密实度较大时，颗粒类似于岩石。

② 粒度分布：月壤颗粒的粒度分配随机并且非确知，颗粒在探测作动区扰动强烈；与机具尺度接近的临界尺度颗粒，对探测成功率有较大影响。

（3）月岩的特殊性。

① 有些月岩的矿物类别地球上没有，如高钛玄武岩（TiO_2 的质量分数大于20%），可用可钻性等级来等效。

② 月岩为两相体，缺少水相，而地球岩石内存在分子态的结合水，因此探测过程中的散热机制完全不同。

根据玉兔号月球车上测月雷达的反馈数据，推测虹湾地区（北纬44.126 0°—西经19.501 4°）可能存在三层月球地质结构：第一层为月球溅射覆盖物形成的风化层；第二层为附近撞击坑形成的溅射覆盖物；第三层被认为是月壤和月球基岩的混合物。在第三层以下的回声信号与噪声信号相当，这意味着如果存在第四层,有可能是质地均一的月球基岩,其原因是没有明显的反射回波信号,并且厚度已经超过测月雷达的探测深度。月球勘测轨道飞行器拍摄的嫦娥三号探测器着陆地点照片及玉兔号月球车月面巡视轨迹如图1.2所示,测月雷达返回的虹湾地区月球地层结构如图1.3所示,在月球风化层不仅存在粒度尺度较小、颗粒/粉末状的月壤自然堆积物,也极有可能存在由火山喷发溅射或撞击破碎溅射而形成的块状月球岩石。

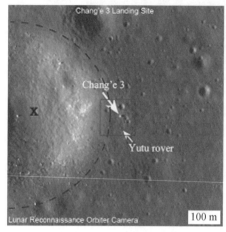

(a) 嫦娥三号探测器着陆地点   (b) 玉兔号月球车月面巡视轨迹

图 1.2   月球勘测轨道飞行器拍摄的嫦娥三号探测器着陆地点照片及
玉兔号月球车月面巡视轨迹

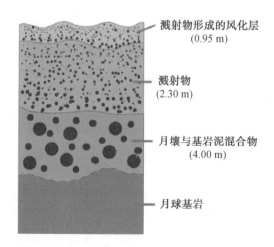

图 1.3   测月雷达返回的虹湾地区月球地层结构

1.3　月壤剖面

1.3.1　月壤剖面概述

月壤剖面是指从星体表面垂直向下的月壤纵剖面，也就是完整的垂直月壤层序，是月壤形成过程中物质发生淋溶、粉碎、岩化、积淀、迁移和转化形成的。不同类型的月壤，具有不同形态的月壤剖面。月壤剖面可以表示月壤的特征与组构，包括月壤的色泽、质地、组分、物性分布规律等。在月壤形成过程中，由于物质的迁移和转化，月壤分化成一系列组成、性质和形态各不相同的层次，这些月壤层之间的顺序及变化情况，反映了月壤的形成过程及其性质。

从组成月壤剖面的基本物质形态上来说，月壤形态可大致分为均质粉态、粗糙颗粒态、块状岩态、冰壤胶合态等。月壤剖面就是由这些不同形态的月壤物质按照自然形成规律组合而成的，按照构造形态大致可划分为小尺度均质颗粒月壤剖面（主要由均质粉态与粗糙颗粒态物质组成）、临界尺度颗粒月壤剖面（由均质粉态、粗糙颗粒态、小尺度块状岩态物质组成）、大尺度块状月壤剖面（由大尺度块状岩态与冰壤胶合态物质组成）。图 1.4 所示为 Apollo 12 月球探测任务中获得的月壤剖面样本模型。

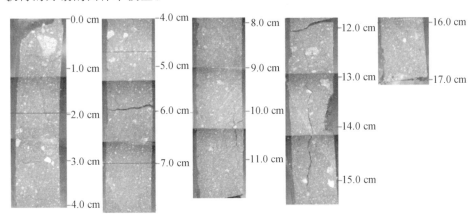

图 1.4　Apollo 12 月球探测任务中获得的月壤剖面样本模型

月壤剖面的层序是指一套相对统一的、成因上有联系的月壤层在纵深方向上的堆积序列，是在星球地质构造过程中自然形成的。层理是指月壤层中物质的成分、颗粒大小、形态和颜色等组构特征在纵深方向发生改变时产生的纹理，是研究月球地质构造演化的重要参考面。图 1.5 所示为月壤剖面层序与层理示意图。

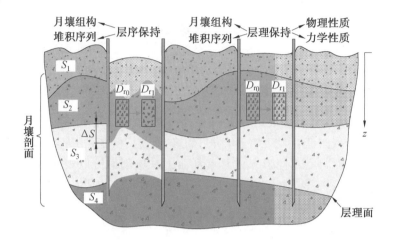

图 1.5　月壤剖面层序与层理示意图

在探测月壤剖面过程中,探测机具会不可避免地对原位月壤造成扰动。当扰动程度过大时,月壤颗粒的排布状态被打乱,月壤层之间的纹理面被破坏,密实度、内聚力、内摩擦角等物理力学特性参数已发生改变,仅能分辨出月壤层的堆积序列和物质成分、颗粒大小及形态等组构特征,因此只能获得月壤剖面的层序信息。当扰动程度较低时,大部分月壤颗粒排布状态不变,月壤层之间的纹理面保存完好,物理力学特性与原位状态相同,能够获得月壤剖面的层理信息。显然,获得月壤剖面的层理信息能够更真实地反映月壤物质的原态特征,具有更丰富的研究价值。

1.3.2　月壤物质的综合物性

迄今为止,人类已经针对月球进行了数十次探测活动,从 1960 年的 Luna 系列、Apollo 系列月球探测,到我国的嫦娥系列探测活动,为人类进一步获知月球形成过程及演化规律提供了丰富的探测数据。

月壤通常是指覆盖在月球表面基岩以上的松散颗粒堆积物质,是月表岩石经陨石撞击、宇宙射线轰击、剧烈温度变化而破碎后的产物。大量的探测资料表明,月球表面除了极少数地形陡峭的位置外,均覆盖有平均厚度从数米至十数米不等的月壤。月壤的综合物性包括颗粒组成、堆积状态、抗压性和抗剪性、导热性等,相对应的表征参数如图 1.6 所示。

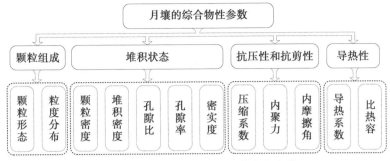

图 1.6　月壤的综合物性及其表征参数

1.3.2.1　月壤的颗粒组成

月壤颗粒是月壤的基本组成单元,包括各种矿物碎屑、原始结晶岩碎屑、角砾岩碎屑、玻璃碎屑、陨石碎片等。月壤的颗粒组成是指颗粒粒度分布及颗粒形态,是决定月壤物理力学特性的主要参数之一。

根据 Luna 及 Apollo 系列月球探测任务采集的返回样品分析结果,月壤颗粒的粒度分布范围很宽(图 1.7),但以直径小于 1 mm 的为主,大部分在 30 μm ~ 1 mm 之间,平均中值粒度为 70 μm,即近 50% 的颗粒小于宇航员的肉眼分辨能力(约100 μm)。

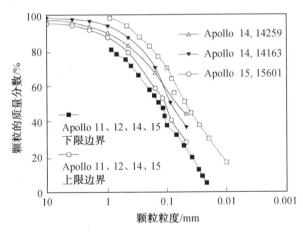

图 1.7　Apollo 系列月球探测任务采集的月壤样品颗粒粒度分布图

月壤颗粒形态的变化范围很大,从规整的球形、椭球形到极端不规整的棱角形均有出现,其中以长条形和棱角形为主,如图 1.8 所示。长条形、棱角形的颗粒一般为岩石受空间风化作用(微陨石撞击、太阳风及宇宙射线轰击等)破碎形成的碎屑;球形、极端棱角形的颗粒一般为高温条件下矿物熔化聚合而成的胶结物。不规则的颗粒之间容易发生锁合,致使其滑行困难、抵抗外力作用的能力增加。

 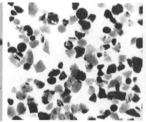 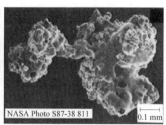

(a) 球形绿玻基颗粒　　(b) 棱角形橙玻基颗粒　　(c) 极端棱角形胶结物

图 1.8　不同形态月壤颗粒的显微图像

1.3.2.2　月壤的堆积状态

（1）颗粒密度。月壤的颗粒密度是指单一颗粒的真实密度，与构成颗粒的矿物类型及含量密切相关。胶结物和玻璃基的颗粒密度为 $1.0 \sim 3.32 \ \mathrm{g/cm^3}$；玄武岩类的颗粒密度一般高于 $3.32 \ \mathrm{g/cm^3}$；角砾岩类的颗粒密度为 $2.9 \sim 3.1 \ \mathrm{g/cm^3}$。大部分月壤的颗粒密度从 $2.3 \sim 3.2 \ \mathrm{g/cm^3}$ 不等，绝大部分在 $2.9 \ \mathrm{g/cm^3}$ 以上。

（2）堆积密度。月壤的堆积密度也称容重（bulk density），是指月壤的自然结构在未遭到破坏的情况下，单位体积内月壤的质量，计量单位常用 $\mathrm{g/cm^3}$ 表示。Apollo 登陆点月壤堆积密度估计值见表 1.1。

表 1.1　Apollo 登陆点月壤堆积密度估计值

登陆点	Apollo 11	Apollo 12	Apollo 14	Apollo 15	Apollo 16	Apollo 17
密度 /(g·cm^{-3})	1.54 ~ 1.75	1.55 ~ 1.90	1.45 ~ 1.6	1.36 ~ 1.93	1.40 ~ 1.80	1.57 ~ 2.29

（3）孔隙比与孔隙率。月壤的孔隙比定义为月壤颗粒之间的孔隙体积与颗粒占有的体积之比，采用小数形式表示。月壤的孔隙率是指孔隙占有的体积与总体积的比值，采用百分数形式表示。二者均可用于评价月壤的密实程度，且能够相互转换。Apollo 和 Luna 任务中不同登陆点月壤堆积密度与孔隙比见表 1.2。

表 1.2　Apollo 和 Luna 任务中不同登陆点月壤的堆积密度与孔隙比

登陆点	堆积密度 /(g·cm^{-3})		孔隙比	
	松散	密实	松散	密实
Apollo 11	1.36	1.8	1.21	0.67
Apollo 12	1.15	1.93	—	—
Apollo 14	0.89	1.55	2.26	0.87
Apollo 15	1.1	1.89	1.94	0.71
Luna 16	1.12	1.79	1.69	0.67
Luna 20	1.04	1.8	1.88	0.67

（4）密实度。密实度也称相对密实度，是指月壤的孔隙比 e 与该月壤能达到的最密实情况下的孔隙比 e_{min} 和最松散时的孔隙比 e_{max} 的相对比，即

$$D_r = \frac{e_{max} - e}{e_{max} - e_{min}} = \frac{(\rho - \rho_{min})\rho_{max}}{(\rho_{max} - \rho_{min})\rho} \tag{1.1}$$

式中　　D_r——相对密实度，%；

　　　　ρ_{max}——最大堆积密度，g/cm^3；

　　　　ρ_{min}——最小堆积密度，g/cm^3。

相对密实度也可用百分数表示，通常情况下认为 $D_r \geqslant 67\%$ 为密实状态，$33\% < D_r < 67\%$ 为中等密实状态，$D_r \leqslant 33\%$ 为松散状态。

1.3.2.3　月壤的抗压性与抗剪性

（1）压缩系数。月壤在压力作用下体积会缩小。试验表明，压力为 $100 \sim 600$ kPa 时，月壤颗粒本体的被压缩量非常小，可以忽略不计。因此，月壤体积的缩小实际上是颗粒重新排布后孔隙体积降低导致的。月壤的压缩性用压缩系数表示，其定义为单位压力下月壤孔隙比的变化量，单位为 1/MPa。月壤的平均压缩系数见表 1.3。

表 1.3　不同孔隙比月壤的平均压缩系数

月壤参数	孔隙比			
	> 1.3	$1.3 \sim 1.0$	$1.0 \sim 0.9$	< 0.9
压缩系数 $/MPa^{-1}$	> 40	20	8	< 3

（2）内聚力与内摩擦角。月壤颗粒在外力作用下会发生错动，宏观上表现为月壤与相邻的两部分产生滑动，而抵抗这种滑动的性能称为月壤的抗剪性。月壤的抗剪性由内聚力 c 和内摩擦角 φ 两个参数决定，分别反映月壤颗粒间黏结力和摩擦力的强弱。Apollo 历次任务测得的月壤内聚力和内摩擦角见表 1.4。

表 1.4　Apollo 登陆点月壤内聚力和内摩擦角的最佳估计值

登陆点	Apollo 11	Apollo 12	Apollo 14	Apollo 15	Apollo 16	Apollo 17
内聚力 /kPa	$0.75 \sim 2.1$	$1.2 \sim 4.8$	$0.03 \sim 0.1$	1.0	0.6	$1.1 \sim 1.8$
内摩擦角 $/(°)$	$37 \sim 45$	$25 \sim 50$	$35 \sim 45$	$47.5 \sim 51.5$	46.5	$30 \sim 50$

可见，月壤的颗粒组成和堆积状态决定了其力学特性，而月壤的高抗剪性将使采样机具受到较强的阻碍作用，导致负载较大。

1.3.2.4　月壤的导热性

（1）月壤的导热系数和比热容。月壤的导热系数极低，根据 Apollo 系列就位月壤的测定结果显示，月壤的导热系数随着温度的升高而升高，同时与月壤的深度有关。几厘米之内的浅层细颗粒月壤的导热系数在 200 K 左右时，为 $(1.2 \sim 1.44) \times 10^{-3}$ W/(m · K)；在 400 K 左右时，为 $(2.47 \sim 3.5) \times 10^{-3}$ W/(m · K)；

在几厘米到十几厘米时,为$(1.0 \sim 1.5) \times 10^{-2}$ W/(m·K)。月壤导热性差的主要原因在于月壤呈棱角颗粒状,接触面积较小以及月球高真空、无水的特殊环境。月壤的比热容也随温度的升高而升高,根据 Apollo 14、15、16 就位月壤的测定结果显示,月壤的比热容在 95 K 时约为 210 J/(kg·℃),在 360 K 时约为 880 J/(kg·℃)。

(2)月壤的温度。月壤的温度分布主要与时间、纬度和深度有关,由于目前所取得的月壤样品数量很少,采样地点随机性较大,月壤相对全面的热物性数据获得很有限,进而对月表温度分布,尤其是对沿着月壤深度方向上的温度分布很难准确地描述。目前得到的月壤温度分布一般都是通过一定的假设由数值计算而得来。有很多学者对月壤的温度分布进行了建模计算,结果都比较相似。一天中各纬度表层月壤温度分布如图 1.9 所示。零纬度月壤温度与深度的关系如图 1.10 所示。

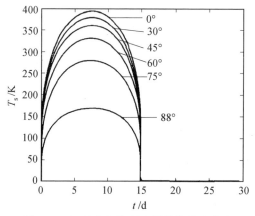

图 1.9　一天中各纬度表层月壤温度分布

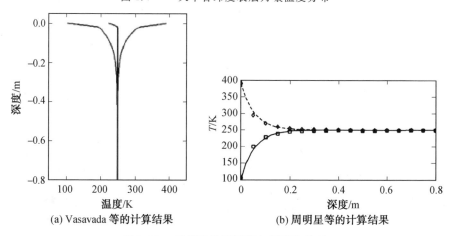

(a) Vasavada 等的计算结果　　　　(b) 周明星等的计算结果

图 1.10　零纬度月壤温度与深度的关系

1.4　月壤剖面探测技术综述

迄今为止,美国、苏联及欧洲航天局(简称欧空局)等针对月球、火星、小行星等星体的土壤剖面进行过多次潜入作业及探测。其潜入作业及探测方式可分为常规钻进、高速飞行贯入、蠕动掘进潜入和低速冲击贯入等方式,见表1.5。由于作业机理不同,潜入作业取得的效果有很大差异。月壤剖面探测在工作环境、限制条件、对象模糊性等方面与火星、小行星、彗星等近地固体天体土壤剖面探测活动具有相似性,本部分综述以月壤剖面探测为主,兼顾介绍了一系列具有代表性的近地固体天体土壤剖面探测活动。

表1.5　地外天体纵深剖面潜入方法

潜入方式	型号	原理	特点
常规钻进式	Apollo 系列、Luna 系列、CE-5	利用螺旋钻回转、进尺或冲击作用实现月壤剖面的潜入	质量大、体积大、功率大、扰动大
高速飞行贯入式	Deep Space2 MoonLITE	利用探测器初始动能高速撞击天体实现潜入功能	质量大、体积大、扰动大、冲击大
蠕动掘进潜入式	SSDS GMD	利用间歇式交替钻进,实现剖面潜入功能	质量大、体积大、扰动大、潜深大
低速冲击贯入式	MUPUS HP^3	通过挤密贯入方式,利用空间置换的原理实现剖面潜入	质量小、体积小、扰动小、潜深大

1.4.1　月壤钻取采样探测技术发展现状

苏联共研发了3个Luna系列无人月球探测器(Luna 16、20、24)用于采集月壤样品。Luna 16 与 Luna 20 的钻进取芯装置安装于摆杆式机械臂上,如图1.11(a) 所示。探测器着陆时,机械臂摆转一定角度使钻进取芯装置能够接触月面,随后采集月壤。当钻采作业完成后,样品被机械臂送入可自密封的容器内,随后随返回舱返回地球。受当时技术水平限制,Luna 16 与 Luna 20 均采用固定的钻进规程采集月壤样品。Luna 16 在钻取过程中遇到坚硬物质无法突破被迫停转,最终仅钻进 35 cm,采集到 101 g 样品。Luna 20 的钻进取芯装置在钻取过程中因遇到坚硬物质曾多次出现电机过热的情况,难以突破坚硬物质,最终仅钻进 25 cm,采集到 55 g 样品。

Luna 24 月球探测器的钻进取芯装置安装于探测器的导轨上,如图1.11(b)所示。钻进取芯装置可以沿导轨实现进尺运动。Luna 24 首次采用软袋取芯方式采集月壤样本。由于软袋与被包裹的月壤样本之间没有相对滑动,采用软袋

月壤剖面探测机器人技术

取芯方式能够保持采集样本的层理信息。Luna 24 采用机械自适应装置适应月面复杂工况,其适应能力有限。在钻至 1.2 m 处时,钻进阻力快速增大,钻机曾出现两次报警。此后钻头切入致密月壤层,因钻进阻力过大而在 2.25 m 处被迫停钻。最终取芯长度为 1.6 m,采集到的样品质量为 170 g。

(a) Luna 16 探测器　　　　　　　　(b) Luna 24 探测器

图 1.11　苏联 Luna 系列探测器

美国于 1969—1972 年间先后 6 次成功执行了载人登月计划。在 Apollo 15、16、17 任务中,宇航员使用月表钻机(Apollo Lunar Suface Drill,ALSD)实现了月壤剖面样品的采集,但样品的层理信息同样遭到了破坏,如图 1.12 所示。

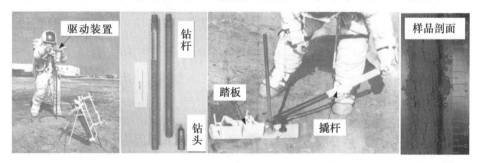

图 1.12　Apollo 系列任务月表钻机及获取的样品

ALSD 具有回转和冲击两种工作模式,由宇航员手持操作。使用硬质空心螺旋钻杆,并采用了组接形式,拟实现 3 m 深度的连续月壤剖面样品采集。采样流程如下:第一根钻杆由电机驱动向下钻进;即将完全潜入时,取下驱动装置,续接上第二根钻杆后继续下钻采样;重复第二步操作直至到达预定深度。Apollo 15 任务中,月壤在钻杆螺旋槽和连接处均发生了堵塞现象,致使钻杆在拔取时需要很大的提拉力。采样结束后,宇航员 Scott 在拔取钻杆时肩部被拉伤。鉴于此,在 Apollo 16 和 Apollo 17 任务中,钻机配备了踏板和撬杆,但也为宇航员的行动带来了不便。

除月球探测外,人类对火星、小行星等近地天体也展开了钻进探测活动,其探测技术同样具有重要的参考价值。其中比较有代表性的有美国的好奇号火星漫游车,欧空局的 Rosetta 号彗星探测器、ExoMars 探测器,以及美国 Honeybee Robotics 公司研发的一系列地外天体探测装置等。

美国好奇号火星漫游车搭载一条装载有钻进取芯装置的机械臂,如图1.13(a)所示。图1.13(b)所示的好奇号火星漫游车机械臂正在火星表面控制钻进取芯装置钻取岩石样品。好奇号搭载的钻进取芯装置能够实现火星表面多点采样,采集的土壤能够传输回漫游车本体开展原位分析。该套钻进取芯装置采用回转冲击的方式进行采样,由机械臂提供钻压力,设计钻进深度为50 mm。目前好奇号火星漫游车所采集的样品还无法返回地球,只能等下一次火星探测计划将其采集的样品返回地球,以对火星样品开展系统的地面分析研究。

(a) 好奇号火星漫游车　　　　　　　　(b) 好奇号钻取机械臂

图 1.13　好奇号火星漫游车及其钻取机械臂

欧空局于 2004 年发射了 Rosetta 号彗星探测器,如图 1.14 所示。Rosetta 号已于 2015 年登陆 67/P 彗星开展彗星原位探测。Rosetta 号搭载的 SD2 钻进取芯器能够采集彗星表层 20 cm 以下土壤样品,随后将样品传送回探测器进行分析。SD2 总体质量为 5.1 kg,最大功耗为 14.5 W,钻取平均功耗为 6 W,能够在 −150 ℃ 环境下工作。

欧空局在 2016 年开始执行 ExoMars 任务。ExoMars 漫游车于 2020 年登录火星开展火星探测任务,主要寻找火星生命痕迹,如图 1.15 所示。漫游车搭载的一套钻进取芯装置将有选择地获取火星表层至火星剖面 2 m 处的土壤。采回的土壤将传送回漫游车本体开展原位分析。为便于漫游车携带,钻进单元由一套组合钻具和 3 根钻杆组接而成,采用多杆组接的方式达到 2 m 钻进的目的。工作模式分为钻进模式和采样模式。钻头处安装有一个采样开关,开关打开时,钻具

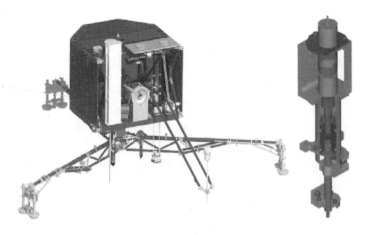

图 1.14　Rosetta 号探测器及其钻进取芯装置

开始采样;开关关闭时,钻具停止采样,仅钻进。钻头前端带有一个火星次表层
多光谱成像仪,用于对钻头前端 20 cm 范围内土体进行光学成像。

图 1.15　ExoMars 漫游车

　　美国的 Honeybee Robotics 公司着力于地外天体智能钻探的研究,研发了
DAME、MARTE、CRUX 和 Icebreaker 智能钻进取芯试验平台用于火星钻进采
样原理样机的测试,如图 1.16 所示。所有的钻进平台均采用同一套原理钻机和
控制系统。作为其中最为典型的一款钻取试验平台,DAME 装备了在线状态实
时监测设备(如激光测振仪)及智能实时控制软件,可识别堵钻、卡钻、钻头泥包、
钻杆扭曲、遇到坚硬岩石等特殊钻进工况。DAME 需要大量的实时监测传感器
以实现钻进的智能控制,目前仅用于地面试验研究。它们的试验经验表明,人工
智能能够为实现地外天体无人自主钻探提供一条可行途径。

(a) DAME　　　　　　　　(b) MARTE　　　　　　　　(c) Icebreaker

图 1.16　Honeybee Robotics 公司的试验平台

　　不同于空心钻具取芯，Icebreaker 利用钻屑收集装置收集螺旋槽排出的钻屑。Icebreaker 钻具如图 1.17 所示。收集的样本通过样品传送机构传送回探测器本体。钻头采用复合结构，能够钻进冰层、冰沙和坚硬的岩石。钻头处嵌有一个温度传感器，实时监控钻头的切削状态，防止烧钻。Icebreaker 钻进取芯方式便于将样品传送回漫游车本体并开展原位分析，但是无法保持样品的层理信息。此外，美国的 ATK 公司、日本宇航局等一些知名国外科研机构也相继开发了多套用于地外天体探测的钻进取芯装置。

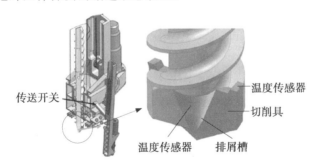

图 1.17　Icebreaker 钻具

　　国内在地外天体探测研究方面起步较晚。哈尔滨工业大学、中国空间技术研究院、中国地质大学、北京航空航天大学等各大高校及研究院所已经开始从事这方面的研发工作，为地外天体探测的研究积累了初步经验。

1.4.2　月壤剖面贯入式探测技术发展现状

1.4.2.1　冲击作动式贯入式取芯

Apollo 11任务中,宇航员 Buzz Aldrin 将内径约为 2 cm、长度为 31.75 cm 的取芯管敲击贯入月壤[图 1.18(a)],获得了第一份月壤剖面样品,此后,该方法一直沿用至 Apollo 17 任务中。取芯管结构及采集的月壤剖面样品剖面如图 1.18(b)(c) 所示,可以看到,样品受扰动(破碎、混合等)较小,基本保持了原位月壤剖面的层理信息。

(a) 采样过程　　　　　　　　(b) 取芯管结构

(c) 样品剖面

图 1.18　Apollo 贯入式取芯工具的结构及获取的样品剖面

在取芯管的研制过程中,因设计人员主观地认为月壤是松散状态的,为防止月壤在取芯管取出的过程中掉落而将其前端的刃口设计成具有 75° 外倾斜角的结构,如图 1.19(a) 所示,并增加了聚四氟乙烯防漏膜片。采样时,膜片由支承件撑开,月壤进入取芯管内。采样结束后向上提拉取芯管,膜片在管内月壤自身重力的压迫下闭合,达到防漏的目的。但实际上,只有靠近月表几厘米的月壤是呈松散状态的,而下方月壤在陨石的长期撞击下是呈致密状态的。而且,外倾斜面的挤压进一步提高了月壤的致密程度,使贯入阻力不断增大。此外,取芯管内部安装有薄壁铝合金内衬套管,增加了取芯管的壁厚,使之贯入时受到的阻力又进一步增大。最终,当取芯管贯入 25 cm 时无法继续深入,而且从月壤中取出也比较困难。取芯管取出后,原位孔壁并未出现设计人员想象中的坍塌现象。吸取了 Apollo 11 的经验后,设计人员对 Apollo 12 与 Apollo 14 任务中使用的取芯管前端的刃口结构进行了改进,取消了具有外倾斜角的构型,使刃口与管壁平行,其余外形和尺寸与 Apollo 11 取芯管相同,如图 1.19(b) 所示。然而采样效果并未有显著提高,采集的样品平均长度仅为 15 cm。

此后的 Apollo 15 至 Apollo 17 任务中,取芯管的内径增加到了 4.13 cm,外径为 4.39 cm,同时,长度也增加到 37.5 cm,如图 1.19(c)所示。管径的增加能够降低管壁对管内月壤的约束作用,进而减小贯入阻力。使用该取芯管,平均贯入深度增加到了 35 cm,采集的样品长度为 31 cm。

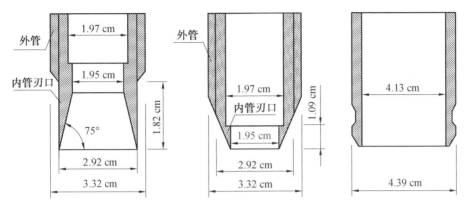

(a) Apollo 11 取芯管构型　(b) Apollo 12、14 取芯管构型　(c) Apollo 15、16、17 取芯管构型

图 1.19　Apollo 11 至 Apollo 17 任务的取芯管构型

1996 年至 1997 年期间,由欧空局和德国宇航中心共同研制了一种型号为MP-1冲击作动式贯入器样机。该型号样机是在俄罗斯 VNII Transmash 研究机构所提出的概念样机的基础上优化而来,样机及关键部件如图 1.20(a) 所示。

1996 年,波兰科学院空间研究中心启动了冲击作动式贯入器的预先研究工作,研制了一种型号为 MUPUS 样机。该型号样机需要搭载在机械臂上,在机械臂惯性的作用下,预先贯入月壤剖面一定深度,并进行周期性间歇下潜工作,样机及工作流程如图 1.20(b) 所示。

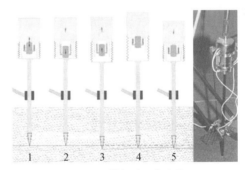

(a) MP-1 样机及关键部件　　　　(b) MUPUS 样机及工作流程

图 1.20　冲击作动式贯入器样机

2001 年至 2003 年期间,德国宇航中心具体负责开展了型号为 PLUTO 冲击作动式贯入器样机的研制工作。该设计任务是在 MP-1 样机基础上进行优化,样机前端还配置了样品收集装置,可采集与回收 $0.2~cm^3$ 样品,样机如图1.21(a)

所示。

2003 年至 2006 年期间,德国宇航中心继续对冲击作动式贯入器开展相关的研究工作,研制出型号为 IMS 冲击作动式贯入器样机,该样机将传感器从贯入器内部分离出来,样机整体尺寸和质量得到了进一步的优化,样机如图1.21(b)所示。

(a) PLUTO 样机　　　　　　　　　　　　(b) IMS 样机

图 1.21　德国宇航中心在 2001—2006 年研制的冲击作动式贯入器样机及主要部件

2006 年至 2008 年期间,波兰科学院空间研究中心借鉴了 MUPUS 样机的研究,研制了型号为 KRET 冲击作动式贯入器样机,相比之前 4 种型号样机所采用的凸轮式结构进行储能的原理,该样机采用了擒纵机构作为储能单元,样机储能得到了进一步的提高,样机如图 1.22(a) 所示。

2008 年,美国国家航空航天局(National Aeronautics and Space Administration,NASA)借鉴了 PLUTO 样机的研究,研制了型号为 MMUM 冲击作动式贯入器样机。为了尽量提高储能,样机整体尺寸相比之前 5 种型号样机也有了明显的提升,并具有收集样品的功能,样机如图1.22(b) 所示。

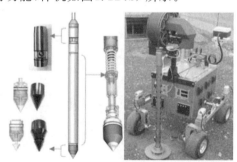

(a) KRET 样机　　　　　　　　　　　　(b) MMUM 样机

图 1.22　波兰科学院空间研究中心及美国国家航空航天局研制的冲击作动式贯入器样机

2010 年,美国国家航空航天局在 MMUM 样机的研究基础上,提出了型号为 InSight 的研发任务,其样机由 DLR 负责设计,工作原理采用类似 IMS 的储能方式,样机整体尺寸及贯入能力得到了明显提升,如图1.23所示。上述样机的参数对比见表 1.6。

图 1.23　InSight 冲击作动式贯入器样机

冲击作动式贯入探测，需要依靠搭载在探测器或辅助装置上，完成原位探测任务。与动能侵彻式贯入探测方式相比，冲击作动式贯入器具有结构简单、整体质量小、作业功耗低等特点。从实现效果来评价，冲击作动式贯入器的关键技术将聚焦于依靠有限的作动能力，获得较大的冲击功和冲击能量的高效传递。

表 1.6　国外研制的冲击作动式贯入器样机信息表

贯入器名称	目标星体	包络尺寸/(mm×mm)	质量/g	功率/W	储能方式	冲击频率/Hz	设计潜深/m	是否采样
MP-1	火星	φ20×325	400	2～5	凸轮作动	0.2	5	否
MUPUS	彗星	—	2 000	1.5	电磁作动	—	1	否
PLUTO	火星	φ27×280	890	3	凸轮作动	0.2	2	是
IMS	火星	φ26×251	435	1.3	凸轮作动	0.15	1.25	否
KRET	月球火星	φ20.4×336	488	0.28	擒纵作动		1.85	否
MMUM	月球火星	φ40×600	2 000	10	凸轮作动	—	2	是
InSight	火星	φ28×352	—	—	凸轮作动		5	否

2002 年，哈尔滨工业大学宇航空间机构及控制研究中心针对月壤剖面的贯入探测，由邓宗全教授指导研究生孙德金率先开展了电磁作动式贯入器的研制工作，启动了我国针对地外天体的冲击作动式贯入探测研究。2009 年至今，该团队在承担国家探月工程三期月面采样关键技术攻关任务的过程中，并行开展了地外天体冲击作动式贯入探测预先研究工作，陆续启动了蠕动掘进式贯入器、冲击作动式贯入器以及无钻杆连续取芯技术方面的研究。利用冲击式挤密贯入原理，先后研制了 3 种型号的冲击作动式贯入器功能验证型样机，验证了冲击作动式贯入器贯入原理的可行性。国内研制的贯入器样机信息表见表 1.7。

表 1.7　国内研制的贯入器样机信息表

储能方式	研制时间	包络尺寸/(mm×mm)	质量/g	功率/W	冲击锤质量/g	冲击行程/mm	单次冲击功/J
擒纵作动	2011 年	φ20×428	1 013	20	317	50	6
电磁作动	2012 年	φ40×680	300	20	189	500	0.4
凸轮作动	2013 年	φ38×294	962	20	317	12	0.58

图 1.24 所示为依靠擒纵作动储能的贯入器样机。其工作原理:由电机驱动丝杠 / 丝母型擒纵和储能机构运动,通过储能弹簧的压缩对冲击锤进行储能,当储能至预定值时,擒纵机构释放冲击锤,并与贯入器本体发生冲击碰撞作用,将冲击力传递给贯入器本体,贯入器完成一次贯入过程。

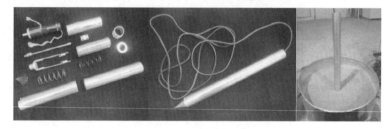

图 1.24　依靠擒纵作动储能的贯入器样机

图 1.25 所示为依靠电磁作动储能的贯入器样机。其工作原理:通过电磁线圈产生的电磁场对永磁体结构的冲击锤进行储能,冲击传递和贯入原理与前面两种方式相同。

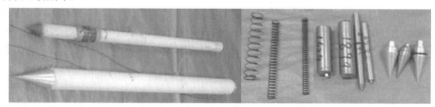

图 1.25　依靠电磁作动储能的贯入器样机

图 1.26 所示为依靠凸轮作动储能的贯入器样机。其工作原理:电机通过传动装置驱动间歇式凸轮机构产生回转运动,非圆凸轮的当量半径差值强制储能弹簧发生定值储能位移,实现对冲击锤的储能,当凸轮转动至释放相位时,冲击锤被释放,将储能弹簧的弹性势能转换为冲击锤的动能,并与贯入器本体发生冲击碰撞作用,贯入器完成一次贯入过程。

综合国内外冲击作动式贯入器的研究现状分析,冲击作动式贯入器是实施地外天体月壤剖面原位探测的有效方式,具有广阔的应用前景。由于针对冲击作动式贯入器与月壤剖面相互作用机理方面的研究成果较少,因此,月壤剖面特性及其地面模拟技术的研究具有重要的学术价值。

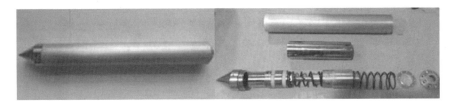

图 1.26　依靠凸轮作动储能的贯入器样机

1.4.2.2　动能侵彻式贯入探测

动能侵彻式贯入器搭载在轨道器上,与轨道器分离后,经过空中飞行、制动减速、姿态调整等阶段后,以硬着陆方式侵彻贯入到天体表面预期深度,并可利用自身携带的科学仪器对天体土壤剖面的力学特性、化学组成、热流分布等科学目标进行长期探测。

在过去二十几年里,共有 3 例动能侵彻式贯入器完成了设计和试验。1996年,俄罗斯发往火星的 Mars 96 探测器携带两颗如图 1.27(a) 所示的动能侵彻式贯入器,预期与轨道器分离后,分别飞向火星表面两个目标位置,预计以 (80 ± 20) m/s 的速度撞击火星表面并贯入 $5 \sim 6$ m 的深度,但可能由于其运载火箭第四级在第二次点火工作过程中发生了故障或者接收了错误的指令致使探测器变轨失败导致任务终止。

1999 年,美国国家航空航天局向火星发射的探测器携带两颗型号为 Deep Space 2 动能侵彻式贯入器,如图 1.27(b) 所示,预计以 200 m/s 的速度撞击火星并贯入约 1 m 的深度。Deep Space 2 是唯一成功到达被测星体表面的动能侵彻式贯入器,然而却没有收到其发回的信号,至今其失败的原因尚不明确。

2004 年,日本太空和航空科学研究所与日本宇宙航空研究开发机构共同研发一颗针对月球探测的 Lunar A 探测器,携带 3 颗如图 1.27(c) 所示的动能侵彻式贯入器,预期与月球的撞击速度约为 285 m/s,贯入深度为 $1 \sim 3$ m。一旦发射成功,该探测器所能获得的数据将比阿波罗载人登月工程得出的数据更有科学价值,但该项目由于其潜在的推进器故障被一再推迟直至取消。

此外,其他国家或机构也提出了同类计划,但这些计划仍然处于概念阶段。如英国计划发往月球的 MoonLITE 任务,如图 1.27(d) 所示,该项计划促进了英国贯入者联盟的创建,该联盟还提出了其他两个贯入探测任务 LunarEX 和 LunarNE。

动能侵彻式贯入探测需要较为精确的弹道飞行姿控条件,一旦失控,强大的冲击作用将导致贯入器损毁或传感功能失效。从实现贯入功能需求来看,贯入器的构型和材料特性、贯入特性、强冲击载荷条件下的减 / 隔振技术,是关键技术。从实现效果来评价,动能侵彻式贯入器系统结构复杂、可靠性较低,尚无成

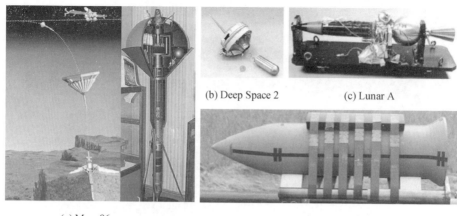

(a) Mars 96　　　　　　　　　　　　　(d) MoonLITE

图 1.27　动能侵彻式贯入器样机及系统组成

功案例。

1.4.3　潜入式剖面探测技术发展现状

1.4.3.1　连续螺旋掘进式潜入器

针对冲击贯入式潜入器的局限性,领域内学者提出了将月壤排到潜入器后端而不是靠挤压形成下潜空间的思想。以此为指导思想,日本学者在传统螺旋长钻杆钻进的基础上增大钻杆直径,缩短螺旋钻杆的长度,并将动力部件内置设计多种连续螺旋掘进式潜入器,包括 STSM、SSE(Screw Subsurface Explorer)等。此外,香港理工大学针对木卫二探测任务,利用连续螺旋掘进潜入方式开发了 Thermal Drill 潜入器。

针对月球探测任务,日本宇宙航空研究开发机构研制了 STSM 潜入器。STSM 内部设计储能飞轮机构,通过飞轮储能的原理实现用小功率电机来驱动STSM 工作。在工作过程中,电机驱动飞轮旋转并储能。飞轮储能达到设定值时,在离合器的作用下,飞轮与电机分离而与潜入器本体结合一体。此时,STSM利用飞轮储存的动能回转并下潜。为保证顺利工作,STSM 后端需加滑环对线缆进行梳理,且由于空间有限,飞轮储能的大小受到限制,STSM 潜入能力有限。STSM 实物与飞轮储能机构工作流程如图 1.28 和图 1.29 所示。

图 1.28　STSM 实物图

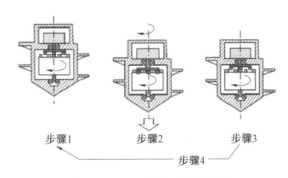

步骤1　　　步骤2　　　步骤3

步骤4

图 1.29　STSM 潜入过程流程图

　　日本空间研究所和日本宇宙航空研究开发机构共同研制了 SSE 潜入器,SSE 前段的锥形螺旋头对月壤进行挖掘,后段圆柱螺旋对已挖掘的月壤进行运移形成空间而下潜。SSE 利用螺旋完成挖掘和运移月壤的双重功能,前段锥形螺旋与后段圆柱螺旋设计呈反向旋转,相互抵消了与月壤作用产生的反作用力,防止线缆扭转,保证了可靠的下潜。SSE 结构示意图与潜入试验图分别如图 1.30 和图 1.31 所示。

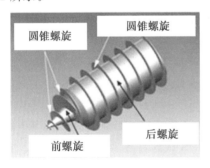

圆锥螺旋

圆锥螺旋

前螺旋

后螺旋

图 1.30　SSE 结构示意图

图 1.31　SSE 潜入试验图

　　2008 年至 2011 年期间,香港理工大学基于连续螺旋掘进式潜入方案开发了型号为 Thermal Drill 的潜入器,探测目标为木卫二。木卫二表层覆盖物为冰层、冰沙混合物。针对此种潜入对象,Thermal Drill 设计具有掘进冰沙混合物、熔化冰层的双重功能。Thermal Drill 前端设计有螺旋钻头对冰沙进行破碎,螺旋钻头内部安装有加热计对冰层进行融化。Thermal Drill 的整体外形为方形,可以有效防止本体相对于冰层旋转而使线缆扭转。Thermal Drill 结构图如图 1.32 所示。Thermal Drill 被安装在一个较大的潜入器载体内部,当潜入器载体通过高速冲击作用潜入到木卫二表面以下约 2 m 深时,Thermal Drill 从载体侧面被释放而继续下潜。Thermal Drill 潜入示意图如图 1.33 所示。

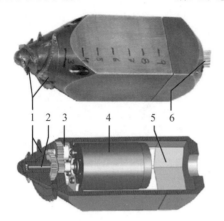
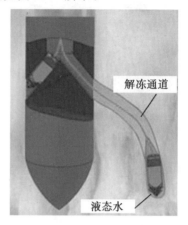

图 1.32   Thermal Drill 结构图   图 1.33   Thermal Drill 潜入示意图

1— 螺旋钻头;2— 加热计;3— 传动齿轮;

4— 电机;5— 探测仪器室;6— 线缆

Thermal Drill 的下潜需要借助高温融化冰层的方式下潜,应用场合有限。STSM、SSE 试验下潜的深度较浅,均未超过 700 mm。分析原因是 STSM、SSE 的下潜正压力仅来源于本体自身的重力和后方土壤的压力,下潜正压力较小,不利于下潜。

1.4.3.2   仿生蠕动掘进式潜入器

为了解决连续螺旋掘进潜入器下潜正压力不足的问题,美国、日本学者基于仿生原理研制了 IDDS(Inchworm Deep Drilling System)、SSDS(Smart Space Drilling System)、ETR(Earthworm Type Robot) 等多种潜入器。2004 年,NASA 基于尺蠖运动原理研制了如图 1.34 所示的 IDDS潜入器。IDDS的设计长度为 1.2 m,整体外径为 $\phi101$ mm。IDDS 探测目标为火星和木卫二,采用蠕动运动原理下潜,设计的潜入深度达几百米到几百千米,但未被试验验证。IDDS 蠕动潜入流程图如图 1.35 所示。

2006 年,美国的 Northeastern University 研制了如图 1.36 所示的 SSDS潜入器。SSDS 的整体外形尺寸为 $\phi101$ mm × 500 mm,质量为 50 kg,设计功耗为 570 W,具有 12 个自由度。SSDS 依靠内部直流电机作为动力来源,转向机构能改变潜入器潜入方向。推进机构使潜入器具备下潜和反向排壤功能。SSDS 潜入到一定深度后,将被破碎的天体土壤运移至星体表面,而后继续潜入。SSDS 潜入流程图如图 1.37 所示。

图 1.34　IDDS 潜入器

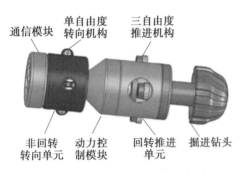

图 1.35　IDDS 蠕动潜入流程图

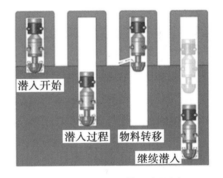

图 1.36　SSDS 潜入器结构示意图

图 1.37　SSDS 潜入流程图

2010—2012 年,日本中央大学研制了 ETR 潜入器,并开展了探索性试验研究。潜入器外部设计有 4 个伸缩单元,伸缩单元具有轴向和径向伸缩的功能,内部设计有螺旋机构实现排壤功能。伸缩单元有时序的轴向和径向伸缩,产生径向移动并完成下潜过程,同时螺旋机构将天体土壤排到潜入器后端,从而形成下潜空间。ETR 实物图及潜入流程图分别如图 1.38 和图 1.39 所示。

仿生蠕动掘进式潜入器通过将月壤破碎并转移形成下潜空间而下潜,并且仿生蠕动的结构能够为潜入器提供足够的下潜正压力。仿生蠕动掘进式潜入器有比冲击贯入式潜入器和连续螺旋式潜入器更强的潜入能力。但是,仿生蠕动掘进式潜入器的运动复杂,结构设计难度大。

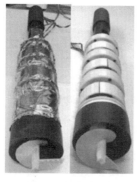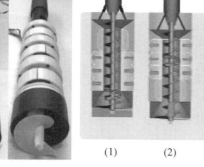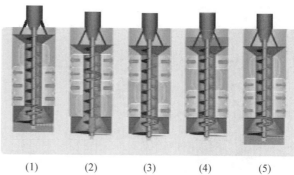

图 1.38 ETR 实物图

(1)　　(2)　　(3)　　(4)　　(5)

图 1.39 ETR 潜入流程图

1.4.4 月壤剖面综合物性探测技术发展现状

月壤剖面综合物性探测的主要参数如下：物理力学参数探测，包括掘进过程机具的力矩、钻压力及振动位置；物性参数探测，包括介电系数、电导率、热导率、湿度等；环境动态信号感测热流、声纹。

1.4.4.1 月壤力学特性参数探测技术

Apollo 计划、苏联月球车 1 号和月球车 2 号采用了静力触探法。宇航员对设备上端施加压力时，锥头被压入月壤。记录仪能够记录贯入深度、压力和贯入阻力数据，进而反演出内摩擦角和内聚力。俄罗斯的 Mars-96 号分别采用了动力触探法（Dynamic Penetration Test，DPT），使用有锥形探头的触探计坠落贯入地面，记录下触探月壤的承载能力，求出月壤的加州承载比（California Bearing Ratio，CBR），进而获取被测月壤的力学参数。这些探测方法所需的设备质量较大，且探测深度有限。

1.4.4.2 月球水冰探测及感测仪器

1994 年美国克莱门汀探测器成功发射，其利用地球深空探测网络接收到的双基地雷达回波信号，认为月球南极永久阴影区存在着大量的水冰。但是这个结论也受到了一些质疑，因为地基雷达观测并没有发现水冰信号。1998 年美国再次发射了月球勘探者号（Lunar Prospector），利用搭载的中子谱仪在月球极区月壤中发现了大量的 H 元素，认为这些 H 元素来自永久阴影区中的水冰，也有可能是来自矿物中的羟基（—OH）。

2005 年，深度撞击号（Deep Impact）在飞越月球时利用红外光谱仪探测到了月球表面疑似 H_2O/—OH 的信号。2006 年，利用地基 Arecibo 行星雷达探测极点附近的克莱门汀曾经探测过的区域，由于水冰比硅酸盐物质对雷达波的反射能力更强,且水冰的介电常数更大,介电损耗很小,因此水冰的雷达回波极化性质不同于硅酸盐物质。如果接收雷达波的探测目标中含有水冰物质,回波信号会表现出与干燥无水冰的月壤物质明显不同的极化方式和能量特征,从而确定水冰物质的存在与否。

2009 年深度撞击号再次飞跃月球时,利用红外光谱仪再次确认了 —OH 的存在。2009 年搭载在印度月船一号并由 NASA 研制的月球矿物绘图仪发现月表在 $2.8 \sim 3.0~\mu m$ 波段处存在很强的吸收特征,对于硅酸盐矿物来说,主要是由含 H_2O/—OH 物质引起的,且纬度越高,吸收强度越大。这也支持了此前深度撞击号和卡西尼号利用红外光谱仪发现的月表 H_2O/—OH 信号。同时搭载的 Mini-SAR 根据接收到的高圆极化率信号在月球北极发现了 40 多个永久阴影坑,并估算水冰总量约为 6×10^8 t。

2009 年 6 月 18 日 NASA 发射了月球勘探轨道器(Lunar Reconnaissance Orbiter,LRO),利用搭载的 Mini-RF 观测 LCROSS 撞击点区域,并没有发现大量富集的水冰,说明水冰极有可能是分散分布在月壤孔隙中,撞击效果如图 1.40 所示。2009 年 10 月 9 日,半人马(Centaur)运载火箭的上级受控撞向位于南极区域的 Cabeus 陨坑,其后 LCROSS 飞向了溅射物羽流中探测可能存在的水汽。利用可见—近红光谱仪和极紫外/可见相机探测溅射挥发分的光谱数据,发现水冰的含量高达 5.6%。

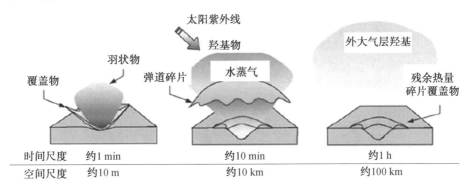

图 1.40　LCROSS 撞击月球效果示意图

LRO 还搭载了另外一些重要的有效载荷(图 1.41 和图 1.42),用于探测月表热环境的红外辐射试验室(DLRE),如图 1.43 所示,其空间分辨率约为 200 m,辐射分辨率为 0.1 K。DLRE 获得了大量覆盖极区的热辐射数据,通过分析发现在南极区域分布着很多极端低温区域,最低温度可达 25 K。而这些低温区域与永久阴影区的分布位置十分吻合,进一步说明了永久阴影区是水冰存在的理想场所。

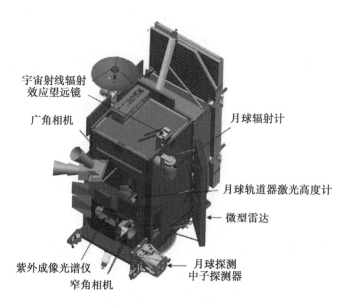

宇宙射线辐射效应望远镜

广角相机

月球辐射计

月球轨道器激光高度计

微型雷达

紫外成像光谱仪
窄角相机

月球探测中子探测器

图 1.41　LRO 有效载荷

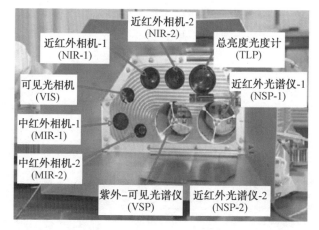

近红外相机-2
(NIR-2)

近红外相机-1
(NIR-1)

总亮度光度计
(TLP)

可见光相机
(VIS)

近红外光谱仪-1
(NSP-1)

中红外相机-1
(MIR-1)

中红外相机-2
(MIR-2)

紫外-可见光谱仪
(VSP)

近红外光谱仪-2
(NSP-2)

图 1.42　LCROSS 有效载荷

　　我国已成功地完成了嫦娥一号、嫦娥二号遥感探测任务,其中卫星上搭载的微波辐射计也首次获取了覆盖全月的微波亮温数据。亮温指示的极低温度环境与 DLRE 热红外探测结果非常一致,这也为进一步根据微波亮温数据研究永久阴影区热辐射环境和水冰稳定性提供了重要支持。

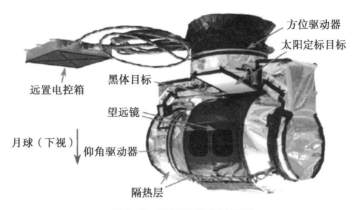

方位驱动器

太阳定标目标

黑体目标

望远镜

远置电控箱

月球（下视）

仰角驱动器

隔热层

图 1.43　DLRE 结构示意图

1.4.4.3　火星水冰探测及感测仪器

1969 年发射的 Mariner 6、7 上搭载的红外光谱仪检测出火星表面出现 2.28 μm 和 5.4 μm 光谱特征，这意味着含水镁碳酸盐岩的存在。随后，20 世纪 70 年代发射的 Mariner 9 和 Viking 1、2 探测器也检测到火星大气和极区中水的存在。Mariner 9 利用光谱仪在火星大气中检测出冰晶的信号。Viking 1、2 号火星探测器上搭载的大气水检测器检测出全球性的水汽，大气水汽的丰度随季节和纬度的变化而变化，表现为夏季北纬 70° ~ 80° 的水蒸气含量最高，最高丰度可达 100×10^{-6}。此外 Mariner 9 和 Viking 系列探测器均探测到北半球冰冠的存在，并认为北极冰冠和大气水汽之间存在水循环的关系。

2007 年发射的凤凰号探测器在火星浅表层之下挖掘出薄冰层，并拍摄到了霜的形成。凤凰号探测器采用了 TECP(Thermal and Electrical Conductivity Probe)，如图 1.44 ~ 1.46 所示，可以探测火星土壤的热导率、电导率、介电常数和湿度。在探测过程中，物性探针刺入表层火星土壤，1 号探针作为热源，测量物性探测 2 和 3 的温度变化，离热源最远的 4 号探针的温度作为参考温度。TECP 的长度为 118.76 mm，物性探针长度为 15mm，其测量精度为 ±10%。

2001 年美国发射了 Odyssey 号探测器，其上搭载的热发射光谱仪、γ 射线光谱仪和中子探测仪均探测到火星水冰存在的信号。其中热发射光谱仪发现火星南极表面有水冰露出，这是第一次在火星上发现裸露的表面水冰。2003 年发射的 Opportunity 火星车在 Meridiani Planum 地区利用穆斯堡尔谱仪发现了黄钾铁矾和赤铁矿的存在，这两种矿物都是在有水的环境中形成的。同年发射的 Spirit 号火星车利用穆斯堡尔谱仪发现了含水硫酸铁的存在。同年，欧空局发射的 Mars Express 号探测器利用其搭载的 SPICAM 和 OMEGA 光谱仪在火星大气中和火星表面分别探测出水汽和多种含水矿物。2008 年发射的 MRO 号探测器利用 CRISM、CTX 和 HiRISE 对火星表面矿物组成进行探测后发现,火星岩层中存在多种类型的层状硅酸盐(包括 Fe/Mg—OH 硅酸盐矿物和 Al/Si—OH 硅酸盐矿物)、含水硅酸盐玻璃、含水硫酸盐等矿物。

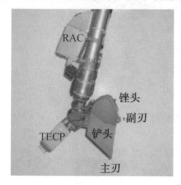

图 1.44 凤凰号机械臂末端组件及检测仪器

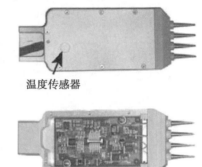

图 1.45 凤凰号 TECP 仪器

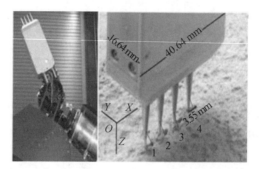

图 1.46 地外天体土壤热特性和电导率探测器

  2011 年发射的好奇号火星车同样发现了火星土壤水存在的证据,好奇号火星车搭载的中子动态反射率探测器,用于寻找火星地下水冰以及晶体结构中含有水分子的矿物,好奇号探测器仪器配置如图 1.47(a) 所示,其有效载荷功能及目标见表 1.8。这台仪器可向火星地表发射中子束,然后记录中子束的散射速度。H 原子可以延缓中子的速度,如果大量中子速度迟缓,则说明地下可能存在水或者冰。该探测器能够发现火星地表下 50 cm 以内的 H 原子,通过将火星土壤样品加热到 835 ℃ 后进行分析,结果表明释放出了 1.3% ~ 3%(质量分数)的水。

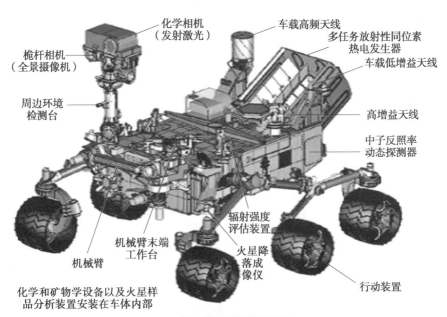

化学相机
（发射激光）

车载高频天线

多任务放射性同位素
热电发生器

车载低增益天线

桅杆相机
（全景摄像机）

周边环境
检测台

高增益天线

中子反照率
动态探测器

辐射强度
评估装置

机械臂末端
工作台

火星降
落成
像仪

机械臂

行动装置

化学和矿物学设备以及火星样
品分析装置安装在车体内部

(a) 好奇号探测器仪器配置

(b) 机械臂末端仪器设备　　　　　　　　(c) 火星样本采集装置

图 1.47　好奇号探测器有效载荷及其配置

表 1.8　好奇号探测器携带的 10 种有效载荷

名称	功能及目标
立杆照相机	具有自动对焦,能拍摄多光谱和真彩色图像
火星手持成像仪(MAHLI)	安装在火星车机械臂上,用于拍摄岩石和火星土壤的微型图像
火星下降成像仪(MARDI)	在着陆火星表面的过程中,从距离火星 3.7 km ~ 5 m 处拍摄真彩色图像

表1.8(续)

名称	功能及目标
化学与微成像激光诱导遥感仪 (ChemCam)	1套遥感仪器,包括1台激光诱导击穿光谱仪和1个远程微成像器
α粒子X射线光谱仪(APXS)	安装在火星车机械臂上,研究α粒子,绘制X射线光谱仪,确定样本成分
化学和矿物学X射线衍射/ X射线荧光仪(CheMin)	量化样本中的矿物结构
火星样本分析试验(SAM)	分析大气和固体样本中的物质成分
辐射评估探测器(RAD)	研究火星表面辐射光谱
中子动态发射率探测器(DAN)	测量火星表面水或冰中的氢
火星车环境监测站(REMS)	带有1个气象学包和紫外敏感器,用于测量大气压力、湿度、风力和方向、空气和地面湿度、紫外辐射强度等

在月壤剖面研究中,首先面临的问题是如何让探测机具到达月表下指定深度,从最早的 Apollo、Luna 系列任务到如今的 InSight 任务,最具有代表性的月壤剖面探测技术可归纳为潜入探测、钻进探测、贯入探测三大类,这些方式各有特点,详见表1.9。

表1.9　代表性月壤剖面探测技术特性对比

探测方式	探测潜入	钻进探测	贯入探测
本体复杂度	中等	复杂	简单
对象适应性	适应性较好	适应性好	松软对象为主
功耗	低于 100 W	通常较高,400～800 W	10 W 以内
深度覆盖	理论上可达 10 m 量级	现有技术覆盖 0～2.5 m	取决于对象
作业时间	较长,数月	数小时	短
原位探测能力	可携带多种传感器	依赖月面传感器	携带传感器受限
采样能力	具有连续定点采样能力	能连续采样	现有技术采样能力弱
对土体扰动	较大	可控	取决于贯入器设计
岩石适应性	差	较好	差
对地面设备的依赖性	较小	依赖度高	较小

* 以上对比基于现有技术进行评估,仅供参考。

本书从以上三类代表性探测技术出发,围绕机具对月壤的作用机理、探测机具设计等问题进行阐述。全书共分为月壤剖面蠕动掘进式潜探技术、月壤剖面钻进采样技术、月岩钻进技术和月壤剖面贯入式探测技术4部分。

第 2 章

月壤剖面蠕动掘进式潜探技术

针对大深度月壤剖面采样探测的任务需求,绳系式蠕动掘进潜探技术具有较好的应用前景。本章主要介绍蠕动掘进式潜探器设计、掘进作用力学模型构建、潜探与力学参数辨识方法及试验研究等。

2.1　概述

　　嫦娥五号探测器的任务是在月面实施无人自主的月球采样返回,采用长钻杆回转钻进方案,获得 2 m 深度的月壤样品,系统质量及功耗代价较大。近年来,随着月球南极存在水冰的重大发现,针对月球南极月壤水冰的探测成为新的研究热点,我国后续的嫦娥探月任务也瞄准这一科学目标。月球南极的太阳角较低,采用太阳能方式的能源供给更加有限,对探测设备的能耗要求更加严格。本章以月球南极水冰探测任务为工程背景,针对次表层月壤大深度潜入探测为目标,提出蠕动掘进式潜探器方案。

　　针对次表层月壤剖面大深度潜入的目标,蠕动掘进式潜探技术方案相比于常规连续钻杆的钻进方案在质量、功耗、系统复杂程度、传感搭载能力上具有优势。本章以蠕动掘进式潜探器为研究对象,以月壤剖面自主掘进潜入及月壤力学参数辨识为研究目标,介绍次表层月壤蠕动掘进式潜探技术,具体内容包括蠕动掘进式潜探器设计、潜探器与月壤相互作用力学模型、潜探器参数优化及掘进潜入试验、原位月壤力学参数辨识方法与试验等。

2.2　蠕动掘进式潜探器设计

2.2.1　潜探器功能设计

2.2.1.1　潜探器功能可行性分析

　　相较于地面土壤,月壤具有较强的抗剪强度指标,次表层月壤剖面成孔性较好。选取如图 2.1(a) 所示的成孔截面,对孔壁月壤受力状态进行分析。其中,W' 为发生剪切破裂时月壤的重力,F'_{τ} 为剪切破裂面处的剪切力,R' 为滑裂面下侧月壤对剪切破裂月壤的作用力。当破裂面可承受的极限重力 W_{cr} 大于或等于剪切破裂面处的剪切力 F'_{τ} 时,该处孔壁发生剪切破坏。定义月壤孔壁成孔安全系数为 $K_{sp} = W_{cr}/W'$,按照摩尔－库伦强度理论推导得

$$K_{sp} = \frac{2c}{\rho a z \tan\left(\dfrac{\pi}{4} - \dfrac{\varphi}{2}\right)} \tag{2.1}$$

式中 φ——月壤内摩擦角,(°);

        c——月壤黏聚力,kN/m^2;

        ρ——颗粒密度,g/cm^3;

        a——重力加速度,m^2/s;

        z——沉陷位移,m。

绘制成孔安全系数在月壤剖面 $0\sim5$ m 深度方向上的变化规律,如图 2.1(b) 所示。从图中可知,在地面重力环境和月面重力环境下,月壤的成孔安全系数 K_{sp} 在 $0\sim5$ m 深度范围内分别大于 4.5、27.5。因此,在潜入探测过程中,无扰动作用下孔壁不会发生坍塌,采用非连续螺旋的掘进方案具有可行性。

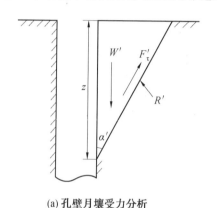

(a) 孔壁月壤受力分析

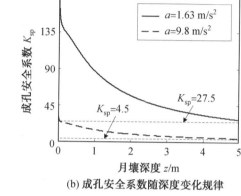

(b) 成孔安全系数随深度变化规律

图 2.1   成孔安全系数在深度方向上的变化规律

2.2.1.2　系统组成及工作原理

如图 2.2 所示,潜探器系统由主掘进单元、副掘进单元、推进单元及排屑单元组成,主掘进单元与副掘进单元之间的区域为缓存区。主掘进单元的功能是对潜探器前端较为坚硬的原生月壤进行破碎,掘进头通过回转切削作用对原态月壤进行破碎,主螺旋通过回转运动将月壤切屑运移至缓存区,实现一次运移过程;副掘进单元上安装有副螺旋,缓存区内的月壤切屑被副掘进单元输送至潜探器后端,实现二次运移过程。而后,排屑单元将潜探器后端的切屑运移至月表,实现孔外排屑过程;推进单元能在主掘进单元和副掘进单元传递扭矩与推拉力;主定姿机构、副定姿机构分别安装在主掘进单元和副掘进单元上,实现两者相对于月壤孔壁锁定的功能。

潜探器掘进潜入流程如图 2.3 所示。① 副掘进单元通过副定姿机构与月壤孔壁锁定;② 主掘进单元工作,掘进头对前端的原位月壤进行掘进破碎,通过主螺旋将月壤切屑运移至缓存区。同时,副螺旋将从缓存区溢出的月壤切屑运移至潜探器后端;③ 掘进至目标深度,主掘进单元通过主定姿机构与月壤锁定,副

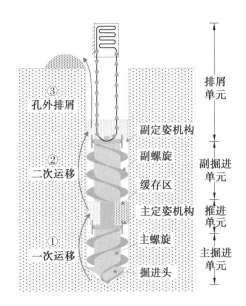

图 2.2　潜探器系统组成

掘进单元通过副定姿机构与月壤解除锁定关系;④ 副掘进单元通过回转钻进作用,将缓存区的月壤切屑运移到潜探器后端,完成一次蠕动掘进过程。重复① ～ ④,潜探器实现对月壤的蠕动掘进式潜入。

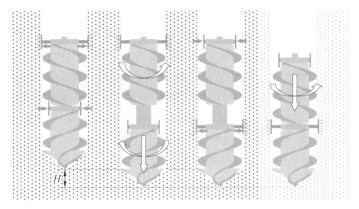

(a) 副定姿　　(b) 主掘进　　(c) 主定姿　　(d) 副掘进

图 2.3　潜探器掘进潜入流程

2.2.1.3　掘进过程月壤运移原理

根据潜探器的运动原理,将潜探器掘进过程划分为两个工作模式,即主掘进模式[图 2.4(a)]和副掘进模式[图 2.4(b)],不同模式下排屑流量如图 2.5 所示。为了分析两种模式下月壤运移原理,做出如下假设:在掘进潜入作业过程中,螺旋槽内月壤切屑处于完全填充状态;原态月壤呈致密状态,体积密度为 ρ_1。螺旋槽内月壤切屑为疏松状态,体积密度为 ρ_2,且分析过程中不考虑其压缩效应;当副掘进单元排屑不畅时,考虑缓存区内月壤的压缩效应,压缩后的月壤体积密度为 ρ_3。

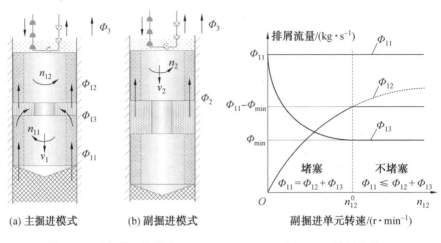

(a) 主掘进模式   (b) 副掘进模式

图 2.4　潜探器工作模式　　　　　图 2.5　排屑流量

（1）主掘进模式。在主掘进模式下,掘进头将其下方的原态月壤破碎为月壤切屑,月壤切屑流量为 Φ_{11}。与此同时,主掘进单元通过回转、进给运动将全部的月壤切屑向缓存区输送,缓存区堆积的月壤切屑流量为 Φ_{13}。由于月壤"剪涨效应"的存在,月壤从原态转变为切屑态体积会增大。而且,缓存区可用于切屑存储的空间较原态月壤空间变小,导致月壤切屑在缓存区必定会发生挤压。为了避免月壤切屑在缓存区发生严重的堵塞,副掘进单元需要通过回转运动及时将缓存区里部分溢出的月壤切屑输送至潜探器后端,输送月壤切屑流量记为 Φ_{12}。为了避免月壤切屑在潜探器后端堆积,排屑单元将切屑运移至月表,月壤切屑流量记为 Φ_3。当副掘进单元达到最大作业能力时,缓存区排屑顺畅且月壤无压缩效应,月壤堆积流量为 Φ_{min}。

在主掘进模式中,月壤切屑总的流量 Φ_{11} 为恒定值,缓存区内堆积的月壤切屑流量 Φ_{13} 由副螺旋排屑能力而定。研究表明,月壤切屑流量 Φ_{13} 随转速 n_{12} 逐渐递增,增长速率逐渐减小。当转速 n_{12}^0 高于某个临界转速 n_{12}^0 时,月壤切屑及时被副掘进单元排出,缓存区月壤不发生压缩,此时的流量达到最小值 Φ_{min},且有 $\Phi_{11} \leqslant \Phi_{12} + \Phi_{13}$;当转速 n_{12} 低于临界转速 n_{12}^0 时,月壤切屑在缓存区发生压缩并堵塞,根据月壤切屑质量相等原则,则有 $\Phi_{11} = \Phi_{12} + \Phi_{13}$。

（2）副掘进模式。在副掘进模式下,主掘进单元停止工作,副螺旋通过回转、进给运动将缓存区内存储的月壤运移至潜探器后端。Φ_2 为副掘进模式下缓存区内被副螺旋转移的月壤切屑流量,同时也为副螺旋槽内月壤切屑流量,切屑质量相等。

综上所述,为保证掘进过程月壤排屑顺畅,各单元排屑流量需要满足如方程组(2.2)所示的匹配关系,潜探器各单元速度比需满足方程组(2.2)所示的关系:

$$\begin{cases} \Phi_3 \geqslant \Phi_{12} \geqslant \Phi_{11} - \Phi_{\min} \\ \Phi_3 \geqslant \Phi_2 \end{cases} \tag{2.2}$$

2.2.1.4　潜探器探测功能设计方案

复用掘进头为探测工具,在副定姿机构的作用下,潜探器与孔壁锁定,掘进头对原位月壤实施回转剪切、沉陷试验测试,依次开展原位月壤力学参数辨识研究。掘进头的回转运动由主掘进单元驱动电机提供,回转过程产生的负载力矩由电机电流表征,回转转速及转角由电机编码器信号表征。掘进头的轴向运动由推进单元驱动电机提供,轴向运动产生的负载力由电机电流表征、轴向速度及位移由电机编码器信号表征。

月壤力学参数辨识功能设计及辨识方案如图2.6所示。设计辨识操作规程,开展掘进头回转剪切试验,基于摩尔－库伦强度理论构建月壤抗剪力学参数辨识模型,基于负载反馈参数及掘进头结构参数,实现月壤黏聚力c、内摩擦角φ、摩擦角δ等抗剪力学参数的辨识。设计辨识操作规程,开展掘进头沉陷试验,基于压板沉陷理论构建月壤承压力学参数辨识模型,基于负载反馈参数、沉陷位移z及掘进头结构参数,实现变形模量k、沉陷指数n等承压参数的辨识。此外,在掘进探测作业过程中,主掘进电机与推进电机的电流反馈表征的是掘进头与主螺旋的总负载(F, M),需要通过特殊的操作规程设计,实现掘进头负载参量$(F_d$、$M_d)$的解耦。

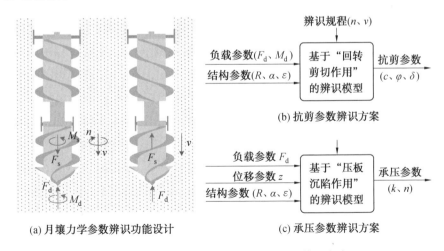

图 2.6　月壤力学参数辨识功能设计及辨识方案

2.2.2 蠕动掘进式潜探器系统设计

2.2.2.1 潜探器系统概述

潜探器系统由潜探器本体和排屑单元两部分组成,系统设计如图2.7所示。潜探器作业初始锁定于导向筒内,探测指令下达后,潜探器自主实施掘进作业。

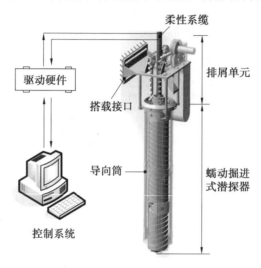

图 2.7　潜探器系统设计

在潜探器未完全潜入至月壤的阶段,导向筒为其提供可靠的刚性支承。排屑单元安装于月表装置,作业过程中负责将孔内月壤切屑运移至月表,降低潜探器发生"卡滞"故障的风险。与此同时,运移至月表的月壤切屑可作为典型剖面深度处的月壤样品,供外部拓展仪器进行科学分析。潜探器本体通过柔性系缆与月表装置相连,实现能量供给与信号传输。柔性系缆采用双层同轴设计,内层为能量及信号线缆,外层为柔性不锈钢导管,具有信号屏蔽与轴向抗拉的功能。在月面探测任务中,潜探器系统可通过搭载在月球车或着陆器使用。

2.2.2.2 潜探器本体动力布局与传动设计

潜探器本体动力布局与传动设计如图2.8所示,综合考虑驱动能力需求与空间约束,选取直流无刷电机作为主掘进单元的驱动原件。为了提高潜探器本体的功率密度,将推进单元、副掘进单元及其定姿机构的驱动电机沿圆周布置于圆柱空间内。副掘进单元驱动电机通过齿轮传动将回转动力传递至副螺旋。推进单元通过滚珠丝杠机构实现主掘进单元与副掘进单元之间的相对轴向直线运动。

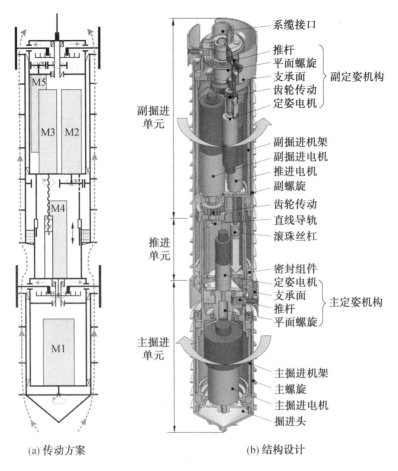

| (a) 传动方案 | (b) 结构设计 |

系缆接口
推杆
平面螺旋
支承面 }副定姿机构
齿轮传动
定姿电机

副掘进机架
副掘进电机
推进电机
副螺旋
齿轮传动
直线导轨
滚珠丝杠

密封组件
定姿电机
支承面 }主定姿机构
推杆
平面螺旋

主掘进机架
主螺旋
主掘进电机
掘进头

副掘进单元

推进单元

主掘进单元

图 2.8　潜探器本体动力布局与传动设计

2.2.2.3　考虑排屑效应的螺旋刃掘进头设计

锥面直线刃掘进头掘进原理如图 2.9 所示,其掘进过程包含掘进切削和掘进排屑两部分。

(1)掘进切削。切削具对周围原态月壤进行切削并将其破碎,切削过程可等效为切削角为 α_k 的直刃平面切削,切削阻力可根据土力学被动土压力理论计算,并建立掘进头切削负载模型。

(2)掘进排屑。月壤切屑在掘进头基体与周围月壤复合作用下,产生沿切削具长度方向的运动实现切屑排出,排屑过程可等效为月壤在倾角为 α' 的等效斜面上滑移运动。在掘进运动参数不变的前提下,等效斜面上月壤排屑顺畅性与其倾角 α' 直接相关,当 α' 较大时,排屑不畅,切屑在斜面堆积并堵塞掘进头。

为了方便进一步解释掘进头排屑原理,将锥面直线刃掘进头相邻的两个切

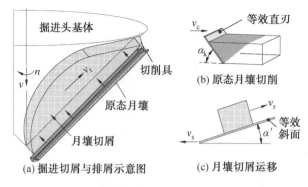

图 2.9　锥面直线刃掘进头掘进原理

削刃之间的部分以及与之配合的螺旋翼片在平面上展开,如图 2.10(a) 所示。根据 Selig 等的推土试验结果,推土板前方会产生大量的切屑堆积。相同地,图 2.10(a) 所示的直线刃在回转切削过程中,其前方会产生大量的月壤切屑堆积,同时会存在一个临界角度 α',使得月壤切屑在回转的作用下沿堆积区月壤表面移动,从而在堆积区的表面形成稳定的切屑流。研究表明,临界堆积角与土壤力学参数相关,且随回转转速的增大而增大。当回转转速降低时,月壤切屑堆积临界角降低为 α',堆积区面积增大,这也解释了高进转比条件下掘进头排屑槽具有更高的填充率。

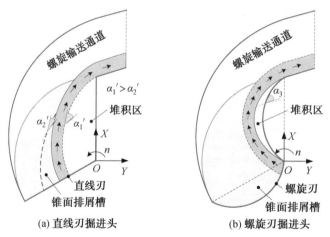

图 2.10　掘进头排屑原理

基于上述分析,提出如图 2.10(b) 所示的螺旋刃掘进头方案,螺旋升角为 α_3,选取低的取值可以有效缓解月壤切屑堆积。当 $\alpha_3 \leqslant \alpha'$ 时,不存在月壤堆积区,月壤切屑完全通过螺旋刃形成的通道排出,降低排屑槽内的月壤填充率,相较于直线刃较大地提高了掘进头对掘进规程的适应性。

根据掘进排屑原理分析,提出锥面螺旋刃掘进头构型如图 2.11 所示。掘进

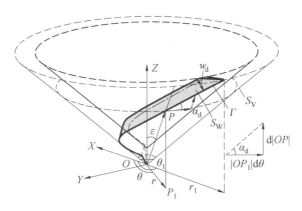

图 2.11　锥面螺旋刃掘进头构型

头的基体为圆锥体,图中虚线所示的包络锥面为 S_V;锥面直径为 $2R$;锥角为 2ε;Γ 为 S_V 上的变径螺旋线,表征切削具刃线;S_W 为切削排屑工作面,每个切削工作面由锥面法向长度为 w_d 的直线段沿 Γ 扫描而成;P 为 Γ 上任意一点;OP_1 是 OP 在平面 XOY 的投影,其长度为 r,与 OX 轴的夹角为 θ;α_d 为螺旋线 Γ 在锥面上的升角。根据螺旋线 Γ 在锥面上的几何条件,推导切削刃线参数方程为

$$\begin{cases} x = r_1 e^{\sin\varepsilon\tan\alpha_d(\theta-\theta_1)}\cos\theta \\ y = r_1 e^{\sin\varepsilon\tan\alpha_d(\theta-\theta_1)}\sin\theta \quad (\theta \in (0,\theta_1)) \\ z = r_1 e^{\sin\varepsilon\tan\alpha_d(\theta-\theta_1)}\cot\varepsilon \end{cases} \quad (2.3)$$

根据方程(2.3),对锥面螺旋刃掘进头进行参数化设计,设定掘进头切削刃个数为 N_d,$N_d=3$,$\varepsilon=60°$,绘制 α_d 不同取值情况下锥面螺旋刃掘进头的构型。如图 2.12 所示,当 $\alpha_d=90°$ 时,锥面螺旋刃掘进头变形为传统的直线刃掘进头。

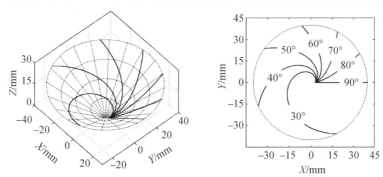

图 2.12　锥面螺旋刃曲线

本章提出锥面螺旋刃掘进头构型设计如图 2.13 所示,基体锥面上均匀分布多个螺旋刃切削具。在掘进过程中,螺旋刃对原态月壤进行掘进切削,同时月壤切屑在如图 2.13 所示剖面线填充的切削工作面上运移并排出,实现掘进排屑。

此外,可沿螺旋刃方向按阶梯形布置多个硬质合金切削具,在不影响掘进排屑能力的前提下,提高掘进头对高硬度月壤组构对象的掘进切削能力。

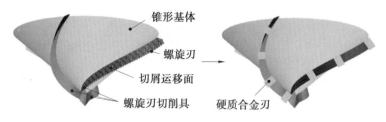

图 2.13　锥面螺旋刃掘进头构型设计

2.2.2.4　潜探器支承稳定性分析与抗扭设计

在掘进作业过程中,潜探器需要通过定姿机构抵消掘进阻力及阻力矩。为了提高潜探器在月壤孔内的支承稳定性,兼顾月壤通过性的要求,采用如图 2.14 所示的"圆弧薄壳型支承面＋推杆"构型。圆弧薄壳型支承面与月壤孔壁的相互作用,利用两者间的摩擦力实现潜探器本体的抗扭功能,推杆之间的环形空间作为月壤运移通道。

定姿机构采用如图 2.14(a) 所示的凸轮推杆方案,由平面凸轮、推杆及支承面组成,平面凸轮轮廓线为多圈螺旋线[图 2.14(b)]。推杆与大面积的支承面相固连,同时被约束在机架上的直线滑槽内,安装在推杆末端的驱动滑块与平面凸轮的螺旋沟槽相配合。平面凸轮回转并驱动沿周向均布的三套推杆向孔壁扩张,通过支承面与孔壁的接触作用,实现潜探器与孔壁的有效锁定。

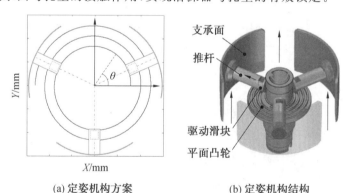

(a)定姿机构方案　　　　　　　　(b)定姿机构结构

图 2.14　"圆弧薄壳型支承面＋推杆"构型

多个圆弧薄壳型支承面构成近似封闭的圆柱面,圆柱面径向扩张与孔壁接触并施加载荷,径向载荷达到孔壁极限承载力 p_u 时,月壤孔壁发生如图 2.15 所示的滑移运动,支承稳定性遭到破坏。

利用极限平衡理论求解极限承载力 p_u,为了简化求解过程,做出如下假设:

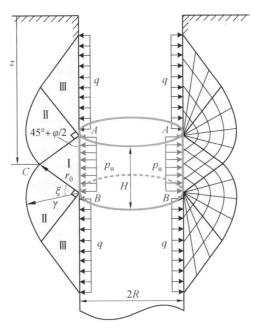

图 2.15　月壤孔壁极限承载力分析示意图

① 月壤为无重介质,不考虑土壤容重的影响;

② 圆柱面为光滑面,与月壤间无摩擦力,作用力完全垂直于壁面。

当径向载荷达到孔壁极限承载力 p_u 时,月壤孔壁出现连续滑移面。滑裂土体可划分为 3 个区域,Ⅰ 区为朗肯主动区,Ⅱ 为过渡区,Ⅲ 为朗肯被动区。朗肯主动区滑移线与垂直面的夹角为 $\pm(45° - \varphi/2)$,朗肯被动区滑移线与垂直面的夹角为 $\pm(45° - \varphi/2)$。过渡区有两组滑移线,一组自载荷边缘引出的射线,另一组为连接 Ⅰ、Ⅲ 区的对数螺旋线,表示为

$$r = r_0 e^{\zeta \tan \varphi} \tag{2.4}$$

式中　φ ——月壤内摩擦角,rad;

　　　r_0 ——过渡区初始半径,m;

　　　ζ ——射线 r 与 r_0 的夹角,rad。

基于普朗德尔—瑞斯纳课题求解结果,获得月壤孔壁的极限承载力 p_u 的表达式为

$$p_u = q N_q + c N_c \tag{2.5}$$

式中　q ——朗肯被动区月壤孔壁均布载荷,考虑月壤孔壁支承工况,$q = 0$;

　　　N_q、N_c ——承载力系数,且为月壤内摩擦角的函数,即

$$\begin{cases} N_q = \tan^2\left(\dfrac{\pi}{4} + \dfrac{\varphi}{2}\right) e^{\pi \tan \varphi} \\ N_c = (N_q - 1) \cot \varphi \end{cases} \tag{2.6}$$

在极限平衡作用下,圆柱面所能承受的极限负载力矩 M_u、极限负载力 F_u 的计算式为

$$\begin{cases} M_u = \mu_s R^2 H p \theta_m \\ F_u = \mu_s R H p \theta_m \end{cases} \tag{2.7}$$

式中　　μ_s——支承面与月壤孔壁的摩擦系数;

　　　　R、H——等效圆柱面的半径和高度,m;

　　　　p——载荷,Pa;

　　　　θ_m——等效圆柱面的圆心角,rad。

定义月壤孔壁所能承受的极限负载力矩 M_u、F_u 与潜探器额定负载力矩 M_c、额定负载力 F_c 的比值为承载安全系数 K_p,即

$$K_p = \frac{M_u}{M_c} = \frac{F_u}{F_c} \tag{2.8}$$

绘制承载安全系数 K_p 在月壤剖面 0～5 m 深度的变化规律,如图 2.16(a) 所示。从图中可以看出,在浅表层月壤中,承载稳定性较差($K_p \leqslant 1$),随着深度的增大,承载安全系数显著增大($K_p > 1$),并且存在一个临界深度 z_0 使得 $K_p = 1$。临界深度 z_0 随圆柱面半径 R 及高度 H 的变化曲面如图 2.16(b) 所示,增大圆柱面 R、高度 H 的取值均能降低临界深度。为了保证在 0～5 m 月壤深度可靠支承,圆弧薄壳型支承面尺寸应设计合理,尽量降低临界深度 z_0。

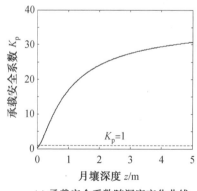

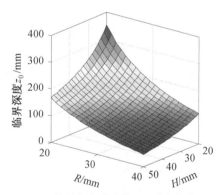

(a) 承载安全系数随深度变化曲线　　(b) 临界深度随圆柱面尺寸变化曲面

图 2.16　月壤孔内支承稳定性分析结果

定姿推杆受力分析如图 2.17(a) 所示,支承面受到孔壁月壤的均布载荷 p,合成为推杆轴向的推力 F。此外,推杆受到机架的支承力 N_f、摩擦力 F_f 以及平面凸轮的推力 N、摩擦力 f。平面凸轮的驱动阻力来源于推杆的作用力,与驱动力矩 M 平衡。分别以推杆及平面凸轮为对象,推导驱动力矩 M 如下:

$$M = \frac{2p(\mu_{\mathrm{m}} + \tan \alpha_{\mathrm{p}}) r_\theta R H \sin \frac{\theta_{\mathrm{m}}}{2}}{(1 - 2\mu_{\mathrm{m}} \tan \alpha_{\mathrm{p}} - \mu_{\mathrm{m}}^2)} \tag{2.9}$$

式中　　r_θ——平面凸轮螺旋廓线，$r_\theta = r_0 + \dfrac{p\theta}{2\pi}$，m；

$\quad\quad\quad \alpha_{\mathrm{p}}$——平面凸轮压力角，$\alpha_{\mathrm{p}} = \arctan\left(\dfrac{P}{2\pi r_0 + P\theta}\right)$，rad；

$\quad\quad\quad \mu_{\mathrm{m}}$——推杆与机架、推杆与平面凸轮的摩擦系数。

潜探器定姿能力主要与螺旋导程 P、电机驱动力矩 M 及支承面圆心角 θ_{m} 等参数相关，根据图 2.17(b) 所示的定姿能力变化规律完成定姿机构参数设计。

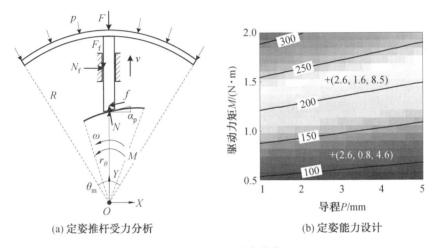

(a) 定姿推杆受力分析　　　　　　　(b) 定姿能力设计

图 2.17　定姿能力参数优选

2.2.2.5　基于单向颗粒流效应密封设计

排屑螺旋相对机架做回转、轴向直线的复合运动。为了避免缓存区的月壤切屑进入运动副间隙并造成机械卡滞，需要做回转密封设计。在月面高低温、真空等极端环境条件下，地面常用的密封手段已不再适用。尤其针对月壤颗粒而言，极端不规则的形态会对密封材料造成较大的磨损。

本章提出一种螺旋密封方法，螺旋密封设计如图 2.18 所示。在密封件内壁布置螺旋翼片，充分利用螺旋的回转运动强制月壤切屑沿螺旋槽排出密封区域。图 2.18(a) 为月壤切屑在螺旋密封槽内运动速度分析，排屑螺旋相对于月壤孔旋转，速度为 n，切屑在圆周方向的移动速度为 v_{n}。同时，切屑以速度 v_{r} 在螺旋表面上滑动，两者合成速度为 v_{a}，其垂直分量即为强制切屑排出的有效速度。

如图 2.18(b) 所示，螺旋密封驱动槽内月壤切屑按图示方向排出，并通过月壤间的相互咬合和摩擦作用"牵引"密封间隙处的月壤排出，形成月壤颗粒层流，密封间隙 δ_{p} 可按参考 $3\sim5$ 倍月壤中值粒度大小选取。这种螺旋密封方法对大温变条件下金属变形而导致的机械卡滞具有很好的适应性。

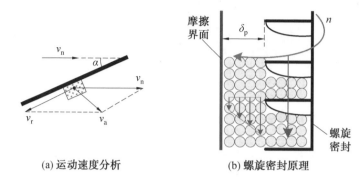

(a) 运动速度分析　　　　　(b) 螺旋密封原理

图 2.18　螺旋密封设计

　　为了验证不同密封方法及密封结构参数的密封效果,搭建如图 2.19 所示的测试平台。测试平台包括回转单元、振动单元和测试单元。回转单元通过齿形带将动力传递给密封件,模拟密封件的回转运动。振动单元模拟密封件的轴向直线运动。扭矩传感器和测力传感器分别用于记录密封件的轴向阻力与回转阻力矩。

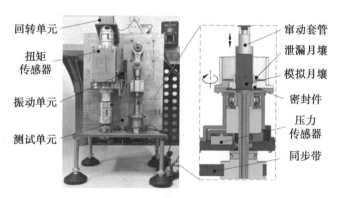

图 2.19　密封件测试平台

　　为了考察不同密封方法的密封效果,开展了毛毡密封、PTFE 密封、间隙密封、螺旋密封的试验测试,测试结果如图 2.20 所示。毛毡密封的阻力矩和轴向阻力分别达到 2.40 N·m 和 38.17 N,相较之下处于较大水平,并且试验过程中发生多次卡滞,密封性能较差。PTFE 密封的阻力矩为 0.73 N·m,轴向阻力为 12.59 N,切屑泄漏量为 0.12 g,试验中也出现机械卡滞现象,密封性能较差。间隙密封的阻力矩和轴向阻力较小,但切屑泄漏量达到 0.16 g 的较大水平。螺旋密封方法在测试过程中保持较低的阻力矩和轴向阻力,并且实现了切屑的完全密封(无泄漏)。因此,与其他方法相比,螺旋密封具有更好的密封性能。

　　此外,如图 2.21 所示,毛毡和 PTFE 两种密封材料严重磨损,形成毛毡碎屑和 PTFE 粉末,这些粉末将会污染月球风化物样品。

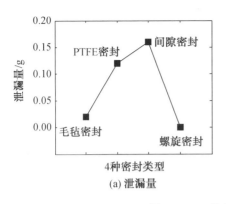

(a) 泄漏量

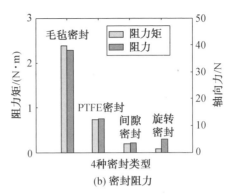

(b) 密封阻力

图 2.20   4 种密封方法测试结果

(a) 毛毡密封件   (b) 毛毡密封效果   (c) PTFE 密封件   (d) PTFE 密封效果

图 2.21   毛毡、PTFE 密封及其密封效果

2.2.2.6   变通道长度月壤排屑单元设计

当潜探器完全潜入月壤时,产生的月壤切屑将全部被转移至潜探器后端。随着掘进深度的增加,逐渐增多的切屑在潜探器末端堆积。新产生的切屑不断向上运移,在堆积切屑质量和屑粒间的摩擦作用下不断挤压压实,最终导致堵塞。而且,由于模拟月壤具有剪胀效应,新产生切屑的孔隙度增加,产生切屑的体积大于潜探器掘进形成的空间,将进一步加剧月壤切屑的堵塞。因此,有必要在月表设备上设计排屑单元,并及时清理孔内的月壤切屑。此外,运移至月表的月壤切屑可作为样本形态输入给搭载科学仪器进行分析,获得探测位点处月壤层序信息。

随着掘进深度的增大,孔底至月表的月壤运移通道逐渐变长。传统的月壤运移方案,切屑容器在孔底盛装月壤样品并运动至月表,通过容器的往复运动实现孔底切屑的间歇清理,这种作业方式工作效率较低,且在往复过程中容易造成对孔壁的破坏。考虑上述因素,本章提出循环绳式排屑方案,适应变长度运移通道要求,实现孔底月壤切屑至月表的连续运移,方案原理如图 2.22(a) 所示。排屑单元的结构设计如图 2.22(b) 所示,由驱动轮组、从动轮组、排屑绳、收纳盒及清屑器 5 部分组成。排屑绳上等长度布置用于盛装月壤切屑的半球装容器,驱动轮组表面有凹槽,与排屑绳上的容器相"啮合"。绳索上的容器不仅起传动结构的作用,而且还起运送切屑的作用。

当排屑绳在驱动轮组的回转驱动下沿着清屑器上的从动轮移动时,容器会对潜探器末端周围环形空间进行清扫。容器中的切屑随着排屑绳的运动被抽出孔中,然后被倾倒。在此过程中,排屑绳循环运动,多余的长度部分在收纳盒内折叠,并可在其中移动。当潜探器掘进作业时,收纳盒内折叠的绳索长度变短,收纳盒外移动的绳索长度可以自适应地增加。

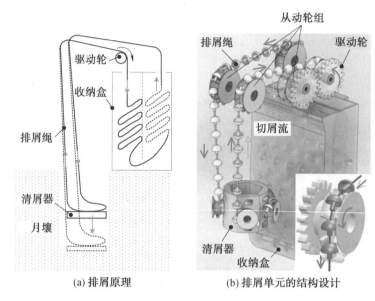

(a) 排屑原理   (b) 排屑单元的结构设计

图 2.22　循环绳式排屑原理与结构设计

2.2.2.7　潜探器控制系统设计

潜探器基于 xPC-Target 架构搭建控制系统,系统原理如图 2.23 所示。上位机通过 Matlab Simulink 编写控制程序,下位机内嵌 NI PCI 6229 数据采集卡,上、下位机采用 TCP/IP 通信协议实现快速数据传输。主掘进单元、副掘进单元、推进单元及排屑单元的驱动电机采用速度闭环控制模式,定姿机构驱动电机采用电流闭环控制模式,通过下位机发送模拟量控制指令,同时将采集电流信号、码盘信号上传至上位机,实现实时监测掘进作业状态。

潜探器工作流程图如图 2.24 所示。下达探测指令后系统状态自检,通过后进入蠕动掘进式潜入作业程序,作业过程中遭遇电机电流过载工况后启动故障排除程序。到达指定探测点位置后,开展原位月壤探测并保存月壤力学参数辨识结果。潜探器掘进潜入至系统设定的目标深度后,工作结束。

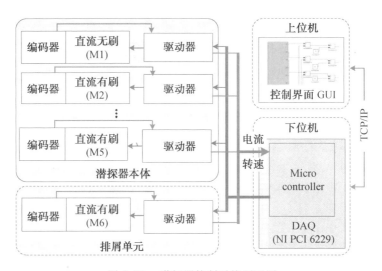

图 2.23 潜探器控制系统原理图

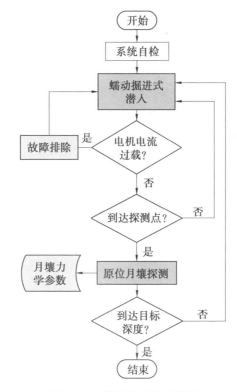

图 2.24 潜探器工作流程图

2.3　潜探器与月壤相互作用力学模型

2.3.1　蠕动式掘进试验条件

掘进试验对象采用 GUG-1A 模拟月壤,由雷蒙粉碎的玄武岩火山渣制备而成,颗粒粒度为 $0.01 \sim 1$ mm,密度约为 1.63 g/cm³,模拟月壤颗粒形态及粒度分布如图 2.25 所示。模拟月壤颗粒的颗粒形态以棱角状、次棱角状、长条状为主,与真实月壤形态接近。表 2.1 为模拟月壤与真实月壤物理力学特性参数对比。

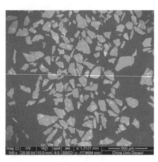

(a) 颗粒形态

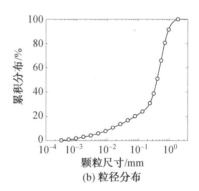

(b) 粒径分布

图 2.25　模拟月壤颗粒形态及粒度分布

表 2.1　模拟月壤与真实月壤物理力学特性参数对比

参数名称	原材料	实际月壤
颗粒粒度 d_p/mm	$0.1 \sim 1$	< 1
颗粒密度 ρ/(g·cm⁻³)	$1.7 \sim 2.3$	$1.3 \sim 2.29$
内聚力 c/kPa	$0.33 - 2.72$	$0.03 \sim 2.1$
内摩擦角 φ/(°)	$28.0 \sim 34.2$	$30 \sim 50$

为了开展掘进机具与月壤相互作用负载特性、蠕动式掘进运动规程参数匹配以及月壤力学参数辨识等试验研究工作,采用如图 2.26(a) 所示的设计方案,研制如图 2.26(b) 所示的蠕动式掘进测试平台。测试平台基本组成包括回转驱动部件、进尺驱动部件、试验机具、模拟月壤装置及机架。回转驱动部件与进尺驱动部件联动实现主掘进单元的回转与进给功能,排屑回转驱动部件与排屑进尺驱动部件联动实现副掘进单元的回转与进给功能。本节将对测试平台回转驱动部件、进尺驱动部件及其控制系统设计做详细介绍。

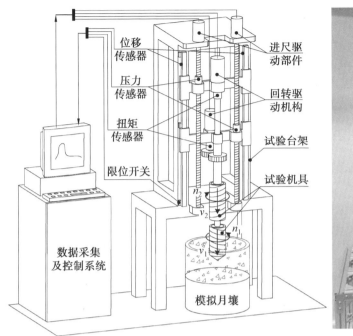

(a) 测试平台设计方案　　　　　　　　　　(b) 测试平台实物图

图 2.26　潜探器综合性能测试平台

（1）测试平台机械系统设计。掘进进尺驱动部件与排屑进尺驱动部件平行布置，掘进进尺电机和排屑进尺电机驱动滚珠丝杠机构分别使掘进滑板、排屑滑板沿导轨做直线运动，间接地为安装在掘进和排屑滑板上的掘进输出轴及排屑输出轴提供直线驱动动力。驱动部件通过配重平衡自身质量。为了测量掘进输出轴和排屑输出轴承受的轴向力大小，在丝母法兰上下两端面上各安装一个中空型压力传感器，传感器和丝母通过连接座与滑板固连。

掘进回转驱动部件、排屑回转驱动部件分别安装在掘进滑板、排屑滑板上，而滑板通过滑块相对导轨做直线运动。掘进回转电机与掘进输出轴同轴布置，通过掘进输出轴驱动主掘进单元回转运动。排屑回转电机与排屑输出轴平行布置，通过一组传动齿轮实现排屑输出轴与掘进输出轴的同轴设计，动力经由传动齿轮、排屑传动轴传递至副掘进单元，实现副掘进单元的回转运动。主掘进单元和副掘进单元回转负载力矩通过扭矩传感器进行监测。

（2）测试平台控制系统。基于 xPC-Target 架构搭建控制系统，系统原理如图 2.27 所示。上位机通过 Matlab Simulink 编写控制程序，下位机内嵌 NI PCI 6229 数据采集卡，上下位机采用 TCP/IP 通信协议实现快速数据传输。掘进/排屑回转驱动电机、掘进/排屑进尺驱动电机采取闭环速度控制模式，通过

NI PCI 6229 发出控制指令,同时可监测各电机回转转速及工作电流等信息。测试平台扭矩传感器、拉力传感器、拉线编码器将测量信号经由 NI PCI 6229 传送至上位机。实现针对测试平台各组成部分的运动控制和数据采集。

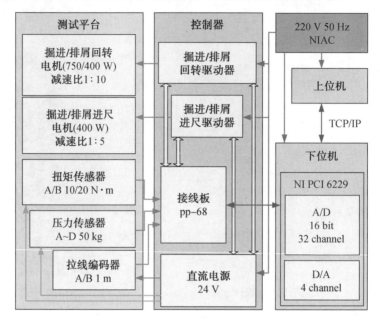

图 2.27   测试平台控制系统原理图

2.3.2   考虑月壤间压应力的螺旋输送力学模型研究

2.3.2.1   螺旋送料过程

在螺旋送料过程中,螺旋装置通过高速回转作用带动螺旋槽内的物料沿轴向运移,输送驱动力主要来源于物料与外护套的摩擦力,且物料输送的前提条件是螺旋装置的回转转速应高于物料输送临界转速。地面螺旋送料的理论分析模型一般基于连续体假设,输送流量是考察的重点。上述研究均针对高回转转速条件,针对欠速条件(回转转速低于排屑临界转速)下的螺旋输送力学模型研究尚有欠缺。

而对于潜探器而言,限于严格的能耗限制,用于螺旋排屑的动力输入有限,回转转速一般低于螺旋排屑的临界转速。此时,孔壁所能提供的摩擦力不足以驱动月壤切屑排出,螺旋槽内月壤填充率急剧增大,如图 2.28(a)所示,最终导致月壤切屑在螺旋槽内相互挤压并发生堵塞,切屑间产生了压应力。此外,潜探器具有的大截面构型特征,导致了高流量切屑输送需求,这进一步加剧了堵塞效应。通过试验研究发现,在欠速条件下,螺旋仍然具备排屑功能。分析原因,与传统螺旋输送理论基本假设不同,月壤切屑在挤压作用下形成连续的固体塞,并在压应力的驱动下沿着螺旋槽向上运移,如图 2.28(b) 所示。

(a) 模拟月壤填充情况　　　　　　(b) 模拟月壤固体塞

图 2.28　欠转速条件下螺旋排屑试验

因此,根据上述试验结果及分析结论,基于以下两条基本假设,并引入月壤间压应力,参考螺旋挤压固体输送基本理论,开展螺旋输送力学模型研究:

① 螺旋槽内月壤在压应力作用下,形成连续固体塞,作为连续体考虑;

② 月壤切屑完全填满螺旋槽,填充率为 $K_s = 1$。

2.3.2.2　蠕动式掘进器螺旋排屑运动模型

取螺旋刃上任意点 P 处的月壤微元进行速度分析,建立如图 2.29 所示的分析模型。图中,v_l 为点 P 处掘进头的速度矢量,v_r 为月壤微元相对掘进头的运动速度矢量;π_h 为点 P 处所在的水平面;π_v 为 v_l 所在的垂直平面;r 为 P 点距离回转轴的长度。

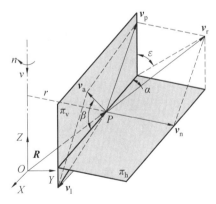

图 2.29　月壤微元运动速度分析模型

在掘进过程中,掘进头绕 Z 轴回转并进给,螺旋刃上任意点 P 的合成速度矢量 v_l 可表示为

$$v_l = n(\boldsymbol{R} \times \boldsymbol{k}) - v\boldsymbol{k} \tag{2.10}$$

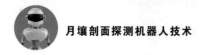

式中　　n——掘进头回转转速，rad/s；

　　　　v——掘进头进给速度，m/s；

　　　　k——沿 Z 轴方向的单位矢量。

根据上述分析，月壤微元做速度为 v_1 的牵连运动，同时相对螺旋翼片做速度为 v_r 的相对运动。将 v_r 在平面 π_v、π_h 上分解为 v_p、v_n。月壤微元在螺旋翼片上运移的过程中，其在垂直平面 π_v 上的速度直接决定排屑性能，故对该平面上的速度进行分析。如图 2.29 所示，在垂直平面 π_v 上，月壤微元的绝对运动 v_a 由牵连运动 v_1 和相对运动 v_p 合成而得，v_a 与水平面 π_h 的夹角为 β，定义 β 为排屑角。根据上述分析，月壤微元相对周围月壤沿 v_a 做螺旋上升运动，该螺旋上升运动可分解为沿 Z 轴回转运动和直线上升运动。v_a 沿轴向方向的分量为有效排屑速度，记为 v_f，定义月壤微元回转转速为 n_a。推导出回转转速为 n_a、相对速度大小 v_r 以及有效排屑速度大小 v_f 表达式为

$$\begin{cases} n_a = \dfrac{nr\tan\alpha\cos\varepsilon - v}{r(\tan\alpha\cos\varepsilon + \tan\beta)} \\[2mm] v_r = \dfrac{nr\tan\beta + v}{\cos\alpha(\tan\alpha\cos\varepsilon + \tan\beta)} \\[2mm] v_f = \dfrac{nr\tan\beta + v}{\cos\varepsilon + \tan\beta\cot\alpha} \end{cases} \qquad (2.11)$$

定义 η_r、η_c 分别为螺旋翼切屑输入和切屑排出的能力，表征了单位时间内螺旋翼切屑的输入体积和排出体积。为了保证排屑过程的顺畅性，需使排屑能力大于产屑能力，即 $\eta_c \geqslant \eta_r$。推导螺旋不发生堵塞的临界排屑角 β_0 为

$$\beta_0 = \arctan\left(\frac{K_s K_{AR} K_v - K_\rho K_v \cos\varepsilon}{K_\rho K_v \cot\alpha - K_s K_{AR}}\right) \qquad (2.12)$$

式中　　K_s——掘进头排屑填充率；

　　　　K_ρ——原态月壤被切削破碎后的体积膨胀系数；

　　　　K_v——进给速度与回转切向速度比值，$K_v = v/(nr)$；

　　　　K_{AR}——排屑通道与产屑通道的等效截面面积之比。

针对掘进头，任意半径处 $K_{AR} = n(2r - w\cos\varepsilon)/r^2$；针对排屑螺旋，$K_{AR} = 2nr/r_1^2$。

2.3.2.3　蠕动式掘进器螺旋输送力学模型

如图 2.30(a) 所示，在螺旋翼任意位置处，取 $d\theta$ 所对应的平面为底面（长为 dl、宽为 w）、高度为 H 的柱体为月壤微元，该微元距回转中心轴的垂直距离为 r，如图 2.30(b) 所示。图示月壤微元左侧面为月壤微元与螺旋基体的接触面，面积记为 $A_L = Hr_2\sec\alpha d\theta$；上侧面为月壤微元与螺旋翼底面的接触面，面积记为 $A_F = wr\sec\alpha\sec\varepsilon d\theta$；底侧面为月壤微元与螺旋翼顶面的接触面；右侧面为月壤微元与

周围月壤的接触面,面积记为 $A_R = Hr_1 \sec \alpha \, d\theta$;前后侧面为图示月壤微元与前、后相邻月壤微元的接触面,面积记为 $A_C = Hw$。定义月壤微元左侧面、上侧面、右侧面分别受到螺旋基体、螺旋底面和周围月壤的挤压应力为 σ_l、σ_u、σ_r,前后侧面受到相邻月壤微元的挤压应力差值为 $d\sigma$。

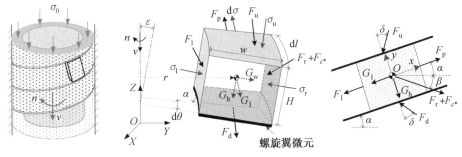

(a) 月壤微元	(b) 月壤微元空间受力	(c) 月壤微元平面受力

图 2.30　螺旋输送月壤微元受力分析

如图 2.30(c) 所示,将月壤微元各侧面受力在平面上表示,并分别沿图示 x 轴方向(螺旋翼切线方向)和 y 轴方向(切削具平面法向方向)对月壤微元进行静力平衡分析得

$$\begin{cases} F_r \cos(\alpha + \beta) + F_p - F_l - (F_d + F_u) \sin \delta - G_l = 0 \\ (F_d - F_u) \cos \delta - F_r \sin(\alpha + \beta) - G_h = 0 \end{cases} \tag{2.13}$$

式中　F_d——月壤微元底侧面受到螺旋翼上侧面的作用力,N;

F_l——月壤微元左侧面受到螺旋基体的作用力,$F_l = \sigma_l \tan \delta A_L$,N;

F_u——月壤微元上侧面受到底面螺旋翼的作用力,$F_u = \sigma_u A_F \sec \delta$,N;

F_r——月壤微元右侧面受到周围月壤的支持力和摩擦力,$F_r = \sigma_r \tan \varphi A_R$,N;

F_p——前后月壤微元对图示月壤微元的作用合力,$F_p = d\sigma A_C$,N;

G_l——月壤微元重力和离心力合力在图示微元长度方向的分量,$G_l = mg_l$,g_l 为重力加速度在微元长度方向等效加速,N;m 为月壤微元质量,$m = \rho H A_F$,kg,其中 ρ 为螺旋槽内月壤的体积密度,kg/m³;

G_h——月壤微元重力和离心力合力在图示微元高度方向的分量,$G_h = mg_h$,g_h 为重力加速度在微元高度方向等效加速度,N。

各加速度分量计算公式如下:

$$\begin{cases} g_l = (g \cos \varepsilon - n_a^2 r \sin \varepsilon) \sin \alpha \\ g_h = (g \cos \varepsilon - n_a^2 r \sin \varepsilon) \cos \alpha \\ g_w = g \sin \varepsilon + n_a^2 r \cos \varepsilon \end{cases} \tag{2.14}$$

整理并化简式(2.13)得

$$
\begin{cases}
\dfrac{\mathrm{d}\sigma}{\mathrm{d}l} = K_\mathrm{l}\sigma_\mathrm{l} + K_\mathrm{u}\sigma_\mathrm{u} + K_\mathrm{r}\sigma_\mathrm{r} + K_\mathrm{c} \\[2mm]
K_\mathrm{l} = \dfrac{r_2 \tan\delta}{wr} \\[2mm]
K_\mathrm{u} = \dfrac{2\sec\varepsilon\tan\delta}{H} \\[2mm]
K_\mathrm{r} = -\dfrac{r_1\cos(\alpha+\beta+\delta)\tan\varphi}{wr\cos\delta} \\[2mm]
K_\mathrm{c} = \rho\sec\varepsilon(g_\mathrm{l}+g_\mathrm{h}\tan\delta) - \dfrac{r_1\cos(\alpha+\beta+\delta)}{wr\cos\delta}c^*
\end{cases}
\tag{2.15}
$$

式中 c^* —— 当量内聚力。

根据土力学土体应力分布可知,在单一重力场作用下,深度为 z 处土体沿重力场方向的应力 σ_z 与该位置处垂直重力场方向的应力 σ_h 有下列关系:

$$
\begin{cases}
\sigma_z = \rho g_\mathrm{h} z \\
\sigma_\mathrm{h} = K_0 \sigma_z
\end{cases}
\tag{2.16}
$$

式中 K_0 —— 静止土压力系数,$K_0 = 1 - \sin\varphi$。

月壤微元受到 3 个等效重力场(重力加速度分别为 g_l、g_h、g_w)的作用。月壤微元左侧面应力 σ_l 由重力场 g_h 形成,而其右侧面应力由重力场 g_h 和 g_w 共同形成。根据式(2.16),推导月壤微元左右侧面的平均应力为

$$
\begin{cases}
\sigma_\mathrm{PL} = \rho g_\mathrm{h} H K_0 / 2 \\
\sigma_\mathrm{PR} = \rho g_\mathrm{h} H K_0 / 2 + \rho w g_\mathrm{w}
\end{cases}
\tag{2.17}
$$

根据月壤的压缩特性,月壤微元间压应力 σ 的存在会使微元体其他表面的应力发生变化。引入月壤微元上、下侧面应力转换系数 $K_{\sigma\mathrm{v}}$、内外侧面应力转换系数 $K_{\sigma\mathrm{h}}$。月壤微元在自身重力和压应力的复合作用下,各侧面应力为

$$
\begin{cases}
\sigma_\mathrm{l} = \sigma_\mathrm{PL} + K_{\sigma\mathrm{h}}\sigma \\
\sigma_\mathrm{u} = K_{\sigma\mathrm{v}}\sigma \\
\sigma_\mathrm{r} = \sigma_\mathrm{PR} + K_{\sigma\mathrm{h}}\sigma
\end{cases}
\tag{2.18}
$$

解微分方程可获得 σ 显式表达式为

$$
\begin{cases}
\sigma = (\sigma_0 + B)\mathrm{e}^{Al} - B \\[2mm]
A = K_{\sigma\mathrm{h}}(K_\mathrm{l}+K_\mathrm{r}) + K_\mathrm{u}K_{\sigma\mathrm{v}} \\[2mm]
B = \dfrac{K_\mathrm{l}\sigma_\mathrm{PL} + K_\mathrm{r}\sigma_\mathrm{PR} + K_\mathrm{c}}{K_{\sigma\mathrm{h}}(K_\mathrm{l}+K_\mathrm{r}) + K_\mathrm{u}K_{\sigma\mathrm{v}}}
\end{cases}
\tag{2.19}
$$

式中 A —— 螺旋槽截面面积,m^2;

l —— 螺旋槽长度,m。

螺旋输送过程中月壤微元对螺旋产生的阻力矩为 $\mathrm{d}M_\mathrm{s}$,阻力为 $\mathrm{d}F_\mathrm{s}$。$\mathrm{d}M_\mathrm{s}$ 的

方向与回转转速 n 反向,$\mathrm{d}F_s$ 与进给速度 v 同向。根据受力空间几何关系,推导出螺旋排屑负载力矩为

$$
\begin{cases}
M_s = N_s \displaystyle\int_0^{\theta_m} (K_{ml}\sigma_l + K_{mu}\sigma_u + K_{mr}\sigma_r + K_{mc})\,\mathrm{d}\theta \\
K_{ml} = H r_2^2 \tan\delta \\
K_{mu} = 2 w r^2 \tan\delta \\
K_{mr} = H r_1 r \sin(\alpha+\beta)\sin(\alpha+\delta)\tan\varphi\sec\alpha\sec\delta \\
K_{mc} = \rho_3 g w H r^2 \sec\delta \sin(\alpha+\delta)
\end{cases}
\tag{2.20}
$$

2.3.2.4　蠕动式掘进器螺旋输送模式分析

计算螺旋槽内不同深度位置处月壤切屑所受压应力,结果如图 2.31 所示。从图中可以看出,螺旋排屑的临界转速达到 167.2 r/min(潜探器排屑螺旋回转转速远低于此临界值)。当螺旋转速低于临界转速时,螺旋排屑条件较差,螺旋槽内沿重力方向不同深度位置处的月壤切屑受到逐渐增大的压应力;当螺旋转速高于临界转速时,压应力指标理论取值为负,表示排屑条件良好,而此时月壤切屑的真实压应力按零计。进一步考察不同进给速度参数下的临界参数取值,绘制结果曲线如图 2.32 所示。从图中可以看出,在运动规程参数域内,临界速度的取值近似直线,并且临界转速取值对进给速度的变化敏感性较低。

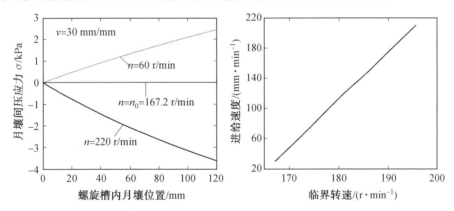

图 2.31　模拟月壤间压应力分布　　　　图 2.32　螺旋排屑临界转速

绘制螺旋排屑负载随运动规程参数的响应曲面如图 2.33 所示。从图中可以看出,负载曲面存在明显的分界线,将其划分为摩擦输送和挤压输送两种模式,且摩擦输送模式下的负载阻力矩相较于挤压输送模式下的负载显著增大。

针对单排屑螺旋,不考虑螺旋排屑的初始应力,进一步开展摩擦输送、压力输送模式分析,绘制螺旋排屑负载力矩、槽内月壤切屑压应力随回转转速的变化曲线如图 2.34 所示。在摩擦输送模式下,负载力矩较小,且随螺旋回转转速的增大变化较为平缓,而压应力显著降低。在挤压输送模式下,随着螺旋回转转速的

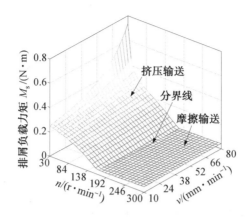

图 2.33 螺旋排屑负载随运动规程参数的响应曲面图

降低,负载力矩及压应力初始阶段呈近似线性增长,超过图示的拐点($n=$ 30 r/min)后,两者急剧增大。因此,对于螺旋回转转速的选取,建议应该在如图 2.34 所示的阴影区,以确保螺旋排屑阻力和功率消耗最小。

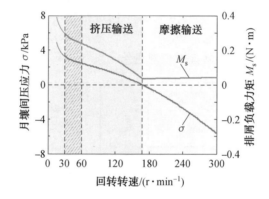

图 2.34 螺旋排屑负载力矩、槽内月壤切屑压应力随回转转速的变化曲线

根据月壤微元受力及运动状态分析,结合螺旋排屑运动输入,总结螺旋排屑具有强制贯入、压力输送、摩擦输送及无输送 4 种工作模式。螺旋排屑模式分析见表 2.2。

① 强制贯入模式:进转比参数过大,掘进运动参数满足条件 $K_v \geqslant$ $K_s K_{AR} \tan \alpha / K_\rho$,螺旋排屑失效,类似强制贯入过程。

② 压力输送模式:进转比参数较大,掘进运动参数满足条件 $0 < K_v <$ $K_s K_{AR} \tan \alpha / K_\rho$,螺旋排屑不畅,月壤之间产生压应力($\sigma > 0$),月壤在螺旋槽内运移的主要驱动力来源于月壤间的压应力。

③ 摩擦输送模式:进转比参数较为合适,螺旋排屑不畅,月壤间不发生挤压作用($\sigma = 0$),月壤在螺旋槽内运移的主要驱动力来源于月壤孔壁的摩擦力。

④ 无输送模式:槽内月壤随着螺旋回转,没有运移行为,$\beta = 0$。

表 2.2　螺旋排屑模式分析

运动规程参数	输送类型	运动状态	求解
$K_v \geqslant \dfrac{K_s K_{AR} \tan \alpha}{K_\rho}$	TM1 — 强制贯入	—	—
$0 < K_v < \dfrac{K_s K_{AR} \tan \alpha}{K_\rho}$	TM2 — 压力输送	$\begin{cases} \beta_s > 0 \\ \sigma > 0 \\ n > n_a \end{cases}$	$\begin{cases} f_1(K_v, \beta) = 0 \\ f_2(n_a, \beta, v) = 0 \\ f_3(n_a, \beta, \sigma) = 0 \end{cases} \Rightarrow n_a, \beta, \sigma$
	TM3 — 摩擦输送 $(n > n_0)$	$\begin{cases} \beta_s > 0 \\ \sigma = 0 \\ n > n_a \\ v \neq 0 \end{cases}$	$\begin{cases} f_1(K_v, \beta) = 0 \\ f_2(n_a, \beta, v) = 0 \\ f_3(n_a, \beta, 0) = 0 \end{cases} \Rightarrow n_a, \beta$
$K_v = 0$		$\begin{cases} \beta_s > 0 \\ \sigma = 0 \\ n > n_a \\ v = 0 \end{cases}$	$\begin{cases} f_2(n_a, \beta, 0) = 0 \\ f_3(n_a, \beta, 0) = 0 \end{cases} \Rightarrow n_a, \beta$
	TM4 — 无输送 $(n \leqslant n_0)$	$\begin{cases} \beta_s = 0 \\ \sigma = 0 \\ n_a = n \end{cases}$	$\begin{cases} f_2(n_a, 0, 0) = 0 \\ f_3(n_a, 0, 0) = 0 \end{cases} \Rightarrow n = n_a = n_0$

示意图

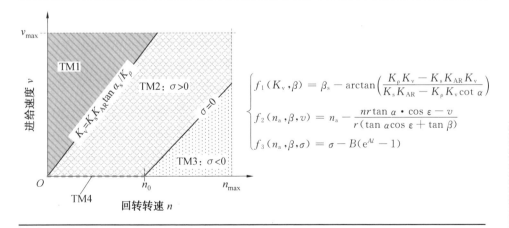

$$\begin{cases} f_1(K_v, \beta) = \beta_s - \arctan\left(\dfrac{K_\rho K_v - K_s K_{AR} K_v}{K_s K_{AR} - K_\rho K_v \cot \alpha} \right) \\ f_2(n_a, \beta, v) = n_a - \dfrac{nr\tan \alpha \cdot \cos \varepsilon - v}{r(\tan \alpha \cos \varepsilon + \tan \beta)} \\ f_3(n_a, \beta, \sigma) = \sigma - B(e^{Al} - 1) \end{cases}$$

2.3.3　缓存区月壤应力分布模型研究

螺旋槽内月壤切屑的应力状态与螺旋出口的初始应力有关,分析缓存区内月壤的应力状态,进而给出主螺旋的输出口的预应力,如图 2.35 所示。在主掘进模式下,月壤切屑被螺旋连续挤压至缓存区,在与孔壁、内壁等的摩擦力以及缓存区顶部的预应力 P_u 的共同作用下,缓存区底部(主螺旋月壤切屑输出口)产生挤压应力 P_d。基于适合于软土的 Duncan-Chang 模型,假定土的应变与应力服从双曲线关系,引入完全侧限固结试验条件下土的应变与孔隙比的关系,建立松散状月壤压缩过程模拟的 $e-p$ 曲线分析模型,即

$$\begin{cases} e_3 = e_2 - \dfrac{(1+e_2)P_u}{A_p + B_p P_u} \\ e_2 = \dfrac{\rho_s}{\rho_2} - 1, e_3 = \dfrac{\rho_s}{\rho_3} - 1 \end{cases} \tag{2.21}$$

式中　　e_2、e_3——缓存区月壤在松散状态及挤密压缩状态下的孔隙率;

ρ_s——月壤颗粒密度,kg/m^3;

A_p、B_p——月壤压缩性系数,通过侧限压缩试验方法测定。

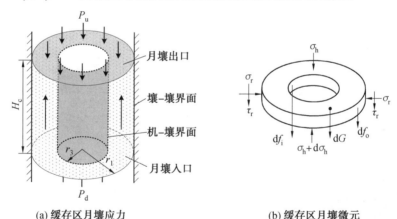

(a) 缓存区月壤应力　　　　　　　　　　　　(b) 缓存区月壤微元

图 2.35　缓存区月壤应力分析

推导 P_u 的表达式得

$$P_u = \frac{(\rho_3 - \rho_2)A_p}{\rho_3 - (\rho_3 - \rho_2)B_p} \tag{2.22}$$

基于 Janssen 针对容器内粉体应力分析的基本假设,对环状柱体月壤取微元,并对微元沿高度方向上进行受力分析有

$$A_3(\sigma_h + d\sigma_h) = A_3\sigma_h + dG + df_{ri} + df_{ro} \tag{2.23}$$

式中　　A_3——输送通道截面面积,$A_3 = \pi(r_1^2 - r_3^2)$,m^2;

σ_h、σ_r—— 微元上表面、侧表面方向上的压应力,Pa;

df_{ro}—— 微元外侧表面受到的剪切力,d$f_{ro}=2\mu_s\sigma_r\pi r_1 dh$,N,其中 μ_s 为月壤摩擦系数,$\mu_s = \tan\varphi$;

df_{ri}—— 微元内侧表面受到的剪切力,d$f_{ri}=2\mu_m\sigma_r\pi r_3 dh$,N,其中 μ_m 为机具摩擦系数,$\mu_m = \tan\delta$;

dG—— 微元重力,d$G = \rho_3 A_3 g dh$,N。

根据土力学知识,可知月壤微元所受竖直应力与所受水平应力成一定比例关系,有 $\sigma_r = K\sigma_h$。整理式(2.23)得

$$\frac{d\sigma_h}{dh} = \frac{2\pi K(\mu_s r_1 + \mu_m r_3)\sigma_h + \rho_3 A_3 g}{A_3} \tag{2.24}$$

式中　K—— 应力转换系数,根据土力学理论有 $K = \dfrac{1-\sin\varphi}{1+\sin\varphi}$。

解式(2.24)并代入边界条件$\sigma_h\big|_{h=0} = P_u$ 可得缓存区底部应力 P_d 与缓存区高度 H_c、预应力 P_u 以及月壤力学参数等的关联模型,即

$$\begin{cases} P_d = \dfrac{\rho_3 g}{E}(e^{H_c E} - 1) + P_u e^{H_c E} \\ E = \dfrac{2\pi K(r_3 \tan\delta + r_1 \tan\varphi)}{A_3} \end{cases} \tag{2.25}$$

根据方程(2.25)绘制缓存区底部堆积应力 P_d 随缓存区高度变化曲线,如图 2.36 所示。从图中可以看出,堆积应力随缓存区高度增加呈现指数型增长,并且增大通道半径比 r_3/r_1 和初始应力 P_u 会显著增大堆积应力,进而加剧缓存区的月壤堵塞。

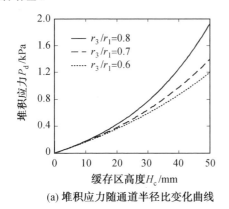

(a)堆积应力随通道半径比变化曲线

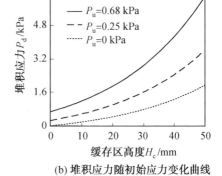

(b)堆积应力随初始应力变化曲线

图 2.36　缓存区堆积应力随通道比 r_3/r_1、初始应力 P_u 及高度变化曲线

2.3.4 掘进头切削负载模型研究

2.3.4.1 掘进头切削负载建模

在相同掘进运动规程参数的前提下,螺旋刃上任意点处的切削速度以及被切削月壤的位置姿态均不相同。因此,不宜将螺旋刃切削具作为一个整体使用统一的切削速度和位置姿态进行切削负载分析。本节将螺旋刃切削具离散分解为若干微元,将每个切削具微元的切削运动等效成切削角为 α_k、宽度为 $\mathrm{d}l_d$ 的直刃平面切削。利用土力学被动土压力理论,分析单一切削具微元的切削阻力 $\mathrm{d}P$ 并将之沿螺旋刃线积分获得掘进头切削负载。

螺旋刃线形状复杂,需沿刃线方向划分微元,并将单个微元简化为直刃进行切削负载分析,如图 2.37(a) 所示。在螺旋刃任意一点 P 处,分别沿螺旋刃切线方向 $\boldsymbol{\tau}$ 和锥面法线方向 $\boldsymbol{n}_v$,选取宽度为 $\mathrm{d}l_d$、长度为 w_d 的切削具微元。

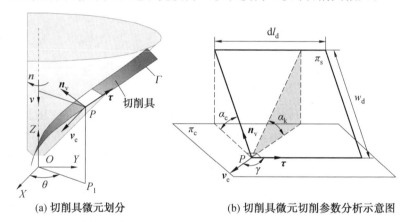

(a) 切削具微元划分　　　　(b) 切削具微元切削参数分析示意图

图 2.37　螺旋刃切削参数分析

图 2.37(a) 中,$\boldsymbol{\tau}$ 为螺旋刃在点 P 处的单位切矢;$\boldsymbol{n}_v$ 为锥面在 P 点处单位法矢;$\boldsymbol{v}_e$ 为点 P 处单位速度矢量,根据微分几何关系推导得

$$\begin{cases} \boldsymbol{\tau} = \dfrac{\boldsymbol{R}'}{|\boldsymbol{R}'|} \\ \boldsymbol{n}_v = \begin{bmatrix} -\cos\theta\cos\varepsilon & -\sin\theta\cos\varepsilon & \sin\varepsilon \end{bmatrix}^{\mathrm{T}} \\ \boldsymbol{v}_e = \dfrac{\boldsymbol{v}_1}{|\boldsymbol{v}_1|} \end{cases} \tag{2.26}$$

图 2.37(b) 所示为切削具微元切削角参数分析示意图,其中 π_c 为由 $\boldsymbol{v}_e$ 和 $\boldsymbol{\tau}$ 确定的切削平面,π_s 为由 $\boldsymbol{\tau}$ 和 $\boldsymbol{n}_v$ 确定的切削具微元平面。切削角 α_k 在几何上表征切削具微元平面 π_s 与切削平面 π_c 沿矢量 $\boldsymbol{v}_e$ 方向的夹角。根据图示空间几何关系,推导出切削角 α_k 的关系式为

$$
\begin{cases}
\alpha_k = \arctan(\tan \alpha_c \sin \gamma) \\
\alpha_c = \arctan \dfrac{(\boldsymbol{v}_e \times \boldsymbol{\tau}) \cdot (\boldsymbol{\tau} \times \boldsymbol{n}_v)}{|\boldsymbol{v}_e \times \boldsymbol{\tau}||\boldsymbol{\tau} \times \boldsymbol{n}_v|} \\
\gamma = \arccos \dfrac{\boldsymbol{v}_e \cdot \boldsymbol{\tau}}{|\boldsymbol{v}_e||\boldsymbol{\tau}|}
\end{cases}
\tag{2.27}
$$

式中　　γ——矢量 $\boldsymbol{v}_e$ 与 $\boldsymbol{\tau}$ 的夹角,rad;

α_c——由切削具微元平面 π_s 与切削平面 π_c 夹角,rad。

针对宽切削具,切削过程中月壤的失效形式为"新月失效",发生"新月失效"的月壤由中心失效区域以及两侧的侧向失效区域组成。本节提出的螺旋刃切削具属于宽切削具范畴,但在掘进头掘进切削过程中,螺旋刃切削具两端的切削刃对月壤无侧向破坏作用,因而螺旋切削具仅使月壤发生中心失效。考虑到失效月壤重力对切削阻力的微弱影响,忽略重力并根据月壤中心失效形式,建立切削具微元切削负载模型如图 2.38(a) 所示。

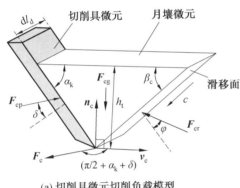
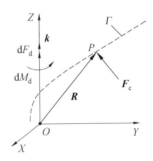

(a) 切削具微元切削负载模型　　　　　　(b) 切削具微元阻力矩分析

图 2.38　切削具微元切削负载分析

对图中月壤微元进行静力平衡分析,并得平衡方程如下:

$$
\begin{cases}
\sin(\alpha_k + \delta)F_{ep} - \sin(\beta_c + \varphi)F_{er} - ch_t \cot \beta_c \mathrm{d}l_d = 0 \\
\cos(\alpha_k + \delta)F_{ep} + \cos(\beta_c + \varphi)F_{er} - F_{eg} - ch_t \mathrm{d}l_d = 0
\end{cases}
\tag{2.28}
$$

式中　　F_{ep}——切削具微元对月壤微元的作用合力,N;

F_{er}——周围月壤对月壤微元的作用合力,N;

F_{eg}——月壤微元的重力,$F_{eg} = \sin \varepsilon (\cot \alpha_k + \cot \beta_c) h_t^2 \gamma \mathrm{d}l_d / 2$,N;

β_c——月壤失效角,表征月壤滑移面与切削速度方向的夹角,rad;

h_t——切削深度,$h_t = \dfrac{2\pi v \sin \varepsilon}{N_d n}$,m;

$\mathrm{d}l_d$——切削具微元长度,根据螺旋刃方程推导得 $\mathrm{d}l_d = r \sec \alpha_d \mathrm{d}\theta$,m。

将上述变量代入并消去 F_{er},获得切削阻力 F_{ep} 为

$$F_{ep} = \frac{ch_t \cot \beta_c + \tan(\beta_c + \varphi)\left[ch_t + \frac{1}{2}h_t^2 \gamma \sin \varepsilon (\cot \alpha_k + \cot \beta_c)\right]}{\sin(\alpha_k + \delta) + \tan(\beta_c + \varphi)\cos(\alpha_k + \delta)} \tag{2.29}$$

在式(2.29)中，β_c 大小未知，其取值影响切削负载的大小。根据 Terzaghi 土壤失效理论，土壤失效面为使切削阻力最小对应的剪切面，根据该原理，β_c 可用下列偏微分方程求解：

$$\partial F_{ep}/\partial \beta_c = 0 \tag{2.30}$$

进一步推导方程(2.30)，无法得到 β_c 的解析解，可通过数值方法，搜索 β_c 在其范围内使负载 F_{ep} 取极小值时的取值。由图 2.38 可以得到 β_c 的取值范围为 $\left(0, \frac{\pi}{2} - \varphi\right)$，利用数值搜索方法及式(2.29)，确定切削参数 α_k 和 β_c 的变化曲线，如图 2.39 所示。

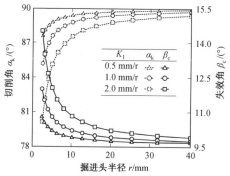

图 2.39　切屑角、失效角变化曲线

如图 2.38(a) 所示，n_c 为切削平面单位法向量，$n_c = v_e \times \tau$。定义 F_e 为月壤微元对切削具微元上的作用力矢量。F_e 在由 v_e 和 n_c 确定的平面内，长度为 F_{ep}，方向与 v_e 的夹角为 $\left(\frac{\pi}{2} + \alpha_k + \delta\right)$。推导 F_e 得

$$F_e = -F_{ep}\left[\sin(\alpha_k + \delta)v_e + \cos(\alpha_k + \delta)n_c\right] \tag{2.31}$$

如图 2.38(b) 所示，k 所在轴线代表的是掘进头掘进切削回转轴线，dM_d 为切削具微元负载 F_e 对 k 产生的力矩。在整个螺旋刃线上对 dM_d 进行积分即可获得掘进头切削负载力矩 M_d 为

$$\begin{cases} M_d = N \displaystyle\int_0^{\theta_1} dM_d \\ dM_d = \dfrac{F_e \times k \cdot R}{|k|} \end{cases} \tag{2.32}$$

$$\begin{cases} F_d = N \displaystyle\int_0^{\theta_1} dF_d \\ dF_d = \dfrac{F_e \cdot k}{|k|} \end{cases} \tag{2.33}$$

2.3.4.2　掘进头切削负载试验验证

对于浅表层低密度月壤而言,抗剪切力学参数较低,切削负载低至可以忽略不计。因此,为了保证负载数据的可测性,采用高密度模拟月壤为掘进对象,模拟月面大深度月壤掘进工况,开展掘进切削负载模型试验。利用前面所述的 GUA-1A 松散状模拟月壤,通过振动压实的手段获取高密度模拟月壤样本。进一步通过三轴剪切试验等测试手段,获得模拟月壤样本的力学特性参数,见表 2.3。

表 2.3　模拟月壤特性参数表

参数名称	模拟月壤
颗粒粒度 d_p/mm	$0.1 \sim 1$
密度 ρ/(g·cm^{-3})	$2.4 \sim 2.5$
内聚力 c/kPa	$7.9 \sim 9.8$
内摩擦角 φ/(°)	$42.4 \sim 45.3$
模拟月壤与掘进头的摩擦角 δ/(°)	$25 \sim 27$

为了考察掘进参数对掘进切削负载的影响,针对掘进头回转转速[40,60,80,100,120] r/min,进给速度[60,80,100,120,140] mm/min 开展正交试验,记录掘进试验负载数据,见表 2.4。

表 2.4　掘进头掘进试验负载数据

v/(mm·min^{-1})	M/(N·m)				
	$n = 40$ r/min	$n = 60$ r/min	$n = 80$ r/min	$n = 100$ r/min	$n = 120$ r/min
60	0.34(0.32)	0.18(0.22)	0.14(0.17)	0.10(0.13)	0.12(0.11)
80	0.50(0.42)	0.20(0.29)	0.16(0.22)	0.16(0.18)	0.18(0.15)
100	0.54(0.51)	0.22(0.36)	0.24(0.27)	0.18(0.22)	0.24(0.19)
120	0.62(0.60)	0.36(0.42)	0.42(0.32)	0.32(0.26)	0.26(0.22)
140	0.66(0.67)	0.52(0.48)	0.44(0.37)	0.38(0.30)	0.28(0.25)

将表 2.3 中模拟月壤特性参数、掘进运动规程参数代入方程(2.33),获得掘

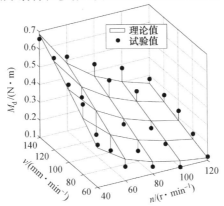

图 2.40　掘进头切削负载理论与试验对比图

进头切削负载理论预测数值(表 2.4 括号中的数值)。从图 2.40 结果对比可以看出,理论掘进负载与试验结果数据变化趋势吻合,平均误差优于 17.4%。因此,本章建立的掘进头掘进负载模型能够作为掘进头掘进负载预测,为掘进性能评估提供理论基础。

2.3.5　潜探器掘进负载建模与验证

2.3.5.1　潜探器掘进负载模型的建立

潜探器在主掘进模式和副掘进模式下的受力情况如图 2.41 所示。在主掘进模式下,主定姿机构受到孔壁支持力 N_2 的作用,通过摩擦抵消对掘进阻力。副螺旋受到与回转方向相反的阻力矩为 M_{12},主螺旋掘进为 M_1,掘进阻力为 F_{31}。此外,主副螺旋与月壤作用产生向下的阻力 F_s,潜探器本体承受自身重力 G。在副掘进模式下,副定姿机构与孔壁锁定,螺旋掘进排屑,掘进阻力矩和阻力分别为 M_2、F_{32}。此外,副螺旋掘进产生的阻力为 F_{S2},自身的重力为 G_2。因此,为保证潜探器在月壤成孔中的稳定性,定姿机构对孔壁的锚固能力也应满足以下条件:

$$
\begin{cases}
\mu N_2 \geqslant \max\left\{\,|\,F_{31}-F_s-G\,|,\dfrac{|\,M_1-M_2\,|}{R}\right\} \\[4mm]
\mu N_1 \geqslant \max\left\{\,|\,F_{32}-F_{S2}-G_2\,|,\dfrac{|\,M_2\,|}{R}\right\}
\end{cases}
\tag{2.34}
$$

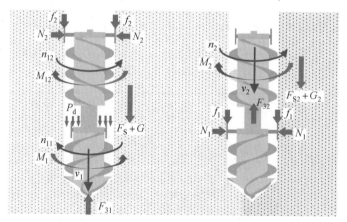

(a) 主掘进模式受力情况　　　(b) 副掘进模式受力情况

图 2.41　潜探器受力情况

在潜探器作业过程中,掘进阻力矩 M_1 和 M_2 两个关键的负载参数,能够直接反应掘进过程排屑是否顺畅、潜探器是否发生过载堵塞等故障工况。因此,以下内容分析月壤切屑运动状态参数,考虑缓存区应力边界条件,基于螺旋输送力学模型建立蠕动式掘进负载模型,并通过试验台测试试验对模型进行验证。

在主掘进模式下,v_{f11}、v_{f12} 得

$$v_{\mathrm{f11}} = \frac{(n_{11}r\tan\alpha - v_1)\tan\beta_{11}}{\tan\alpha + \tan\beta_{11}} \tag{2.35}$$

$$v_{\mathrm{f12}} = \frac{n_{12}r\tan\alpha\tan\beta_{12}}{\tan\alpha + \tan\beta_{12}} \tag{2.36}$$

式中　β_{11}、β_{12}——主掘进模式下月壤在主螺旋、副螺旋上的运动升角,推导得

$$\beta_{11} = \arctan\frac{(\rho_1 A_1 - \rho_2 A_2)v_1}{\rho_2 A_2 n_{11} r - \rho_1 A_1 v_1 \cot\alpha} \tag{2.37}$$

$$\beta_{12} = \arctan\frac{(\rho_1 A_1 - \rho_3 A_3)v_1}{\rho_2 A_2 n_{12} r - (\rho_1 A_1 - \rho_3 A_3)v_1 \cot\alpha} \tag{2.38}$$

式中　A_1——掘进成孔横截面面积,$A_1 = \pi r_1^2$;

　　　A_2——螺旋排屑通道横截面面积,$A_2 = \pi(r_1^2 - r_2^2)$;

　　　A_3——缓存区排屑通道横截面面积,$A_3 = \pi(r_1^2 - r_3^2)$。

推导 v_{f2} 得

$$v_{\mathrm{f2}} = \frac{(n_2 r\tan\alpha - v_2)\tan\beta_2}{\tan\alpha + \tan\beta_2} \tag{2.39}$$

式中　β_2——月壤在副螺旋作用下的螺旋运动升角,即

$$\beta_2 = \arctan\frac{(\rho_3 A_3 - \rho_2 A_2)v_2}{\rho_2 A_2 n_2 r - \rho_3 A_3 v_2 \cot\alpha} \tag{2.40}$$

根据螺旋排屑负载模型分析,排屑负载力矩 M 是规程参数(回转转速 n、掘进进给速度 v)、排屑状态参数 β 及排屑边界条件参数(预应力 σ_0)的函数,记为 $M = M(\sigma_0, n, v, \beta)$。在主掘进模式下,将主螺旋规程参数 n_{11} 和 v_1、排屑状态参数 β_{11} 及预应力 P_{d} 代入螺旋排屑负载模型,可以获得主螺旋排屑负载 M_1。在副掘进模式下,将主螺旋规程参数 n_2 和 v_2、排屑状态参数 β_2 代入螺旋排屑负载模型,可以获得副螺旋负载 M_2。M_1、M_2 分别为

$$M_1 = M(P_{\mathrm{d}}, n_{11}, v_1, \beta_{11}) \tag{2.41}$$

$$M_2 = M(0, n_2, v_2, \beta_2) \tag{2.42}$$

2.3.5.2　潜探器掘进负载模型试验验证

设计如图 2.42 所示的掘进机具,基于蠕动式掘进试验平台开展掘进试验。主螺旋和副螺旋的线数 $N = 3$,螺旋升角 $\alpha = 15.2°$;螺旋直径参数 $r_1 = 37$ mm、$r_2 = 33$ mm、$r_3 = 25$ mm;主螺旋长度 $L_1 = 120$ mm,副螺旋长度 $L_2 = 150$ mm;测试获得的密度分别为 2 180 kg/m³、1 540 kg/m³,模拟月壤及月壤切屑与机具摩擦角为 17.6°,颗粒内摩擦角为 26°,参数 A_{p} 取 2.2×10^5,B_{p} 取 5。

在试验过程中,将单次蠕动行程 H_{c} 设定为 30 mm,主副螺旋的进给速度均设定为 30 mm/min,即 $v_1 = v_2 = 30$ mm/min。为了考察运动规程参数对掘进负载

的影响,针对主螺旋回转转速 $n_{11} = [20, 40, 60]$ r/min,副螺旋回转转速 $n_{12} = [5, 10, 20, 30, 40]$ r/min 开展 15 组正交试验,并针对每组开展 3 次重复性试验。

掘进头　　主螺旋　　　　　　　副螺旋

图 2.42　试验用掘进机具

在掘进试验过程中,完成一次蠕动式掘进工作流程的时间为 120 s,主掘进模式和副掘进模式各 60 s,掘进机具工作 1 080 s 完成完全进入模拟月壤。如图 2.43 所示,在 $t = 0$ s 时刻,掘进头尖点与模拟月壤表面刚好接触;在 $t = 60$ s 时刻,掘进头刚好完全进入模拟月壤;在 $t = 540$ s 时刻,主掘进单元刚好完全进入模拟月壤;在 $t = 1\ 080$ s 时刻,潜探器刚好完全进入模拟月壤,试验终止。

$t=0$ s　　　　$t=270$ s　　　　$t=540$ s　　　　$t=810$ s　　　　$t=1\ 080$ s

图 2.43　蠕动式掘进流程

记录主掘进模式、副掘进模式下的负载力矩。取运动规程参数为 $n_{11} = 60$ r/min、$n_{12} = 40$ r/min 对应试验组的试验数据,针对蠕动式掘进负载特性进行分析,如图 2.44 所示。图中虚线代表主掘进模式下主掘进单元的负载力矩 M_{1e},实线代表副掘进模式下副掘进单元的负载力矩 M_{2e}。从图 2.44 可以看出,蠕动式掘进过程分为 Ⅰ、Ⅱ、Ⅲ 3 个阶段。在阶段 Ⅰ 中,掘进头切削破碎模拟月壤,随着掘进深度的增大,掘进头负载急剧增大,并在 $t = 60$ s 时达到最大值(M_{11})。在阶段 Ⅱ 中,主螺旋参与排屑的长度逐渐增大,主掘进单元负载呈线性缓慢增长。此时,副掘进单元的螺旋尚未与模拟月壤发生作用,因此其负载无增加。在阶段 Ⅲ 中,主掘进单元完全进入模拟月壤,缓存区月壤发生堆积,导致主螺旋排屑负载呈指数型增长。在整个过程中,主掘进单元负载 4 次达到最大值(M_{12}、M_{13}、M_{14}、M_{15}),选取其中的最大值与理论结果进行对比分析。同时,副螺旋参与排屑的长度逐渐增大,主掘进单元负载呈线性缓慢增长并在 $t = 1\ 080$ s 时达到最大值(M_{21})。根据上述分析,获得主螺旋试验负载 M_1 与副螺旋的试验负载 M_2,即

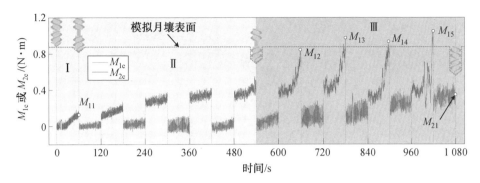

图 2.44　主螺旋、副螺旋负载曲线(彩图见附录)

$$\begin{cases} M_1 = \max(M_{12}, M_{13}, M_{14}, M_{15}) \\ M_2 = M_{21} \end{cases} \qquad (2.43)$$

根据上述掘进负载理论模型,分别计算主掘进模式下主螺旋负载 M_1、副掘进模式下副螺旋负载 M_2,并将理论分析结果与试验数据进行对比分析,如图2.45 和图 2.46 所示。

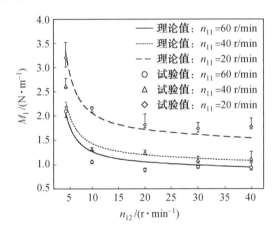

图 2.45　M_1 随 n_{11}、n_{12} 变化曲线图

图 2.45 中给出了 n_{11} 分别取 20 r/min、40 r/min、60 r/min 时主螺旋负载 M_1 随 n_{12} 的变化曲线。从图中可以看出,理论曲线与试验结果都具备随 n_{12} 增大而降低的趋势,并且 n_{11} 分别为 20 r/min、40 r/min、60 r/min 时的均方根误差 (RMS Error)分别为 0.148 N・m、0.141 N・m、0.121 N・m,理论模型与试验结果能较好地吻合。

从图 2.46 中可以看出,理论曲线和试验结果都具备随 n_2 增大而降低的趋势,理论结果的均方根误差(RMS Error)为 0.089 N・m,理论模型与试验结果具有较好的吻合度。

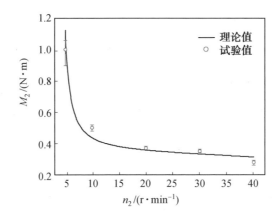

图 2.46 M_2 随 n_2 变化曲线图

2.4   潜探器参数优化及掘进潜入试验

2.4.1   潜探器结构参数优化

2.4.1.1   掘进头结构参数优化与验证

（1）掘进头结构参数优化。当 $\mathrm{d}\sigma/\mathrm{d}l > 0$ 时，相邻月壤微元之间产生压应力，掘进头排屑不畅；当 $\mathrm{d}\sigma/\mathrm{d}l \leqslant 0$ 时，掘进头排屑顺畅。为了避免排屑过程中的堵塞，需满足

$$(\mathrm{d}\sigma/\mathrm{d}l)\,|_{\beta=\beta_0} \leqslant 0 \tag{2.44}$$

此外，为了保证掘进功能，螺旋切削刃线应能够完整包覆锥形基面。因此，需要控制螺旋基线在初始位置时与锥顶点的间距，即

$$r\,|_{\theta=0} \leqslant r_{\mathrm{g}} \tag{2.45}$$

式中 r_{g}——螺旋基线在初始位置时与掘进头基体锥点的许用间距，本节取 $r_{\mathrm{g}} =$
5 mm。

掘进头掘进排屑性能与掘进头结构参数、月壤参数、掘进运动参数有关，为了避免掘进头在掘进过程中发生堵塞，需要对掘进头结构进行合理设计。重点关注掘进头结构参数 ε、α_{d} 对其排屑性能的影响，其他参数根据工程实际适当选取：$w_{\mathrm{d}}=3$ mm，$\theta_1 =180°$。模拟月壤切屑呈松散状态，其力学特性参数 P_{R} 与模拟月壤原材料具有一致性。根据式(2.15)绘制月壤微元间压应力的变化曲面图如图 2.47 所示，分析可得掘进头排屑性能与其回转转速呈正相关，与其进给速度呈负相关。

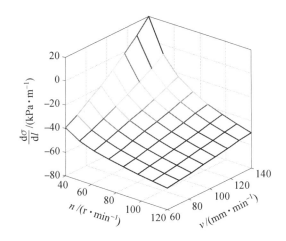

图 2.47　运动参数对掘进头排屑性能影响分析

　　因此,为了保证掘进头排屑性能对掘进运动参数的适应性,本节选择一组不利于切屑排出的运动参数进行掘进头结构优化,该组运动参数取值为 $n = 40$ r/min、$v = 140$ mm/min。分别根据式(2.43)、式(2.15),绘制 r_g、$\mathrm{d}\sigma/\mathrm{d}l$ 随参数 α_d、ε 变化趋势,如图 2.48 所示。

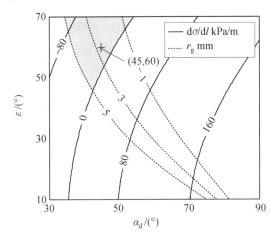

图 2.48　锥面螺旋刃掘进头参数优化可行域

　　图 2.48 中实线代表 $\mathrm{d}\sigma/\mathrm{d}l$ 的等值线,虚线代表 r_g 的等值线。在同时满足由式(2.43)和式(2.44)确定的填充区域内,选择点(45,60)作为掘进头结构参数优化设计结果,即优化后的掘进头结构参数 $\alpha_d = 45°$、$\varepsilon = 60°$。从图 2.48 中可以看出,在相同锥角参数 ε 取值的情况下,月壤微元间压应力 $\mathrm{d}\sigma/\mathrm{d}l$ 与螺旋升角 α_d 呈正相关,当 $\alpha_d = 90°$ 时,$\mathrm{d}\sigma/\mathrm{d}l$ 取最大值,排屑性能最低。

（2）掘进头排屑能力仿真验证。为了进一步获取掘进头掘进排屑特性，解决掘进试验过程中月壤颗粒流动不易观测的问题，基于离散元理论，本节内容开展掘进头掘进排屑仿真研究。重点考察掘进过程中月壤颗粒流速度分布、排屑槽内月壤颗粒动态堆积及掘进负载等指标，研究掘进运动参数、掘进头构型参数对掘进排屑的影响规律。

离散元方法由 Cundall 针对岩石力学问题首次提出，将岩石整体离散成大量颗粒，通过建立颗粒间本构关系得到颗粒间受力状态，再由牛顿第二定律得到颗粒运动状态，适用于计算机迭代仿真。本节采用英国 DEM-Solutions 公司离散元仿真工具 EDEM，建立模拟月壤离散元仿真模型。

与岩石力学问题不同，掘进切屑仿真主要考察的是月壤颗粒的流动特性，针对模拟月壤弱黏连特性，本仿真采用 Hertz-Mindlin 模型，该模型对月壤颗粒的流动有更高的模拟效果。通过三轴剪切仿真试验，开展 GUA-1A 模拟月壤的参数匹配工作，确定离散元仿真颗粒参数，见表 2.5。本节将采用这些参数开展掘进头掘进仿真研究。

表 2.5　离散元仿真颗粒参数

弹性模 /Pa	泊松比	摩擦系数	回复系数	滚动摩擦系数
10^9	0.5	0.8	0.2	0.3

下面针对 3 种切削刃的锥面掘进头及 1 种平面直线刃掘进头，开展掘进头掘进排屑过程仿真。锥面掘进头切削刃升角分别为 45°、65°、90°，掘进头代号分别记为 CS-45、CS-65、CS-90，平面直线刃掘进头的代号记为 PL-90。在掘进过程中，CS-45 和 CS-90 掘进头速度分布规律及动态填充情况如图 2.49 所示。

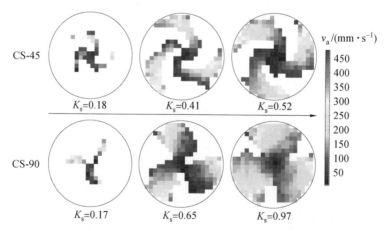

图 2.49　CS-45 和 CS-90 掘进头速度分布规律及动态填充情况（彩图见附录）

从图 2.49 中可以看出,在 CS-90 掘进头掘进过程中,排屑槽内很快形成堆积区,且最终稳定后的填充率高达 0.97。而 CS-45 掘进头沿螺旋刃形成了稳定的排屑通道,月壤排屑顺畅,填充率仅为 0.52。

进一步考察掘进头构型、运动参数对填充率的影响,绘制掘进头排屑槽月壤填充率变化曲线如图 2.50 所示。从结果可以看出,PL-90 掘进头排屑效果最差,对螺旋刃掘进头而言,切削刃升角增大,排屑效果显著降低。此外,随着进转比增大,填充率逐渐升高,且当 $K_i > 4$ mm/r 时,各种构型掘进头的填充率超过 0.9,不宜采用此种规程参数。

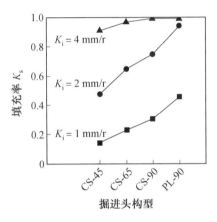

图 2.50　掘进头排屑槽月壤填充率

针对 CS-45 掘进头,绘制有效排屑速度分布规律,如图 2.51(a) 所示,在掘进头径向方向上,随着半径的增大,有效排屑速度线性增大。图 2.51(b) 给出了有效排屑速度仿真与理论分析的对比,两者具有较好的吻合度。

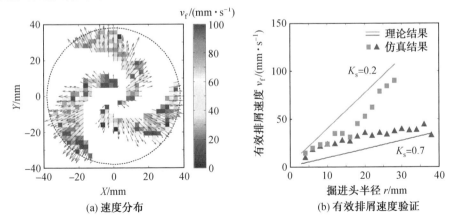

(a) 速度分布　　　　　　　　(b) 有效排屑速度验证

图 2.51　月壤切屑有效运移速度分析(彩图见附录)

针对 4 种构型掘进头,记录掘进阻力曲线,如图 2.52(a) 所示,掘进阻力随掘进深度增加而增大,最后趋于平稳,并且随着切削刃螺旋升角的增大,阻力显著增大。提取各构型掘进头掘进阻力与 CS-45 掘进头阻力比值,绘制如图 2.52(b) 所示的掘进阻力变化曲线,可以看出随着进转比的增大,轴向阻力显著增大,仿真结果与掘进排屑原理的分析相吻合。

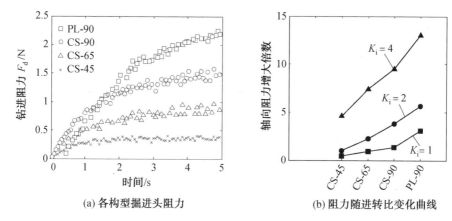

(a) 各构型掘进头阻力   (b) 阻力随进转比变化曲线

图 2.52　掘进阻力仿真结果

(3) 掘进头参数优化试验验证。为了测试不同构型掘进头的掘进性能,分别针对如图 2.53 所示的 3 种构型掘进头 CS-90、CS-45、PL-90 开展掘进试验,掘进头结构参数见表 2.6。 掘进深度设定为 200 mm,回转转速设定为 30 r/min,CS-45 掘进头的进给速度设置为 [15, 30, 45, 60, 75, 90, 105, 120] mm/min,CS-90 掘进头的进给速度设定为 [15, 22.5, 30, 37.5, 45] mm/min,并且针对每种规程开展 3 次重复掘进试验。

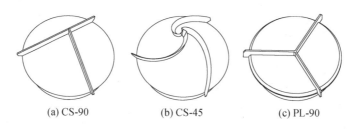

(a) CS-90   (b) CS-45   (c) PL-90

图 2.53　钻具 CS-90、CS-45 和 PL-90 构型

记录 CS-90 掘进头掘进过程中的阻力、阻力矩曲线如图 2.54 所示。为了保证传感器不被损坏,当掘进压力超过传感器量程时(如图 2.54 中水平虚线所示)试验终止。当 $K_i = 1/6$ mm/r 时,掘进头阻力和阻力矩初始阶段快速增大,掘进头完全进入模拟月壤后,随着掘进深度的进一步增大,螺旋负载力矩和作用力呈线性平稳增大。由于螺旋的阻力方向与掘进速度方向相反,当螺旋阻力较掘进

头阻力增速更快时，总的掘进阻力出现转折（图 2.54 中 A 点）。在此规程下，掘进过程较为顺畅。当 $K_i = 1/2$ mm/r 时，掘进负载的变化过程与 $K_i = 1/6$ mm/r 时类似，总掘进阻力同样出现转折（图中 B 点），但是掘进负载大小却显著增大，模拟月壤切屑在掘进机具内运移不充分，掘进过程发生堵塞；当 $K_i = 1$ mm/r 时，掘进负载急剧增大，掘进失效。而从曲线可以看出，掘进阻力与阻力矩具有较好的相关性，可见掘进头作业失效是主要原因。综上所述，掘进负载随着进转比的增大而显著增大，最终导致掘进失效。在掘进工况不利的情况下，掘进头是影响掘进性能的主要因素。

表 2.6　掘进机具结构参数表

结构参数		符号	单位	掘进机具		
				CS-90	CS-45	PL-90
掘进头	切削刃数量	N_d	—	3	3	3
	外包络半径	R_1	mm	38	38	38
	基体半锥角	ε	(°)	60	60	90
	切削刃螺旋升角	α_d	(°)	90	45	90
	切削刃螺旋转角	θ_m	(°)	0	180	0
	切削刃高度	w	mm	3	3	3
排屑螺旋	螺旋翼片数量	N_s	—	3	3	3
	螺旋翼片内半径	R_1	mm	33	33	33
	螺旋翼片外半径	R_2	mm	38	38	38
	螺旋翼升角	α	(°)	15.3	15.3	15.3

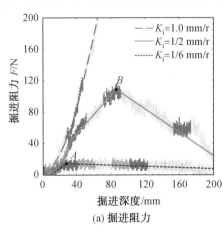

(a) 掘进阻力

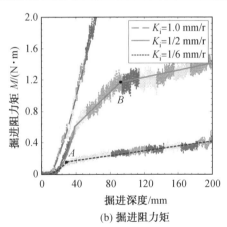

(b) 掘进阻力矩

图 2.54　掘进负载随深度变化曲线

在掘进过程中，月壤切屑在掘进头排屑槽内堆积并与掘进头基体接触，通过接触痕迹可以明确掘进头的排屑状态。图 2.55 为掘进头排屑槽内月壤填充情

月壤剖面探测机器人技术

况,从图中可以看出,填充率随着进转比的增大而增大。填充率表征的是排屑性能的优劣,排屑性能越好,填充率越小;反之,当排屑性能较差时,填充率增大,月壤切屑不能及时排出而在排屑槽内堆积,掘进进给运动导致槽内的月壤被掘进头挤压而发生堵塞,掘进头掘进排屑失效。

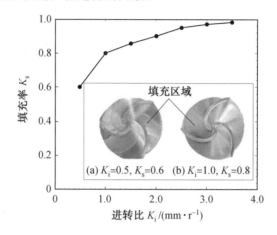

图 2.55　掘进头排屑槽内月壤填充情况

提取掘进试验中掘进阻力的最大值,绘制掘进阻力随进转比变化曲线如图2.56 所示。从图中可以看出,螺旋刃钻具与直线刃钻具掘进负载随进转比增大而急剧增大,且在相同进转比下,螺旋刃钻具的掘进负载明显小于直线刃钻具。在满足掘进阻力小于 300 N 的条件下,定义掘进头能够适应的规程范围取值为掘进性能指标,取值越大,掘进性能越好。由试验结果可得,直线刃掘进头与螺旋刃掘进头的掘进性能指标分别为 1 和 3.5。相较于直线刃掘进头,螺旋刃掘进头的掘进性能提高了 2.5 倍,验证了螺旋刃掘进头设计的合理性和必要性。

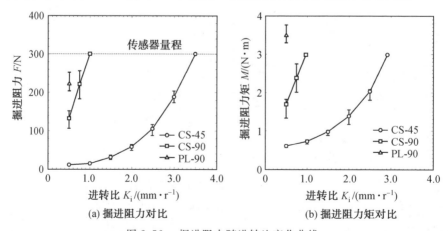

图 2.56　掘进阻力随进转比变化曲线

2.4.1.2　螺旋结构参数优化

考虑到潜探器本体应满足轻量化的设计需求,螺旋的外径参数 r_1 在满足工程实现的前提下应尽量小,本节选取 $r_1 = 34$ mm。在此基础上,重点优化螺旋螺旋翼高度 w 和螺旋升角 α 两个结构参数。绘制螺旋排屑负载随结构参数响应曲面如图 2.57 所示。从图中可以看出,负载曲面明显存在一个负载较小且平缓变化区域,该区域可以作为结果参数的可行域,在可行域内选取点(16.5,3)作为螺旋翼高度 w 和螺旋升角 α 的优选结果,即 $w = 3$ mm、$\alpha = 16.5°$。

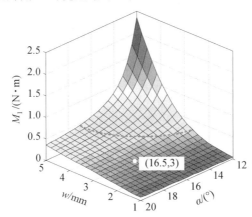

图 2.57　螺旋排屑负载随结构参数响应曲面

2.4.1.3　缓存区通道结构参数优化

(1)缓存区月壤阻塞效应研究。

基于离散元理论,建立如图 2.58 所示的月壤颗粒流动特性仿真模型。为了模拟月壤颗粒进入缓存区的实际工况,设置如图 2.58 所示盛装月壤颗粒锥形容器,通过螺旋回转将颗粒运移至缓存区,3 个阻塞物在缓存区同一高度沿圆周均布,且缓存区内外界面设置为金属表面和土壤界面。基于该仿真模型,开展月壤

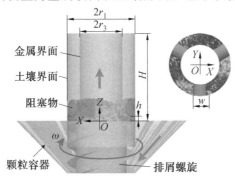

图 2.58　缓存区月壤颗粒流动特性仿真模型(彩图见附录)

颗粒在环形柱状空间内阻塞物作用下的流动特性及阻塞效应研究。

在无阻塞作用下月壤颗粒缓存区的速度流场如图 2.59 所示。图中,箭头大小代表的是颗粒的速度大小,箭头方向代表的是颗粒的速度方向。从图 2.59 可以看出,螺旋出料口处的区域颗粒流动速度明显较大,其切向分量占比较大,随着堆积高度的增大,颗粒的速度逐渐转向为垂直向上方向。此外,缓存区内月壤颗粒在运移过程中具有明显的波动效应,螺旋出口处作用最大。

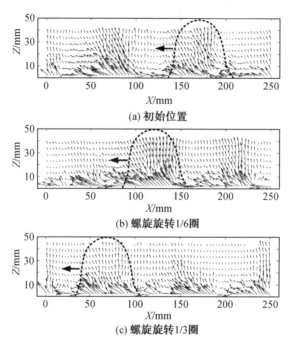

(a) 初始位置

(b) 螺旋旋转1/6圈

(c) 螺旋旋转1/3圈

图 2.59　无阻塞作用下月壤颗粒缓存区的速度流场

在圆柱阻塞物的作用下,月壤颗粒流动特性仿真结果如图 2.60 所示。在无阻塞物工况下,颗粒分层较为均匀,同一高度的颗粒流动速度一致。在圆柱阻塞物工况下,颗粒分层在图示自由区(阻塞物之间区域)分层均匀,同一高度流速一致;而在阻塞区(阻塞物上方区域)分层不均匀,同一高度流动速度差异较大。

为了进一步研究阻塞物构型及尺度对月壤流动速度的影响,分别开展了圆柱阻塞物、椭圆阻塞物、楔形阻塞物作用下的缓存区月壤流动特性分析,圆柱阻塞物作用下缓存区颗粒速度场分布如图 2.61(a) 所示。由此得到的不同阻塞率(定姿推杆等效截面面积与缓存区截面面积之比)下各构型阻塞物对缓存区月壤运移效率以及颗粒最大应力指标的影响如图 2.62 所示。从图中可以看出,随着阻塞率增大,颗粒运移效率呈近似线性减小,并且对阻塞物构型的影响不大。颗粒受力随阻塞率增大而急剧增大,并且圆柱阻塞物效果明显更好。

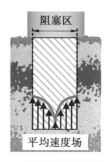

(a) 无阻塞物　　　(b) 圆柱阻塞物正面　　　(c) 圆柱阻塞物侧面

图 2.60　缓存区月壤颗粒流动性仿真结果

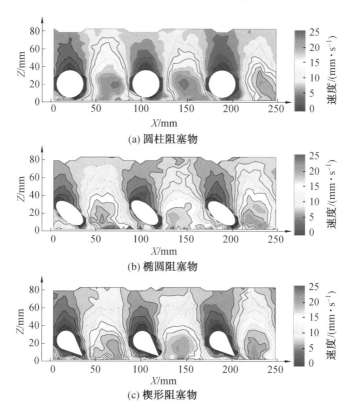

(a) 圆柱阻塞物

(b) 椭圆阻塞物

(c) 楔形阻塞物

图 2.61　圆柱、椭圆、楔形阻塞物作用下缓存区颗粒速度场分布(彩图见附录)

　　在物料运移至缓存区的过程中,螺旋出口压力变化曲线图如图 2.63 所示。随着缓存区月壤颗粒逐渐堆积,螺旋出口压力逐渐增大。应力曲线呈现周期性波动,此时螺旋出口遭遇推杆的阻挡作用,出口压力急剧增大。为了避免螺旋出口遭遇推杆产生负载叠加效应,推杆数量应该与螺旋出口数量(螺旋线数)不一

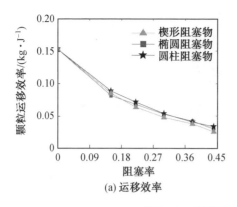
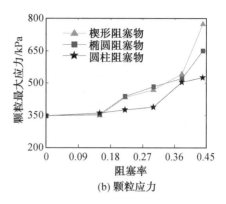

(a) 运移效率 (b) 颗粒应力

图 2.62　颗粒运移效率及最大应力

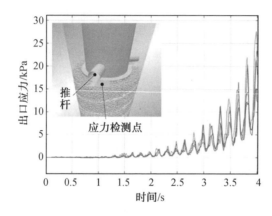

图 2.63　螺旋出口压力变化曲线图

致。因此,推杆数量选取 $N_p = 3$,螺旋线数选取 $N_s = 4$。掘进头与排屑螺旋相配合,切削刃数量应选取 $N_d = 4$。根据仿真结果可知,定姿推杆直径尺寸的增大将显著降低月壤运移效率,提高月壤颗粒的受力。为了尽可能降低其影响,在满足支承强度的前提下,推杆的尺寸选取 $D_p = 8\ \mathrm{mm}$。

（2）缓存区半径通道比优化。

缓存区环状通道的结构尺寸参数对月壤运移产生较大影响,重点考察缓存区底部压力 P_d、螺旋排屑负载 M_1 对参数 $\dfrac{r_3}{r_1}$ 对的变化规律,以此为依据对优选参数 $\dfrac{r_3}{r_1}$ 取值。图 2.64 所示为当 $\dfrac{r_3}{r_1} = 0.74$ 时,主螺旋负载曲线。

从图 2.64 可以看出,掘进阻力为 $-310\ \mathrm{N}$,表征主掘进单元受到缓存区月壤施加较大的向下压力,此时的掘进阻力矩超过 $17\ \mathrm{N \cdot m}$。结果表明,缓存区内模拟月壤切屑发生了较大程度的挤压作用,$\dfrac{r_3}{r_1}$ 取值不合理会导致潜探器作业过载而失效。针对 $\dfrac{r_3}{r_1}=0.54$、0.60、0.68、0.74 参数取值,开展蠕动式掘进试验测试,

掘进负载如图 2.65 中实线所示,并且根据式(2.25)绘制缓存底部压力 P_d 随 $\dfrac{r_3}{r_1}$

变化曲线,如图 2.65 中虚线所示。

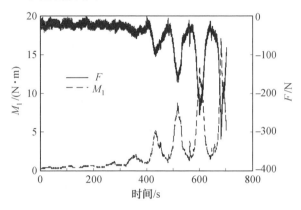

图 2.64　　当 $\dfrac{r_3}{r_1}=0.74$ 时,主螺旋负载曲线

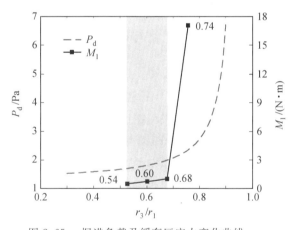

图 2.65　　掘进负载及缓存区应力变化曲线

从图 2.65 中可以看出,当 $\dfrac{r_3}{r_1}$ 取值超过 0.68 时,缓存底部压力 P_d 和掘进阻力

矩 M_1 急剧增大。同时,考虑到过小的 $\dfrac{r_3}{r_1}$ 取值给设计带来较大难度,$\dfrac{r_3}{r_1}$ 取值适合

在图示的阴影区表征的可行域内选择,综合考虑,选取 $\dfrac{r_3}{r_1}=0.6$。根据上述关于

缓存区、掘进头、螺旋等关键机具结构参数的分析,形成潜探器掘进机具参数优

化结果,见表 2.7。

表 2.7　掘进机具参数

部位	参数名称	符号	单位	取值	简图
掘进头	切削刃数量	N_d	—	4	
	外包络半径	R_d	mm	37	
	基体半锥角	ε	(°)	60	
	切削刃螺旋升角	α_d	(°)	45	
	掘进头切削刃高度	w_d	mm	3	
排屑螺旋	螺旋翼片数量	N_s	—	4	
	螺旋翼片内半径	r_1	mm	34	
	螺旋翼片外半径	r_2	mm	31	
	螺旋翼片高度	w	mm	3	
	螺旋翼升角	α	(°)	16.5	
	螺旋长度	L_1/L_2	mm	120/274	
缓存区通道	缓存区内壁半径	r_3	mm	25	
	缓存区高度	H_c	mm	40	
	推杆数量	N_p	—	3	
	推杆直径	D_p	mm	8	
	推杆安装高度	h_p	mm	9	

2.4.2　潜探器规程参数优化与控制策略研究

2.4.2.1　潜探器规程参数优化

主、副掘进单元负载力矩 M_1、M_2 是蠕动式掘进过程重点考察的负载参数。从前述试验结果可以看出,掘进负载与掘进运动规程参数直接相关,掘进运动规程参数的合理选取对蠕动掘进任务的顺利完成至关重要。因此,本节内容利用掘进负载理论模型,对主螺旋和副螺旋的运动规程参数开展匹配分析。由理论模型得,主螺旋或副螺旋的负载与回转转速和进给速度的比值相关。因此,引入规程参数 K_{11}、K_{12}、K_2,定义 $K_{11}=\dfrac{v_{11}}{n_{11}}$,$K_{12}=\dfrac{v_{12}}{n_{12}}$,$K_2=\dfrac{v_2}{n_2}$。

根据理论模型分别计算并绘制主螺旋负载 M_1、功率消耗 P_1 随速度参数 K_{11}、K_{12} 的曲面图,如图 2.66 所示。从图中可以看出,当 $\dfrac{1}{2}$ mm/r $< K_{11} <$ 1 mm/r 时,随着 K_{11} 的降低,主螺旋负载缓慢降低,掘进功率消耗增大;而当 $K_{11} > 1$ mm/r 时,随着 K_{11} 的升高,主螺旋负载急剧升高,掘进功率消耗降低。因此,综合考虑掘进负载及功率消耗,K_{11} 应尽量满足条件 $K_{11} < 1$ mm/r。当 $K_{12} < 2$ mm/r 时,并且随着 K_{12} 的降低,主螺旋负载及功率消耗缓慢降低;而当 $K_{12} > 2$ mm/r 时,并且随着 K_{12} 的增大,主螺旋负载及功率消耗急剧升高。因此，K_{12} 应尽量满足条件 $K_{12} < 2$ mm/r。

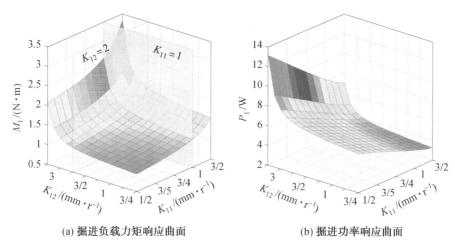

(a) 掘进负载力矩响应曲面　　　　　　　(b) 掘进功率响应曲面

图 2.66　掘进负载与功率响应曲面

绘制副螺旋负载 M_2、功率消耗 P_2 随速度参数 K_2 的曲线图，如图 2.67 所示。可以看出，当 $K_2 < 2$ mm/r 时，随着 K_2 继续降低，负载力矩减小的趋势变慢。但是，由于副掘进单元驱动电机的工作对象是松散的切屑，其负载较低，随着 K_2 的降低，功耗增加缓慢。因此，K_2 具有广泛的选择范围，可以尽可能降低 K_2（即增加副螺旋的转速），以达到更高的排屑效率，同时满足功耗限制。

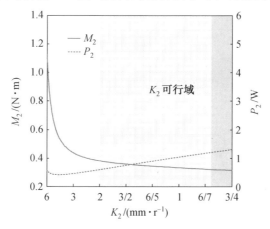

图 2.67　副螺旋负载及功率消耗变化曲线

2.4.2.2　潜探器控制策略研究

潜探器作业控制程序包括主掘进、副掘进、排屑及故障排除 4 个子程序，控制流程图如图 2.68 所示。在掘进过程中，副定姿机构支承面伸出与孔壁锁定，主掘进单元掘进潜入。为了节省能量消耗，当副掘进单元未与月壤接触时不启动工

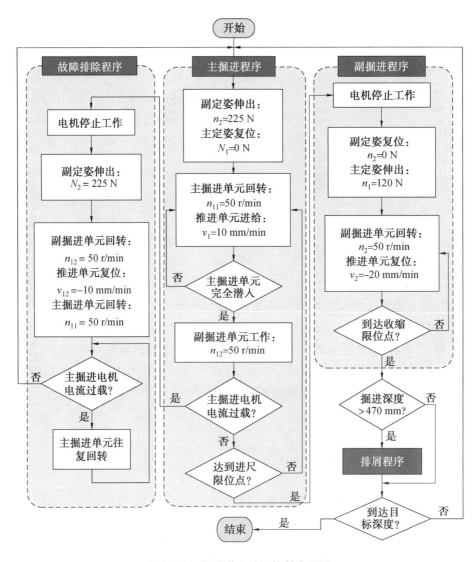

图 2.68　掘进潜入过程控制流程图

作。参考上节的分析结果,在掘进过程中,主掘进单元和副掘进单元的回转转速设置为 50 r/min,推进单元进给速度设置为 10 mm/min,即 $K_{11} = K_{12} = 0.2$ mm/r;在排屑过程中,主掘进单元定姿机构支承面伸出与孔壁锁定,副掘进单元回转并将缓存区切屑运移至潜探器末端。副掘进单元回转转速设置为 50 r/min,进给速度设置为 20 mm/min,即 $K_2 = 0.4$ mm/r。

在主掘进过程中,当排屑不畅时,副掘进单元无法有效地清除主掘进单元产生并向上运移至缓存区的切屑。这些切屑将逐渐堆积在缓存区中,并在新切屑作用下持续挤压和压实。因此,主掘进单元的负载将逐渐增加,最终导致超载堵塞。程序中设置了过电流保护,电流限制与电机的额定电流相同。当其中一个电机达到电流极限时,潜探器停止工作,掘进程序暂停;当掘进深度超过潜探器全长时,排屑单元开始工作,继续将切屑运移至月表。

在主掘进单元驱动电机电流过载时,进入故障排除程序,通过操作规程使缓存区中的切屑松散并从中排出。副定姿机构与孔壁锁定,副螺旋开始旋转,同时在推进单元的作用下主掘进单元向上移动,缓存区中的切屑被副掘进单元强制清除。同时,主掘进单元间歇地正反方向旋转。一方面,它有助于松动缓存区及主掘进单元螺旋槽内的月壤切屑;另一方面,它还可以通过监测其负载来确定操作条件。如果负载相对较低,可以确定过载已经解决,掘进程序可以继续执行。

2.4.3　潜探器掘进潜入试验研究

2.4.3.1　潜探器掘进潜入试验系统

蠕动式掘进试验系统如图 2.69 所示。潜探器由一个支架安装在模拟月壤桶上,模拟月壤桶直径为 630 mm,有效避免了月壤边界效应。受试验条件限制,设定用于掘进试验验证的模拟月壤剖面深度为 850 mm。本试验所用的模拟月壤为 GUA－1A,体积密度为 2.02 g/cm³。

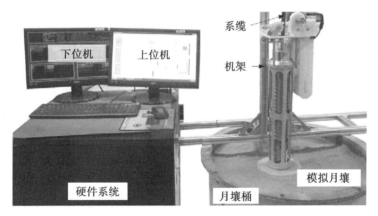

(a) 测试系统

(b) 蠕动掘进式潜探器样机

图 2.69　蠕动式掘进试验系统

2.4.3.2 潜探器掘进全程试验

在整个蠕动掘进全过程试验中,潜探器工作 106 min,总共经历了 21 个蠕动掘进循环,实现 850 mm 深度的掘进潜入,掘进作业流程如图 2.70 所示。

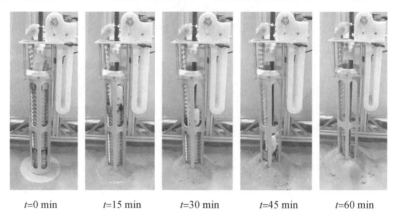

t=0 min t=15 min t=30 min t=45 min t=60 min

图 2.70 掘进作业流程

根据推进单元驱动电机的码盘信号,计算掘进深度随时间的变化曲线如图 2.71 所示。由于掘进过程与排屑过程交替进行,掘进深度曲线呈现明显的阶梯状。此外,由于故障排除程序的存在,掘进深度曲线在故障排除阶段(图中阴影标记)出现降低的现象。在掘进过程中,主掘进单元驱动电机遭遇了 3 次电流过载工况,表明掘进负载力矩过大。此后,通过故障排除程序,掘进负载明显降低至空载工况的负载水平,成功实现了掘进故障的排除,验证了故障排除策略的有效性,大大提高了潜探器针对次表层月壤大深度掘进作业的能力。

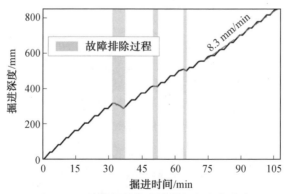

图 2.71 计算掘进深度随时间的变化曲线

在整个掘进过程中,潜探器能以稳定的速度掘进,当掘进深度达到 850 mm 时,潜探器仍保持 8.3 mm/min 的平均掘进潜入速度,证明潜探器在试验条件允许的情况下,有能力达到 5 m 深度的潜入目标。同时,开展了排屑单元的性能测试试验,试验效果如图 2.72 所示。从图 2.72(a) 可以看出,排屑单元能够有效地将切屑从孔内排出,并且能够形成稳定的切屑流。从图 2.72(b) 可以看出,排屑绳容器充满模拟月壤切屑,掘进切削产生的月壤切屑及时充分地被排出孔外,试验结果验证了该种可变长度排屑绳方案的可行性。

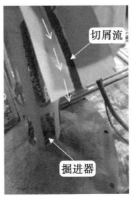
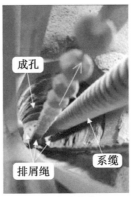

(a) 切屑流   (b) 成孔状态

图 2.72   排屑单元性能测试试验效果

2.4.3.3   潜探器掘进负载及功耗分析

在蠕动式掘进全过程中,记录各驱动电机的转速及电流信号,评估潜探器的运动及负载情况。主掘进单元回转速度及负载力矩曲线如图 2.73 所示。蠕动式掘进全过程分为 4 个阶段[图 2.73 中以(a)(b)(c)(d) 标记]和 3 个故障排除阶段(图 2.73 中以阴影区标记)。根据潜探器的工作原理,主掘进单元仅在掘进过程工作,而副掘进单元在全过程工作,因此负载曲线呈阶梯状。

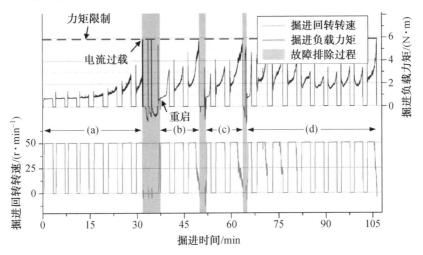

图 2.73   主掘进单元回转速度及负载力矩曲线

在掘进(a)阶段,潜探器从模拟月壤表面掘进至 315 mm 深度处。在初期蠕动掘进循环中,主掘进单元负载力矩随着掘进深度的增大而略有增加。当主掘进单元全部潜入至模拟月壤后,模拟月壤切屑在缓存区堆积,主掘进单元负载力矩增长趋势加快,在此过程中主掘进单元遭遇第一次电流过载工况。在掘进(b)(c)阶段中,随着掘进深度的增加,更多的原生模拟月壤被破碎成切屑,并被输送到缓存区。模拟月壤的内聚力和摩擦角较大,流动性差,使副掘进单元的排屑效果降低,导致缓存区的切屑堵塞。然而,在掘进(d)阶段中,掘进负载力矩在 2 N·m 上下波动,表明潜探器处于稳定的工作状态。此外,在每个蠕动式掘进循环中,主掘进单元启动力矩出现明显的尖峰,而随后迅速减小,并且尖峰随着掘进深度的增加而逐渐增大。启动扭矩峰值是由于掘进头附近的模拟月壤颗粒与主掘进单元之间的摩擦造成的,当主掘进单元停止工作时,模拟月壤颗粒与之有效结合;当主掘进单元重启时,模拟月壤之间形成较大的摩擦力,负载力矩急剧增大。

副掘进单元的回转转速及负载力矩随时间变化曲线如图 2.74 所示。副掘进单元在蠕动式掘进作业全过程中都处于工作状态,转速及负载力矩曲线连续变化,且负载低于 2 N·m。此外,副掘进单元在掘进过程与排屑过程中的负载力矩的变化不大,表明副掘进单元具有较为稳定的工作状态。

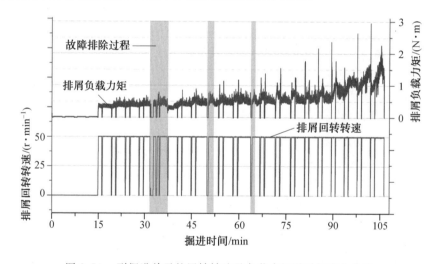

图 2.74　副掘进单元的回转转速及负载力矩随时间变化曲线

推进单元轴向阻力随时间变化曲线如图 2.75 所示。在推进单元的推力(记为负)的作用下,主掘进单元对次表层月壤进行掘进破碎,推力在 −50 N 至 −120 N 之间变动。在排屑作业过程中,在推进单元拉力(记为正)的作用下,驱动副掘进单元向下运动并清理缓冲区堆积的月壤切屑,正常工况下拉力极限值低于 100 N。此外,图中故障阶段对应的推进单元受到拉力负载,负载超出正常水平,最高达到 250 N。因此,可以推断发生掘进故障的主要原因是缓存区月壤切屑堆积并受压,进一步明确了掘进故障的类型。

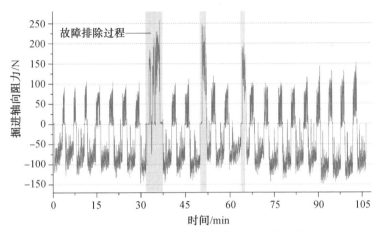

图 2.75　推进单元轴向阻力随时间变化曲线

潜探器掘进总功耗曲线随时间变化曲线如图 2.76 所示。在掘进过程中,主掘进单元功率消耗占总功耗的主要部分,掘进峰值功率为 45 W,大部分工作时间的功率消耗不超过 30 W,满足指标要求。

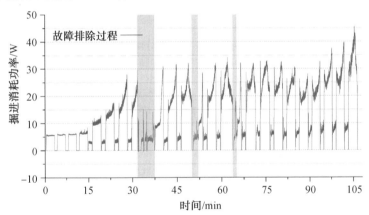

图 2.76　潜探器掘进总功耗曲线随时间变化曲线

2.5　原位月壤力学参数辨识方法与试验

2.5.1　力学参数辨识方法概述

原位月壤力学参数是指在原始组构、层理、围压及重力场条件下的真实力学特性参数。相比于传统的采样返回探测,原位探测因其具备更为真实的探测工况,广泛被采用于近地天体探测任务中。现有的月壤力学参数探测主要包括静力/动力触探、压板沉陷试验探测、轮/地作用探测、铲挖作用探测等多种方法,但这些方法均针对浅表层月壤对象。本节针对次表层月壤力学参数原位探测需求,以潜探器为载体,复用掘进头为探测工具,寻求大纵深剖面月壤力学参数的原位探测。在探测过程中,充分利用掘进电机电流信号数据,并通过特殊的规程设计实现掘进头负载解耦,降低对系统的传感资源的需求。

本节提出表 2.8 所示的辨识方法:针对高密度模拟月壤对象,基于掘进切削负载模型,分别利用最小二乘法、牛顿迭代法,开展模拟月壤内聚力 c、内摩擦角 φ 及机壤摩擦角 δ 等抗剪力学参数辨识研究;针对低密度月壤对象,开展回转剪切试验,基于摩尔-库伦强度理论构建逐级恒力(SCF)、连续恒速(CCS)辨识方法,实现原位月壤抗剪力学参数内聚力 c、内摩擦角 φ 的辨识;针对低密度月壤对象,基于土壤承压理论,开展掘进头沉陷试验,基于压板沉陷理论,构建月壤变形模量 k、沉陷指数 n 等承压参数辨识方法。

考虑到辨识时间及辨识精度要求,采用 CCS 辨识方法,在潜入作业过程中开展月壤力学参数辨识试验,验证辨识方法的可行性。

表 2.8 月壤力学参数辨识方法

探测目标	测试试验	辨识方法	输入参数	辨识参数	适用对象
月壤抗剪力学参数	掘进头掘进切削试验	最小二乘法、牛顿迭代法	进转比 K_i 阻力矩 M_d	内聚力 c 内摩擦角 φ 机壤摩擦角 δ	高密度月壤
	掘进头回转剪切试验	逐级恒力(SCF)	进给速度 v 轴向阻力 F_d 阻力矩 M_d	内聚力 c 内摩擦角 φ	低密度月壤
		连续恒速(CCS)	掘进阻力 F_d 阻力矩 M_d	内聚力 c 内摩擦角 φ	低密度月壤
月壤承压力学参数	掘进头沉陷试验	—	沉陷位移 z 承压力 F_d	变形模量 k 沉陷指数 n	低密度月壤

2.5.2　基于掘进头切削负载模型的月壤抗剪参数辨识

月壤掘进切削负载模型给出了 c、φ、δ 3 个月壤力学参数、掘进规程参数 K_i 与掘进切削阻力矩 M_d 的关联关系,即 $M_d = M_d(c, \varphi, \delta, K_i)$。在负载模型中,进转比 K_i 可自主设定,为已知参数;掘进切削阻力矩 M_d 可通过传感器测量获得,为已知参数;c、φ、δ 是月壤固有参数,是未知参数。通过掘进切削试验,调整掘进进转比 K_i,分别记录掘进切削阻力矩试验数据 M_d,同时可获得多组不同 M_d 与参数 c、φ、δ 的耦合关系,利用该耦合关系即可进一步反求 c、φ、δ,实现月壤力学参数辨识。

根据掘进切削负载模型参数分析结果可知,对于浅表层月壤而言,抗剪力学参数 c、φ 处于较低水平,切削负载较小,考虑到信号测量中噪声信号的干扰,基于该模型寻求月壤力学参数的辨识不具备可行性。因此,基于该模型的月壤力学参数辨识主要面向大深度次表层月壤对象。本节以高密度月壤样本力学参数为基础,开展基于月壤力学参数辨识方法研究。设定待辨识月壤力学参数、输入掘进进转比参数及对应的掘进切削阻力矩负载数据如图 2.77 所示。

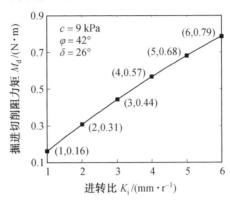

图 2.77　掘进负载随进转比变化曲线

2.5.2.1　基于最小二乘法的参数辨识

基于最小二乘法,构建如式(2.46)所示的目标函数。参数辨识是寻找最优月壤力学参数组合,使得 SSE 取值最小的过程。$\hat{x}$ 代表待辨识参数,记为 $\hat{x} = \begin{bmatrix} c, \varphi, \delta \end{bmatrix}^{\mathrm{T}}$。$K_i^*$、$M_{dk}^*$ 为输入参数,其中 K_{ik}^* 表示进转比参数,$K_{ik}^* = \begin{bmatrix} 1 & 2 & 3 & 4 & 5 & 6 \end{bmatrix}^{\mathrm{T}}$;$M_{dk}^*$ 表示负载参数,$M_{dk}^* = \begin{bmatrix} 0.16 & 0.31 & 0.44 & 0.57 & 0.68 & 0.79 \end{bmatrix}^{\mathrm{T}}$。

$$\mathrm{SSE} = \frac{1}{2} \sum_{k=1}^{m} \left[M_d(\hat{x}, K_{ik}^*) - M_{dk}^* \right]^2 \tag{2.46}$$

编写辨识程序,分别在无模型误差、18% 模型误差两种工况条件下开展辨识试验(采用 3.2 GHz 单核 CPU 的计算机计算),获得的辨识结果及时间消耗见表 2.9。辨识结果表明,在无模型误差工况下,采用该方法能够获得较高的辨识精度,内聚力的辨识精度为 3.13%,内摩擦角和机壤摩擦角的辨识精度均优于 1%。引入 18% 理论模型的误差后,辨识误差显著增大,内聚力和内摩擦角的辨识误差高于 13%,机壤摩擦角的辨识误差则高于 22%。在两种工况下,辨识过程的时间消耗均为 65.13 s,这种方法不适用于月壤力学参数的在线辨识。

表 2.9　基于最小二乘法辨识结果

参数	c/kPa	$\varphi/(°)$	$\delta/(°)$	辨识时间 /s
期望值	9.0	42.0	26.0	—
辨识工况 1 （无模型误差）	8.72	42.31	26.15	65.13
辨识误差 /%	3.13	0.73	0.59	—
参数	c/kPa	$\varphi/(°)$	$\delta/(°)$	辨识时间 /s
期望值	9.0	42.0	26.0	—
辨识工况 2 （18% 模型误差）	10.26	36.15	31.79	65.13
辨识误差 /%	13.96	13.91	22.29	—

2.5.2.2　基于牛顿迭代算法的参数辨识

为了寻求月壤力学参数的快速辨识,满足在线辨识需求,简化掘进切削负载模型,提出基于牛顿迭代算法的参数辨识方法,建立月壤力学参数辨识算法框图,如图 2.78 所示。

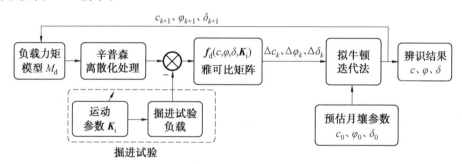

图 2.78　月壤力学参数辨识算法框图

根据掘进头切削负载模型参数分析可得,月壤容重对掘进切削负载影响极小。究其原因,是掘进头切削刃高度、掘进头整体尺寸较小,切削刃上的月壤重力作用可以忽略不计。因此,采用掘进头或类似钻进的方式寻求月壤容重这一参数的辨识和测试不可行。忽略重力的影响,重新推导月壤微元切削负载:

$$F_{ep} = \frac{ch_t\left[\cot\beta_s + \tan(\beta_c + \varphi)\right]}{\sin(\alpha_k + \delta) + \tan(\beta_c + \varphi)\cos(\alpha_k + \delta)} \qquad (2.47)$$

式中　c——月壤内聚力;

　　　　h_t——单刃切削深度。

根据新的切削负载,进一步推导式(2.47),可获得失效角 β_c 的解析表达形式为

$$\beta_{\mathrm{c}}=\frac{\pi}{2}-\frac{\alpha_{\mathrm{k}}+\delta+\varphi}{2} \tag{2.48}$$

将其代入式(2.47),并进一步推导式(2.32),获得切削负载的解析模型如下:

$$\begin{cases} M_{\mathrm{d}}=\displaystyle\int_{r_0}^{r_1}I_M(r_\theta)\mathrm{d}r_\theta \\[2mm] I_M=\dfrac{4\pi c\cos\varphi\sin(\alpha_{\mathrm{k}}+\delta)\big[\csc\alpha+K_{\mathrm{v}}\sin\varepsilon\cot(\alpha_{\mathrm{k}}+\delta)\big]K_{\mathrm{v}}r_\theta^2}{\big[\cos(\alpha_{\mathrm{k}}+\delta+\varphi)+1\big]\sqrt{1+K_{\mathrm{v}}^2}} \end{cases} \tag{2.49}$$

式中,α_{k} 解析形式为

$$\alpha_{\mathrm{k}}=\arctan\sqrt{\frac{\big[(\sin^2\varepsilon+\cot^2\alpha_{\mathrm{d}})K_{\mathrm{v}}^2-2K_{\mathrm{v}}\cos\varepsilon\cot\alpha_{\mathrm{d}}+1\big](K_{\mathrm{v}}^2\cos^2\varepsilon+1)}{K_{\mathrm{v}}^2\sin^2\varepsilon\csc^2\alpha_{\mathrm{d}}(K_{\mathrm{v}}^2+1)}} \tag{2.50}$$

掘进切削负载模型中明显具有积分形式,难以获得显式解析表达式。兼顾模型复杂程度和计算精度,利用辛普森求积公式,对掘进头切削负载模型进行离散化处理,模型进一步简化为

$$M_{\mathrm{d}}\approx\frac{r_1-r_0}{6}\Big[I_M(r_0)+4I_M\Big(\frac{r_0+r_1}{2}\Big)+I_M(r_1)\Big] \tag{2.51}$$

式中　　r_0、r_1——螺旋切削刃最低点和最高点到回转轴线的距离,m。

将试验负载数据 M_{d}^* 与理论模型 M_{d} 作差,构造目标函数 f_{d} 为

$$\boldsymbol{f}_{\mathrm{d}}(c,\varphi,\delta,\boldsymbol{K}_{\mathrm{i}})=M_{\mathrm{d}}^*-\frac{r_1-r_0}{6}\Big[I_M(r_0)+4I_M\Big(\frac{r_0+r_1}{2}\Big)+I_M(r_1)\Big] \tag{2.52}$$

调整进转比参数,并实施 3 次掘进试验,将试验负载数据代入目标函数中,构造如式(2.53)所示的非线性方程组:

$$\begin{cases} f_{\mathrm{d}1}(c,\varphi,\delta,K_{\mathrm{i}1})=0 \\ f_{\mathrm{d}2}(c,\varphi,\delta,K_{\mathrm{i}2})=0 \\ f_{\mathrm{d}3}(c,\varphi,\delta,K_{\mathrm{i}3})=0 \end{cases} \tag{2.53}$$

通过上述方程组可将月壤的参数辨识任务转化为对非线性方程组的求解问题,本节基于牛顿迭代算法,构建迭代方程[式(2.5)],形成月壤力学参数辨识算法。

基于上述辨识算法,开展月壤力学参数辨识试验,辨识过程中引入 18% 的模型误差。内聚力、内摩擦角及机壤摩擦角参数在辨识过程的变化曲线如图 2.79 所示,从图中可以看出,该方法很快完成了参数辨识过程,经过不超过 20 次的迭代,消耗时间低于 0.2 s。相比于最小二乘法辨识过程,时间消耗大大降低。

$$\begin{bmatrix} c_{k+1} \\ \varphi_{k+1} \\ \delta_{k+1} \end{bmatrix} = \begin{bmatrix} c_k \\ \varphi_k \\ \delta_k \end{bmatrix} - \begin{bmatrix} \dfrac{\partial f_{d1}}{\partial c} & \dfrac{\partial f_{d1}}{\partial \varphi} & \dfrac{\partial f_{d1}}{\partial \delta} \\[2mm] \dfrac{\partial f_{d2}}{\partial c} & \dfrac{\partial f_{d2}}{\partial \varphi} & \dfrac{\partial f_{d2}}{\partial \delta} \\[2mm] \dfrac{\partial f_{d3}}{\partial c} & \dfrac{\partial f_{d3}}{\partial \varphi} & \dfrac{\partial f_{d3}}{\partial \delta} \end{bmatrix}^{-1} \cdot \begin{bmatrix} f_{d1}(c,\varphi,\delta,K_{i1}) \\ f_{d2}(c,\varphi,\delta,K_{i2}) \\ f_{d3}(c,\varphi,\delta,K_{i3}) \end{bmatrix} \quad (2.54)$$

为了考察初始值选取对于辨识结果的影响,辨识试验设置两种工况。辨识工况 1 的初始值选取与期望值差距较大,输入[2 kPa,23°,22°],辨识工况 2 的初始值选取与期望值比较接近,输入[8 kPa,38°,28°],两种工况下的辨识结果见表 2.10。

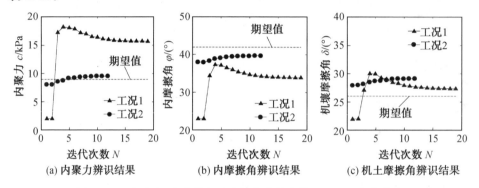

图 2.79　内聚力、内摩擦角及摩擦角参数在辨识过程的变化曲线

表 2.10　基于牛顿迭代算法的辨识结果(考虑 18% 模型误差)

参数	c/kPa	φ/(°)	δ/(°)	辨识时间 /s
期望值	9.0	42.0	26.0	——
辨识工况 1	15.71	33.95	27.36	0.18
辨识误差 /%	74.53	19.18	5.22	——
参数	c/kPa	φ/(°)	δ/(°)	辨识时间 /s
期望值	9.0	42.0	26.0	——
辨识工况 2	9.55	39.76	29.17	0.16
辨识误差 /%	6.15	5.33	12.21	——

相较之下,辨识工况 1 的辨识误差更大,内聚力的辨识误差甚至高达 74.53%,内摩擦角的辨识误差为 19.18%,机壤摩擦角的辨识误差最小,为 5.22%。在辨识工况 2 条件下,虽然模型误差较大,但是内聚力与内摩擦角的辨识获得了较好的辨识精度,辨识误差分别为 6.15%、5.33%。因此,该种辨识方

法对初始值选取较为敏感,在初始值偏离期望值较大的情况下,辨识结果不可信。

绘制 log SEE 相对月壤内聚力、内摩擦角的响应曲面如图 2.80 所示。图中存在较多的局部最优解,这也说明了该方法对初始值选取高度依赖的原因。只有初始值的选取距离期望值接近时,辨识结果才可信。因此,虽然在辨识时间上具备较大优势,但是也存在较大的不确定性。

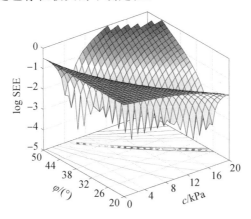

图 2.80　绘制 log SEE 相对月壤内聚力、内摩擦角的响应曲面

2.5.3　基于掘进头剪切试验的月壤抗剪参数辨识

2.5.3.1　掘进头负载组成及解耦方法

在掘进过程中,回转转速设定为 n,进给速度为 v。在掘进深度 h 处,掘进负载组成如图 2.81 所示。掘进头切削破碎月壤的阻力及阻力矩分别为 F_d、M_d,与掘进方向相反;螺旋将切屑运移至表面,排屑阻力及阻力矩分别为 F_s、M_s。其中,阻力 F_s 与进给速度方向相同,阻力矩 M_s 与钻具回转速度方向相反。掘进机具受到总的掘进阻力及力矩分别为 F 和 M,则有关系式

$$\begin{cases} F = F_d - F_s \\ M = M_d + M_s \end{cases} \tag{2.55}$$

在掘进过程中,月壤受到掘进头基体挤压,并在切削刃的作用下发生剪切失效。掘进阻力 F_d 与回转阻力矩 M_d 满足线性关系,F_d 与 M_d 完全相关,记两者的相关系数为 r_{FM},理论上 $r_{FM} = 1$,可按下式计算:

$$r_{FM} = \frac{\sum (F_i - \overline{F})(M_i - \overline{M})}{\sqrt{\sum (F_i - \overline{F})^2 \sum (M_i - \overline{M})^2}} \tag{2.56}$$

式中　F_i、M_i——掘进阻力、阻力矩传感数据点,N;

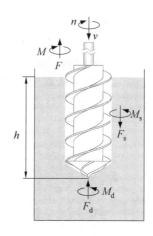

图 2.81　掘进负载组成

$\overline{F}$、$\overline{M}$——掘进阻力、阻力矩传感数据平均值，N。

螺旋排屑阻力 F_s 与阻力矩 M_s 之间没有明确的线性关系，两者非完全相关，相关系数 $r_{FM} < 1$。因此，相关系数 r_{FM} 可作为判断钻具受力状况的评判指标。当 r_{FM} 处于较高水平时，表明掘进过程主要体现为掘进头与月壤的相互作用；当 r_{FM} 处于较低水平时，表明掘进过程中螺旋排屑负载占比增大，排屑不畅。

图 2.82 所示为螺旋刃钻具掘进负载变化曲线图，当掘进深度小于 120 mm 时，F 与 M 具有良好的线性相关性，相关系数为 $r_{FM} = 0.98$。此时，掘进负载主要表现为掘进头负载；随着掘进深度的逐渐增大，参与排屑作业的螺旋长度逐渐增大，螺旋排屑负载逐渐增大，导致 F 与 M 的相关性减弱，相关系数 r_{FM} 仅为 0.28。

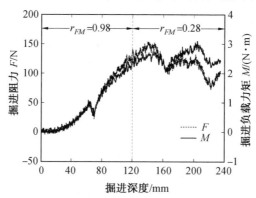

图 2.82　螺旋刃钻具掘进负载变化曲线图

2.5.3.2　月壤抗剪力学参数辨识方法

塑性土壤剪应力－剪切位移的关系可以用 Janosi 模型、双曲线模型、纯指数模型等进行描述。根据 Janosi 模型，土壤发生剪切过程的应力－应变曲线可用

方程描述为

$$\tau = (c + \sigma \tan \varphi)(1 - \mathrm{e}^{-j/K}) \qquad (2.57)$$

式中　σ、τ——失效界面处的正应力和剪切应力，Pa；

　　　c——月壤内聚力，Pa；

　　　φ——月壤内摩擦角，rad；

　　　K——土壤变形模量；

　　　j——剪切位移，m。

通过回转半径 r 与回转转角 α 之积计算可得

$$j = r\alpha \qquad (2.58)$$

通常情况下，上述剪切过程在一定回转角度后处于稳定状态，回转剪切应力此时为一稳定值，不随回转运动而发生变化。因此，方程(5.57)可以简化为摩尔－库伦失效准则：

$$\tau = c + \sigma \tan \varphi \qquad (2.59)$$

改变掘进压力，开展回转剪切测试，根据 Least-Squares 原理推导出月壤内聚力 c 及月壤内摩擦角 φ 的辨识结果如下式所示：

$$\begin{cases} \begin{bmatrix} c \\ \tan \varphi \end{bmatrix} = (\boldsymbol{K}_1^{\mathrm{T}} \boldsymbol{K}_1)^{-1} \boldsymbol{K}_1^{\mathrm{T}} \boldsymbol{K}_2 \\ \boldsymbol{K}_1 = \begin{bmatrix} 1 & 1 & \cdots & 1 \\ \sigma^1 & \sigma^2 & \cdots & \sigma^N \end{bmatrix}^{\mathrm{T}} \\ \boldsymbol{K}_2 = \begin{bmatrix} \tau^1 & \tau^2 & \cdots & \tau^N \end{bmatrix}^{\mathrm{T}} \end{cases} \qquad (2.60)$$

式中　σ^i、τ^i——辨识过程中正应力和剪切应力的数据点，可通过掘进头受力分析间接获得。

在掘进辨识过程中，掘进头与月壤相互作用力学模型如图 2.83 所示，掘进头施加在月壤的作用力为 F_d，月壤对掘进头锥形基体的正压力、摩擦力分别为 F_N、F_f，建立掘进头静力平衡方程为

$$\begin{cases} F_\mathrm{d} = F_\mathrm{N} \sin \varepsilon + F_\mathrm{f} \cos \varepsilon \\ F_\mathrm{f} = F_\mathrm{N} \tan \delta \\ F_\mathrm{N} = \sigma S \end{cases} \qquad (2.61)$$

式中　S——掘进头基体圆锥表面积，$S = K_s \csc \varepsilon \pi R_1^2$。推导式(2.59)得

$$\sigma = \frac{F_\mathrm{d}}{K_s \pi R_1^2 (1 + \cot \varepsilon \tan \delta)} \qquad (2.62)$$

在掘进头回转剪切作用下，月壤回转并且向上运移，排屑槽内的月壤微元受到月壤孔壁的作用力为 F_s，且有 $F_\mathrm{s} = \tau \csc \varepsilon K_s r \mathrm{d}r \mathrm{d}\theta$。因此由 F_s 作用下产生的阻力矩 M_d 为

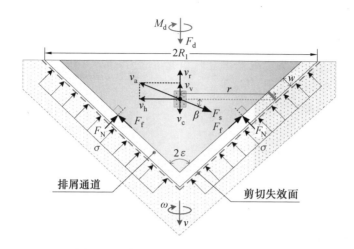

图 2.83　掘进头与月壤相作用力学模型

$$M_d = \int_0^{2\pi} \int_0^{r_1} \tau \csc \varepsilon K_s r^2 \cos \beta \mathrm{d}r \mathrm{d}\theta \tag{2.63}$$

式中　β——掘进头排屑槽内月壤向上运移的升角,进一步推导得

$$\tau = \frac{3M_d \sin \varepsilon}{2\pi r_1^3 K_s K_\beta} \tag{2.64}$$

K_β 中包含未知变量 β,β 与月壤在掘进头排屑通道的运移速度相关,计算可得

$$K_\beta = \frac{3}{r_1^3} \int_0^{r_1} r^2 \cos \beta \mathrm{d}r \tag{2.65}$$

为了尽可能降低系统的复杂程度,在地外天体掘进探测任务中,作业负载通常由驱动电机电流表征,而掘进头负载则不能直接获得。因此,利用上述原理对月壤力学参数进行辨识时,需要确定螺旋部分的负载并实施有效剔除。此外,掘进头在掘进过程中,其排屑槽填充率也是未知数。上述两个参数是月壤抗剪力学参数辨识所必须确定的参数,在不依靠其他传感资源的情况下,可以根据掘进负载特性设计特定的操作规程确定。根据上述需求,设计月壤抗剪力学参数辨识规程方案示意图如图 2.84 所示。

月壤抗剪参辨识操作规程包括掘进过程、螺旋排屑状态调整、掘进头填充状态调整、掘进辨识及螺旋排屑负载测试 5 个过程,且各过程具体描述如下:

(1)掘进过程。在掘进过程中,回转转速 $\omega_a = 60$ r/min,进给速率为 $v_a = 30$ mm/min,掘进时间 $t_a = 200$ s。利用掘进头和螺旋分别对月壤实施切削破碎及运移的作用,实现目标深度 $h = 100$ mm 的掘进目标。此外,在掘进过程中可以开展尝试性掘进试验,通过对掘进负载特性的分析,初步感知未知月壤的掘进特性,为后续辨识过程中规程参数的选择提供依据,比如进转比 K_i 等。

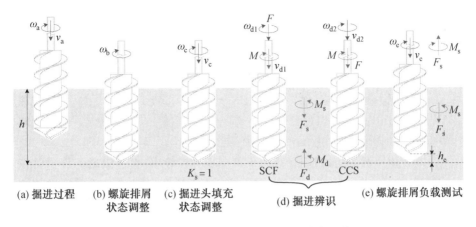

(a) 掘进过程　(b) 螺旋排屑　(c) 掘进头填充　(d) 掘进辨识　(e) 螺旋排屑负载测试
　　　　　　　状态调整　　　状态调整

图 2.84　月壤抗剪力学参数辨识规程方案示意图

（2）螺旋排屑状态调整。从掘进试验测试结果可以看出：掘进进转比越大，月壤在排屑螺旋及掘进头处运移越不顺畅。螺旋槽内的月壤因阻塞而发生显著的压缩效应，月壤密实度增大，与孔壁及钻具的摩擦阻力越大，最终导致螺旋排屑阻力增大。当掘进进转比较小时，螺旋排屑较为顺畅，排屑负载相对较小且平稳，如图 2.85 所示。因此，为了避免掘进过程结束后螺旋排屑负载的影响，需要在辨识前采取统一高速回转的调整策略，回转速度为 $\omega_b = 120$ r/min，调整时间 $t_b = 20$ s，进而降低螺旋排屑阻塞的影响，并且使得每次辨识过程中螺旋的排屑负载具备统一性和平稳性，最终可以通过试验的方式统一剔除。

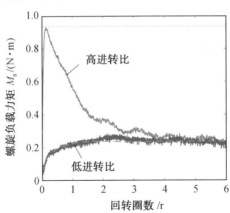

图 2.85　螺旋排屑负载曲线

（3）掘进头填充状态调整。在上述月壤抗剪力学参数辨识原理中，掘进头填充率 K_s 是关键参数。而在掘进过程中，K_s 的大小很难准确预知。根据掘进特性分析结论可知，当掘进进转比较大时，掘进头的填充率接近于 1。因此，在掘进辨识过程之前，以进转比 $K_i = 4$ mm/r(回转转速 $\omega_c = 30$ r/min，进给速度 $v_c =$

120 mm/min)规程参数开展掘进试验,掘进时间 $t_c = 5$ s,实现掘进头填充状态的调整,使得 $K_s = 1$。

(4)掘进辨识。本节提出两种基于掘进方法的辨识策略:逐级恒力掘进策略(SCF)和连续恒速掘进策略(CCS)。

①逐级恒力掘进策略:设定恒力为 $F = [0, 40, 80, 120, 160]$N,回转转速为 $\omega_{d1} = 0.2$ r/min,掘进辨识过程总时间 $t_{d1} = 500$ s,每一步为 100 s。结合回转转速,根据传感测试获得的进给速度,计算 K_β 取值。

②连续恒速掘进策略(CCS):为了进一步辨识效率,在逐级增力掘进辨识方法的基础上,提出连续恒速掘进辨识方法。该方法利用快速恒速掘进过程的一段数据对月壤力学参数进行辨识。回转转速 $\omega_{d2} = 30$ r/min,进转速度为 $v_{d2} = 120$ mm/min,掘进辨识时间为 $t_{d2} = 5$ s。根据设定的回转转速及进给速度计算 K_β。

(5)螺旋排屑负载测试。为了获取螺旋排屑负载的大小,并从钻具的负载中有效剔除,在螺旋负载测试过程中,钻具抬升 $h_e = 10$ mm 高度,使掘进头与月壤脱离接触,然后采用与掘进辨识过程相同的规程参数(ω_e、v_e),此时传感器测得的负载即螺旋排屑负载,包括阻力矩 M_s 和轴向力 F_s。

2.5.3.3 月壤抗剪力学参数辨识试验及结果分析

根据前面的辨识原理,利用锥面螺旋刃掘进头 CS-45,基于蠕动式掘进测试台,针对逐级恒力、连续恒速两种方法开展月壤抗剪力学参数辨识试验,并对辨识结果进行分析。此外,开展不同操作参数下辨识试验,考察操作参数对辨识效果的影响分析。辨识过程操作规程参数见表 2.11。

基于逐级恒力掘进策略,开展月壤抗剪力学参数辨识试验,记录掘进轴向力及回转力矩,如图 2.86 所示。掘进辨识过程施加轴向力分 5 级递增,分别为 0 N、40 N、80 N、120 N、160 N,回转剪切速率设定为 0.2 r/min。掘进辨识过程总体耗时 500 s,每一级掘进辨识过程为 100 s。利用月壤抗剪力学参数辨识原理,提炼掘进头掘进负载并将其转换为掘进头正压力和剪切应力,如图 2.87 所示。

图 2.87 中正应力、剪切应力曲线为阶梯型曲线,提取阶梯型每级数据平均值,并绘制如图 2.88 所示的逐级恒力掘进策略辨识结果。对图 2.88 中数据点进行拟合得到月壤的摩尔－库伦破坏曲线,成功辨识得到模拟月壤抗剪力学参数 $c = 1.60$ kPa、$\varphi = 34.51°$。为了考察掘进头构型对辨识结果的影响,基于上述方法,针对直线刃锥面掘进头 CS-90 开展回转剪切试验,辨识结果如图 2.89 所示。

表 2.11　辨识过程操作规程参数

辨识过程	参数名称	单位	取值
掘进过程	回转转速 ω_a	r/min	60
	进给速率 v_a	mm/min	30
	掘进深度 h	mm	100
螺旋排屑 状态调整	回转转速 ω_b	r/min	120
	调整时间 t_b	s	20
掘进头 填充状态调整	回转转速 ω_c	r/min	30
	进给速率 v_c	mm/min	120
	调整时间 t_c	s	5
掘进辨识	SCF 施加轴向力 F	N	[0, 40, 80, 120, 160]
	SCF 回转转速 ω_{d1}	r/min	0.2, 0.4, 0.6
	SCF 测试时间 t_{d1}	s	500
	CCS 回转转速 ω_{d2}	r/min	30
	CCS 进给速率 v_{d2}	mm/min	120, 150, 180
	CCS 进转比 K_v	mm/r	4, 5, 6
	CCS 测试时间 t_{d2}	s	5
螺旋排屑 负载测试	提升高度 h_e	mm	5
	回转转速 ω_e	r/min	10
	进给速率 v_e	mm/min	根据传感器测量值 动态确定

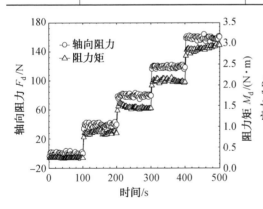

图 2.86　辨识过程中掘进负载变化曲线

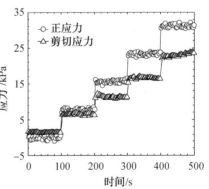

图 2.87　辨识过程中掘进头正应力和
剪切应力变化曲线

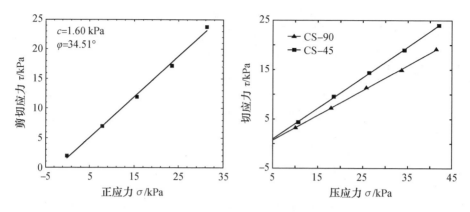

图 2.88　逐级恒力掘进策略辨识结果　图 2.89　螺旋刃、直线刃掘进头辨识结果对比

从图 2.89 中可以看出，相较于螺旋刃掘进头 CS-45，直线刃锥面掘进头 CS-90 辨识结果偏低。螺旋刃锥面掘进头在回转剪切过程中，由于螺旋刃的作用，对待测试模拟月壤的"旋入"作用更加显著，测试对象是未经过破碎的原位模拟月壤。而直线刃锥面掘进头的"旋入"作用较弱，参与回转剪切测试的对象为月壤切屑，抗剪力学参数较原位月壤低。因此，螺旋刃掘进头更适合月壤力学参数的回转剪切测试试验，下面将以螺旋刃掘进头 CS-45 为对象，开展辨识试验研究。

为了考察回转剪切速率对辨识结果的影响，开展了不同回转剪切速率为 0.2 r/min、0.4 r/min、0.6 r/min 的辨识试验，试验结果如图 2.90 所示，月壤力学参数辨识结果见表 2.12。从图可以看出，随着回转剪切速率的增大，辨识得到的模拟月壤内聚力逐渐减小，而内摩擦角逐渐增大。辨识过程中钻具掘进位移变化曲线如图 2.91 所示。从图可以看出，针对某一个回转剪切速率而言，除第一个辨识阶段外，随着掘进时间的增大，掘进位移显著增大。

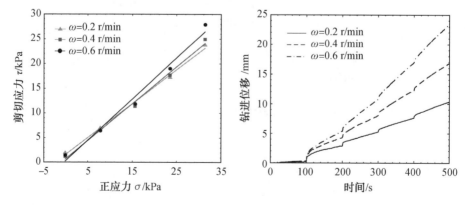

图 2.90　不同回转剪切速率下辨识结果　图 2.91　辨识过程中钻具掘进位移变化曲线

表 2.12　月壤力学参数辨识结果

$\omega/(\mathrm{r \cdot min^{-1}})$	0.2	0.4	0.6
c/kPa	1.6	0.68	0.27
$\varphi/(°)$	34.51	36.72	39.90

掘进位移的增大体现的是产生的切屑增大,随着这些切屑逐渐填满螺旋槽会引起切屑运移状况恶劣,从而导致螺旋排屑的负载逐渐增大。因此,随着掘进位移的增大,在辨识过程 5 个阶段的螺旋排屑的负载逐渐增大,具有差异性。随着回转剪切速率增大,掘进位移逐渐增大,辨识过程中螺旋排屑负载的差异性表现更为显著。这种显著性的差异将会带来辨识结果的误差,且辨识误差随回转剪切速率的增大而增大。因此,在辨识过程中,回转剪切速率应尽量选取小的取值。

下面基于连续恒速掘进策略,开展月壤抗剪力学参数辨识试验。在掘进辨识过程中,进转比设定为 $K_i = 4\ \mathrm{mm/r}$(回转转速为 30 r/min,进给速度为 120 mm/min),掘进辨识过程耗时 5 s。实时记录掘进负载,通过月壤抗剪力学参数辨识原理,提炼掘进头掘进负载曲线,如图 2.92 所示。掘进阻力 F_d 与阻力矩 M_d 的相关系数 $r_{FM} = 0.986$,负载相关性较好,满足辨识需求。将掘进负载转换为掘进头正压力和剪切应力,如图 2.93 所示。对图中数据点进行拟合得到月壤的摩尔－库伦破坏曲线,成功辨识得到模拟月壤抗剪力学参数。

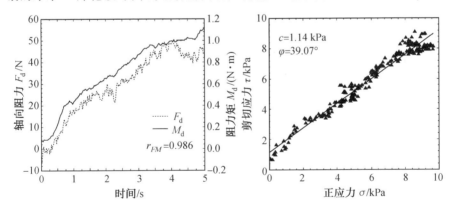

图 2.92　连续恒速掘进轴向力及力矩曲线　　图 2.93　连续恒速掘进辨识结果

为了考察进转比对辨识结果的影响,设定回转转速为 30 r/min,分别针对进转比为 4 mm/r、5 mm/r、6 mm/r 的规程参数开展辨识试验,辨识结果如图 2.94 所示。从图可以看出,随着进转比的增大,辨识得到的模拟月壤内聚力以轻微的幅度逐渐减小,内摩擦角变化不大。结果表明,采用连续恒速掘进策略进行辨识时,进转比的影响不大,对其取值的选择无须特意规定。

基于逐级恒力掘进策略和连续恒速掘进策略,分别开展月壤抗剪力学参数

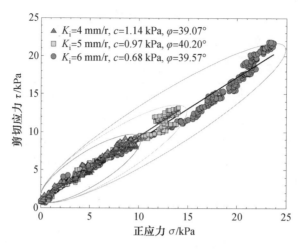

图 2.94　进转比对试验结果的影响

辨识试验。逐级恒力掘进策略辨识试验的钻具回转剪切速率设定为 0.2 r/min，在连续恒速掘进策略辨识试验的钻具回转转速为 30 r/min，进转比设定为 4 mm/r，每种试验重复 3 次，辨识结果见表 2.13。试验用模拟月壤抗剪力学参数由直剪试验测试获得。

表 2.13　月壤抗剪力学参数辨识结果

参数	SCF	CCS	直剪试验
c/kPa	1.31 ± 0.30	1.21 ± 0.07	0.93
φ/(°)	34.36 ± 0.16	39.37 ± 0.25	31.42

　　两种方法辨识得到的模拟月壤内聚力变化不大，且都略大于直剪试验测试值。对于模拟月壤内摩擦角而言，两种方法辨识结果均大于直剪试验测试值，且逐级恒力掘进策略辨识结果更加接近直剪试验测试值。因此，以直剪试验测试值为标准，逐级恒力掘进策略辨识方法比连续恒速掘进策略辨识方法具有更高的辨识精度。然而，在辨识过程中，连续恒速掘进策略辨识方法相比于逐级恒速掘进策略辨识方法耗时显著减少，辨识过程更为简洁和高效。两种方法均成功实现了模拟月壤抗剪力学参数的辨识，分别具有辨识精度高和辨识过程高效的优点，在未来的地外天体探测任务中可根据工程需求合理选择。

2.5.4　基于掘进头沉陷试验的月壤承压参数辨识研究

2.5.4.1　月壤承压力学参数辨识方法

　　土壤在负载的作用下发生沉陷，沉陷包括弹性变形及塑性变形两部分，常采用压板试验测量土壤的承压特性。用一个理论公式完整地表示土壤在压板下的应力—沉陷量关系是比较困难的，多采用简化模型，例如苏联学者比鲁利亚、美国学者 Bekker、英国学者 Reece 等都提出了不同的承压模型。根据 Bekker 提出的承压模型,压板－土壤作用面的平均正应力可表示为

$$p = \left(\frac{k_c}{R} + k_\varphi \right) z^n \tag{2.66}$$

或者表示为 Bernstein 方程,即

$$p = kz^n \tag{2.67}$$

以上两式中　　R——平板短边长度或半径,m;

　　　　　　　z——压板沉陷的深度,m;

　　　　　　　n——沉陷指数(无量纲);

　　　　　　　k_c——土壤内聚变形模量,N/m^{n+1};

　　　　　　　k_φ——土壤摩擦变形模量,N/m^{n+2};

　　　　　　　k——土壤变形模量,N/m^{n+2}。

　　根据上述土壤所受压力与沉陷位移的关系,利用掘进头开展针对月壤的沉陷压缩试验。在试验过程中,沉陷位移 z 和轴向阻力 F_d 通过传感器能实时测量,并且土壤压力 p_m 通过轴向阻力除以作用面积 A 计算,即

$$p_m = \frac{F_d}{A} \tag{2.68}$$

　　从式(2.66)可知,针对参数 k_c 和 k_φ 的辨识,需要至少针对两种不同半径的平板开展沉陷试验。而对掘进探测任务中,钻具的构型及尺寸经确定后,通常不能更换。因此,本节着重针对参数 k 和 n 开展辨识,而不能进一步精细化辨识 k_c 和 k_φ。将式(2.67)和式(2.68)代入以下目标函数进行月壤承压力学参数的辨识:

$$\min_{\hat{\boldsymbol{\theta}}} \frac{1}{2} \| \boldsymbol{p}_m - p(\boldsymbol{X}, \hat{\boldsymbol{\theta}}) \|^2 \tag{2.69}$$

式中　　$\hat{\boldsymbol{\theta}}$——待辨识参数,由参数 k 和 n 构成,即

$$\hat{\boldsymbol{\theta}} = \begin{bmatrix} k & n \end{bmatrix}^T \tag{2.70}$$

　　　　$\boldsymbol{p}_m$、$\boldsymbol{X}$——输入参数矩阵,由传感器测量获得并进一步转换而得,分别由 N 个压力 p_m^i 和沉陷位移 z^i 构成:

$$\boldsymbol{p}_m = \begin{bmatrix} p_m^1 & p_m^2 & \cdots & p_m^N \end{bmatrix}^T \tag{2.71}$$

$$\boldsymbol{X} = \begin{bmatrix} z^1 & z^2 & \cdots & z^N \end{bmatrix}^T \tag{2.72}$$

2.5.4.2　月壤承压力学参数辨识试验及结果分析

　　通常而言,土壤沉陷试验的机具为平板型,而本节提出的螺旋刃锥面掘进头 CS-45 的基体为圆锥形。为了考察圆锥形对测试结果的影响,本节针对平面型掘进头 PL-90 也开展了对比性沉陷试验。基于蠕动式掘进测试台,在模拟月壤表层

开展沉陷试验,首先掘进头回转掘进至刚好完全潜入模拟月壤中,然后开展沉陷试验,掘进头压入速率设定为 0.2 mm/s,沉陷试验结果如图 2.95 所示。从图可以看出,相比于平面型掘进头的沉陷曲线,螺旋刃锥面掘进头的沉陷曲线弯曲程度更大。在相同压缩位移情况下,平面型掘进头的沉陷压力明显大于螺旋刃锥面掘进头的沉陷压力。

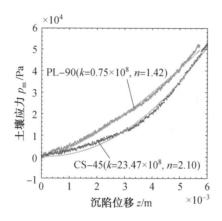

图 2.95　在 CS-45、PL-90 掘进头作用下月壤压力随沉陷位移变化曲线图

对于 PL-90 掘进头,关于土壤应力曲线的文献中给出的平板压力作用下的土壤变形行为解释,如图 2.96 所示。在沉陷试验的初始阶段,PL-90 掘进头压缩土壤,形成矩形破坏区,如图 2.96(a) 所示。随着沉陷位移的增加,土壤发生流动并形成锥形失效区,如图 2.96(b) 所示。而对于 CS-45 掘进头,在沉陷的初始阶段,由于圆锥构型的影响,土壤流动并形成锥形失效区,如图 2.96(c) 所示,锥形破坏区将随着深度逐渐扩大并最终稳定,如图 2.96(d) 所示。因此,两种不同的土壤行为模式导致两种掘进头沉陷—位移曲线的差异。

为了消除试验结果随机性,针对两种构型的掘进头,分别开展 3 次重复辨识试验,辨识结果见表 2.14。从表 2.14 可以看出,螺旋刃掘进头的辨识结果(包括变形模量和沉陷指数)明显大于平面刃掘进。因此,掘进头锥面构型对辨识结果具有较为显著的影响,需开展沉陷特性研究以获得两者的关系,进一步提高承压特性参数的辨识精度和可行性。

此外,本节还开展了不同压入速率对辨识结果的影响试验研究。利用 CS-45 掘进头对表层模拟月壤开展沉陷试验,压入速率设定为 0.2 mm/s、0.4 mm/s、0.6 mm/s,沉陷曲线如图 2.97 所示,辨识结果见表 2.15。从图 2.97 可以看出,在相同沉陷位移前提下,沉陷压力和辨识结果随压入速率的增大而增大,其中变形模量变化较为显著,但沉陷指数变化不大。

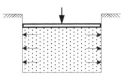
(a) 初始纯压缩

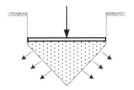
(b) 平板构型最终压缩及侧向流动

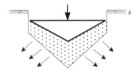
(c) 初始压缩及侧向流动

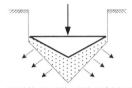
(d) 锥形构型最终压缩及侧向流动

图 2.96　在 PL-90、CS-45 掘进头作用下土壤沉陷行为示意图

表 2.14　模拟月壤承压力学参数辨识结果

参数	PL-90	CS-45
$k/(\text{N}\cdot\text{m}^{-(n+2)})$	$(0.78\pm0.21)\times10^{8}$	$(21.04\pm2.44)\times10^{8}$
n（无量纲）	1.43 ± 0.06	2.07 ± 0.03

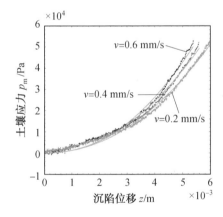

图 2.97　不同压入速率下月壤压力随沉陷位移变化曲线（彩图见附录）

表 2.15　不同压入速率下模拟月壤承压力学参数辨识结果

$v/(\text{mm}\cdot\text{s}^{-1})$	0.2	0.4	0.6
$k/(\text{N}\cdot\text{m}^{-(n+2)})$	23.47×10^{8}	28.97×10^{8}	45.85×10^{8}
n（无量纲）	2.10	2.11	2.19

2.5.5 基于潜探器的原位月壤力学参数辨识试验研究

2.5.5.1 辨识过程操作规程及参数

根据掘进头与月壤相互作用原理,利用主掘进单元、推进单元电机电流反馈信号,开展基于潜探器的月壤抗剪力学参数辨识试验。根据 CCS 方法,确定辨识过程操作规程如图 2.98 所示,通过该操作规程实现掘进头负载(包括轴向阻力及负载力矩)的解耦测量。操作规程参数设置见表 2.16。

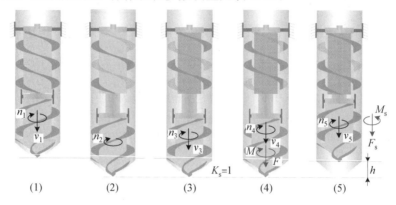

图 2.98　基于潜探器的辨识操作规程

表 2.16　辨识试验操作参数

参数名称	单位	取值
回转转速 n_1	r/min	50
进给速度 v_1	mm/min	10
回转转速 n_2	r/min	60
回转转速 n_3	r/min	30
进给速度 v_3	mm/min	60
回转转速 n_4	r/min	20
进给速度 v_4	mm/min	60
回转转速 n_5	r/min	20
进给速度 v_5	mm/min	60

2.5.5.2 月壤力学参数辨识试验及结果分析

将掘进头轴向阻力和回转阻力矩转换为剪切面的正应力及剪切应力,拟合正应力和剪应力的数据点得到了莫尔－库仑曲线(图 2.99),成功地识别出表层模拟月壤月球的剪切参数 $c = 1.15\ \text{kPa},\varphi = 39.10°$。

模拟月壤表层进行了 3 次剪切试验,并与直剪试验结果进行了比较,辨识结果见表 2.17。从表中数据可以看出,基于潜探器获得的月壤力学参数辨识结果与直剪试验结果相比偏高,内聚力和内摩擦角辨识结果相对误差分别为 25.8%、23.7%。通过辨识试验分别获得了 200 mm、400 mm、600 mm 和 800 mm 深度处的剪切参数,沿深度方向上模拟月壤的内聚力 c 和内摩擦角 φ 辨识结果如图 2.100 所示,试验验证了基于潜探器的月壤力学原位辨识的可行性。

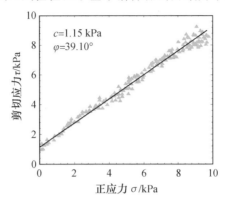

图 2.99　表面模拟月壤力学参数辨识结果

表 2.17　模拟月壤抗剪力学参数辨识结果

参数	CCS	直剪试验	误差
c	(1.17 ± 0.08)kPa	0.93 kPa	25.8%
φ	$38.86° \pm 0.28°$	$31.42°$	23.7%

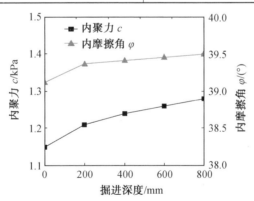

图 2.100　内聚力、内摩擦角沿模拟月壤剖面深度变化曲线

综上所述,潜探器能够在轻量化、低功耗代价下,实现次表层月壤剖面的高可靠性掘进潜入、月壤力学参数辨识及典型位置的样品采集功能,相比表 2.18 所示的同类型探测载荷优势明显,为我国未来的地外天体探测提供了有效的解决方案。

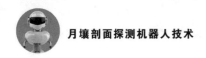

表 2.18　近地天体剖面探测载荷指标对比

探测载荷	质量 /kg	功耗 /w	外形尺寸 /(m×m)	深度 /m / 时间 /min	自动化水平	科学目标
IDDS	—	—	$\phi 0.15 \times (1 \sim 2)$	—	—	—
GMD	22	> 260	$\phi 0.09 \times 1.9$	—	—	—
SSDS	50	570	$\phi 0.15 \times 0.5$	—	—	—
Auto-gopher	22	< 140	$\phi 0.071 \times 1.8$	2.4/60	人工辅助	采样
ETR	5.9	> 60	$\phi 0.13 \times 0.8$	0.65/45	机械臂辅助	—
潜探器	4.5	< 50	$\phi 0.074 \times 0.47$	0.85/106	全自动	月壤力学参数

第 3 章

月壤剖面钻进采样技术

回 转钻进是星球采样探测中最为成熟的技术，美国的 Apollo 计划、
苏联的 Luna 计划以及我国的 CE-5 采样返回任务均采用钻进采
样探测方案。本章主要介绍月壤在空间内流动模型、钻具结构参数设计、
钻头排屑构型设计等。

3.1   概述

在月壤剖面探测的 3 类技术中,回转钻进技术是应用最为成熟的技术,美国的 Apollo 计划、苏联的 Luna 计划以及我国的 CE-5 探测活动,均选用了钻进采样探测方案。钻进采样的剖面探测的穿刺关键技术有两类,一类是月面环境下月壤的排屑问题,另一类是月岩的钻进问题。本书将这两类关键问题分为两个章节进行分析,其中第 3 章围绕月壤的排屑流动问题介绍探测钻具的构型参数设计,第 4 章则以岩石切削理论为基础介绍钻具岩石切削单元的设计问题。

受限于月表环境和月壤机械性质,在钻具设计方面面临着一系列工程技术难题。这些难题包括钻进负载控制、钻头温度控制、采样率稳定性等,在已有的月球钻进采样工程案例中也多次出现钻进失效导致的钻进中断或终止情况。这些工程技术难题中的核心之一就是月壤的排屑问题。月壤是一种典型的粉体物质,其流动性介于流体与固体之间,同时由于已知的月表环境中没有水分和空气存在,月壤内部的支承力全部由颗粒间的接触力提供,因此月壤的流动性对其内部压应力的变化反应敏感。当月壤内压上升时,其流动性急剧下降,这种现象在钻进过程中表现为钻进负载的不稳定性,当钻进负载增加时,容易发生以卡钻现象为代表的钻进失效。

3.2   月壤在排屑空间内流动模型

3.2.1   月壤在排屑约束空间内流动模型

3.2.1.1   钻进采样分系统基本结构

钻进采样系统组成装置如图 3.1 所示,包含取芯钻具、采样装置、整形封装装置 3 个子系统。钻具是钻进采样分系统的执行末端,其主要功能包含 3 方面内容:一是实现对原位月壤的破碎,这里的原位月壤指的是包含月岩的广义月表风化层覆盖物;二是获取目标采样区域月壤样品,并保证样品的层理信息;三是通过钻具机械结构将非采样区域月壤运移到月表,即完成钻具的排屑。钻具包含两个功能子结构,即钻头和钻杆,如图 3.2 所示。钻头是钻具的主要执行件,而钻杆是钻头的辅助结构,主要功能是运移钻头产生的月壤碎屑。

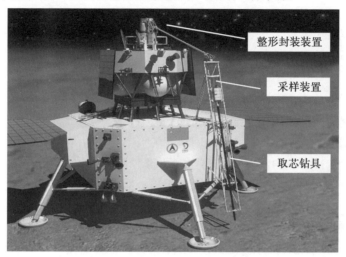

图 3.1　钻进采样系统组成装置

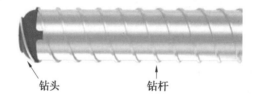

图 3.2　钻具组成示意图

在地外天体采样螺旋钻具设计领域,苏联的 Luna 系列、美国的 Apollo 系列以及美国的 ExoMars 等地外天体探测工程参考了地面试验与地质工程领域的相关设计经验,在设计计算中应用了颗粒材料螺旋输送的相关理论。这样的设计计算方法存在自身局限性,没有系统地揭示无排屑介质钻探中钻杆螺旋槽排屑的工作机理。在颗粒材料螺旋输送计算体系中,颗粒材料随钻具螺旋翼回转的向心力被作为其产生滑移差动摩擦力的主因,钻杆运动及结构参数围绕系统的临界转速进行设计。但在地外天体次表层钻探领域,由于环境及技术条件限制,钻杆的回转速度一般被限制在 500 r/min 以内,例如 Apollo 计划中的 ALSD 系统额定转速为 280 r/min,嫦娥探月工程中钻杆设计转速为 100 ~ 120 r/min。另外,螺旋杆的直径也一般限制在 50 mm 以内,例如 Luna 24 的钻杆直径为 24 mm,Apollo 计划中钻杆直径为 33 ~ 44 mm。在这个尺度及运动参数范围内,以回转向心力作为计算核心参数已不适用。因此,本章从运动学和力学角度针对月壤螺旋钻具排屑过程进行了重新建模。该模型同样适用于其他低转速无排屑介质螺旋钻具螺旋翼的设计与优化。

3.2.1.2　排屑过程及通量平衡

钻具螺旋参数的优化设计主要针对钻杆结构进行,其意义在于以较小的空间结构体积(钻杆外径)实现排屑功能,提高排屑效率,并降低钻杆在一些特殊工况下的故障概率。当钻具的结构参数与运动参数不匹配时会发生排屑阻塞,钻具的回钻扭矩会迅速上升,发生卡钻,钻进失效。另外,更小的钻杆螺旋翼高度,也有利于避免钻具因岩石边角剐蹭而发生卡钻。

月球次表层钻探对象从钻削特性角度一般可以分为土壤和岩石两大类。对于岩石对象,由于其在低功率条件下钻进进给速度很低,因此其排屑需求远低于土壤钻进。在排屑运移机理方面,岩石碎屑与土壤碎屑并无区别。针对原位月壤而言,其密实度随深度存在分布关系,在距离月表约 60 cm 以下的月壤密实度达到 90% 以上。本着排屑螺旋翼功能性要求,在本节的研究中限定钻进对象是密实度为 100% 的原位模拟月壤。

在分析螺旋钻具排屑机理之前,首先分析钻具系统排屑过程的供需关系,以及理想排屑和发生阻塞时的参数状态。图 3.3 所示为钻具钻进排屑过程中月壤碎屑运移供需示意图。

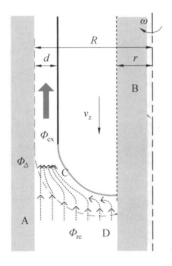

图 3.3　钻具钻进排屑过程中月壤碎屑运移供需示意图

钻具排屑与采样运移的主要对象是预钻区原位月壤,如图 3.3 中 D 区所示。该区原位月壤一方面经过切削刃的扰动作用或切削作用成为松散碎屑,通过螺旋区即图中 C 区向月表输送,另一部分作为目标采样区,进入采样管成为采样样品,如图中 B 区所示。在 C 区切屑输送过程中,A 区原位月壤作为整个排屑通道的外包络,为排屑过程提供差动摩擦面,同时也是钻杆回转阻力的提供者,当 C 区发生排屑阻塞时,A 区及 D 区月壤受挤压作用,回转阻力迅速提高。

月壤流动过程可以描述为以下通量平衡关系：

$$\Phi_{re} = \Phi_a - \Phi_s \qquad (3.1)$$

式中　　Φ_{re}——钻杆排屑需求；

　　　　Φ_a——预钻区原位月壤在指定进给速度下的通量；

　　　　Φ_s——采样通量。

其中，月壤采样过程的排屑需求可表达为

$$\Phi_{re} = \frac{\pi}{k_d}(R^2 - K_{sample}r^2)v_z \qquad (3.2)$$

式中　　R——钻杆螺旋翼外半径，见图 3.3；

　　　　K_{sample}——采样率，实际采样质量与理论采样质量的比值；

　　　　r——钻头采样口半径，见图 3.3；

　　　　v_z——钻具进给速度；

　　　　k_d——原位月壤与月壤碎屑密实度比值。

设 Φ_t 为钻具在一定构型及钻进规程下额定排屑能力，则当 $\Phi_t \geqslant \Phi_{re}$ 时，钻具排屑处于正常状态；当 $\Phi_t < \Phi_{re}$ 时，钻具排屑发生阻塞。定义月壤碎屑垂向速度与螺旋翼回转线速度的比值 Γ 为钻杆的排屑能力系数，则 Φ_t 可以表示为

$$\Phi_t = 2\pi K_i K_s K_r d\omega R^2 \Gamma \qquad (3.3)$$

式中　　K_i——进给修正系数，该系数表征钻具进给时，其进给速度与排屑速度合成对系统排屑能力的影响；

　　　　K_s——安全修正系数，在工程设计中应用，在极限进给速度计算中该值为 1；

　　　　K_r——螺旋翼及流通截面流速分布修正系数，该修正系数是考虑边界摩擦对月壤碎屑流速分布的影响，关于流动分区将在后文中介绍；

　　　　d——钻具螺旋翼高度。

3.2.2　月壤在排屑通道中的流动特征分析

3.2.2.1　排屑分层流动

月壤碎屑作为粉体材料是一种拟流体物质，其在钻具螺旋槽内的流动兼具固体性质与流体性质。当钻杆排屑顺畅时，由于碎屑颗粒受天体重力、摩擦力、边界约束力等共同作用，存在流动分区现象。

在对钻具排屑槽内排屑的进一步研究中发现，在钻杆排屑顺畅时（$\Phi_t \geqslant \Phi_{re}$），由于碎屑颗粒受重力、边界摩擦力等力共同作用，同时受环境月壤、钻具基体约束，其在排屑流动时有明显的分区流动现象。图 3.4 所示为钻具排屑槽基底磨损情况，图中 l 为排屑区分界线，可以观察到 A 区金属表面保存完好，B 区有明显磨损。可见碎屑颗粒在排屑槽内流动不均，且呈现出下侧密集流动、顶层稀疏

流动的现象。

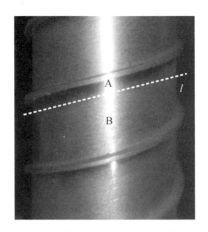

图 3.4　钻具排屑槽基底磨损情况

3.2.2.2　理想排屑状态

　　螺旋槽约束面从对月壤碎屑排屑过程中的碎屑－月面相对运动角度分类，可以分为动力边界、限定边界和阻力边界；从碎屑－钻具相对运动角度分类，可以分为流动动力边界和流动阻力边界。排屑槽内月壤流动分区及边界如图 3.5 所示。

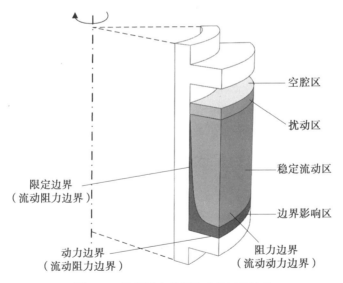

图 3.5　排屑槽内月壤流动分区及边界

　　其中限定边界为钻杆螺旋槽底面，该面对排屑流动起阻力作用；动力边界为钻杆螺旋翼的上表面，该面的摩擦力对排屑也起到阻碍作用，但该面的支承力是钻杆排屑的动力来源，为做功表面；阻力边界为钻孔壁表面（钻具外包络圆柱面），一般由原位月壤构成，在少数情况下为扰动月壤的堆积物，该界面上的剪切力为钻杆提供钻进阻力扭矩，同时该表面的摩擦也是排屑的推动力，辅助做功。在以上3种界面围城的排屑通路内，沿钻杆轴向剖面，月壤流动有4类分区，分别为空腔区、扰动区、稳定流动区和边界影响区。其中稳定流动区为排屑主体区域，扰动区为排屑稳定流区与空腔区之间的过渡区，该区内排屑流动受结构约束较弱，而在排屑槽下部由于受螺旋翼影响，其流动有黏滞现象，该区在空间分布上呈现出靠近钻杆内部范围较大、靠近钻杆外部范围较小的性质。

根据以上分析，将排屑槽内满填充且不发生阻塞的排屑状态定义为理想排屑状态。在理想排屑条件下，钻杆螺旋槽内的月壤颗粒碎屑流动存在以下3个特征：

（1）空腔区与扰动区被顶部边界影响区代替。

（2）在一定的垂直空间范围内，稳定流动的颗粒碎屑的流动具有较好的均一性。

（3）钻杆进给方向上排屑槽内颗粒碎屑不会发生相对位置交换。

边界影响区的流动规律比较复杂，为了简化月壤碎屑的运动分析，在研究中将边界对流动的影响简化为流动速度分布系数 K_r，关于该系数的讨论将在模型修正及误差影响因素分析一节中进行。后文的理想条件下螺旋杆排屑模型研究以此3个流动特征为基础建立。

3.2.3　排屑过程运动学及力学分析

3.2.3.1　排屑运动分析

由月壤碎屑流动分区相关分析可知，在稳定流动区月壤不会发生层理间交换，通过对模拟月壤的运动与限定边界分析可以得到月壤碎屑沿钻杆轴向向上运移速度与螺旋钻具的运动参数间存在如图3.6所示的关系。

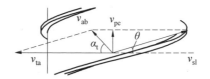

图 3.6　理想排屑状态下排屑槽内月壤流动速度分解

在图 3.6 中，v_{ab} 为静止参考系排屑速度，v_{sl} 为排屑相对滑移速度，v_{ta} 为回转线速度，v_{pe} 为垂直速度，θ 为钻具螺旋升角，α_t 为排屑角。由各速度分解及参考系关系可得，各速度之间存在以下关系：

$$\cot \alpha_t \cdot v_{pe} + \cot \theta \cdot v_{pe} = v_{ta} \tag{3.4}$$

该式可改写为

$$v_{pe} = \frac{\tan \alpha_t \tan \theta}{\tan \alpha_t + \tan \theta} v_{ta} \tag{3.5}$$

月壤碎屑垂向速度与螺旋翼回转线速度的比值即排屑能力系数：

$$\Gamma = \frac{\tan \alpha_t \tan \theta}{\tan \alpha_t + \tan \theta} \tag{3.6}$$

即

$$v_{pe} = \Gamma \omega R \tag{3.7}$$

3.2.3.2   排屑区月壤碎屑受力分析

前面讨论的排屑能力系数由两个参数决定，即钻具螺旋角 θ 和月壤碎屑的绝对排屑角 α_t。其中钻具螺旋角 θ 是钻具的设计优化项，而排屑角 α_t 则由月壤碎屑的受力关系决定。

在稳定流动区，理想排屑状态下排屑槽内月壤受力状态如图 3.7 所示，月壤碎屑作为整体受差动摩擦外力作用。图中，h 为排屑槽宽度。

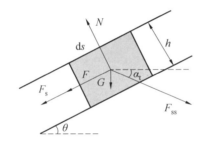

图 3.7   理想排屑状态下排屑槽内月壤受力状态

图中钻杆螺旋翼支承力为 N，方向垂直于螺旋翼表面，螺旋翼对月壤流动的摩擦力为 F，螺旋槽内表面对月壤的摩擦力为 F_s，月壤单元重力为 G，钻孔内壁对月壤碎屑剪切摩擦力为 F_{ss}，该力的方向与月壤碎屑相对静止坐标系的速度方向相反。在理想排屑条件下，各力在水平方向上符合如下平衡关系：

$$\cos \theta \cdot (F_s + F) + \sin \theta \cdot N = \cos \alpha_t \cdot F_{ss} \tag{3.8}$$

设 ds 为沿螺旋方向上的单位长度，在螺旋高度方向上对各面力进行微分。通过对式中积分量微分，代入到力平衡方程中，联立获得 θ 与 α_t 之间的联动关系。在具体求解过程中，扰动月壤与原位月壤的剪切关系中包含内聚力与内摩擦力两项，由于扰动月壤处于松散状态，因此在快速流动过程中内聚力可以忽略。考虑到排屑槽内月壤碎屑处于剪切流动状态，其侧向压力转化系数 $K \approx 1$。方程组中由重力项引起的月壤碎屑内压应力及其他因素引起的压应力统一表述为螺旋槽空间内的 σ_y、σ_{z_1}、σ_{z_2}，其中 σ_y 为侧向压应力，σ_{z_1}、σ_{z_2} 分别为螺旋槽底面压应力及顶面压应力。图 3.8 中给出了月壤受边界的部分外部正应力作用。

简化后的螺旋槽排屑控制方程可以改写为

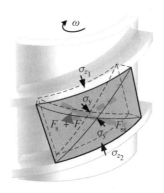

图 3.8　月壤受边界的部分外部正应力作用

$$\int_S \sigma_y \tan \varphi_s \cos(\alpha_t + \theta) \mathrm{d}S = \int_S \sigma_y \tan \varphi_m \mathrm{d}S + \int_A (\sigma_{z_1} + \sigma_{z_2}) \tan \varphi_m \mathrm{d}A \qquad (3.9)$$

式中　　$\tan \varphi_s$——月壤碎屑与原位月壤之间的当量摩擦系数;

　　　　$\tan \varphi_m$——月壤碎屑与钻杆壁表面间的当量摩擦系数。

式(3.9)的解存在的基本条件为 $\tan \varphi_s > \tan \varphi_m$,该式还可以写为

$$\sigma_y h \tan \varphi_s \cos(\alpha_i + \theta) = \sigma_y h \tan \varphi_m + d(\sigma_{z_1} + \sigma_{z_2}) \tan \varphi_m \qquad (3.10)$$

定义钻具排屑环境系数为

$$E_t = \frac{\tan \varphi_m}{\tan \varphi_s} \qquad (3.11)$$

该方程具有物理意义,方程的分子为月壤碎屑与螺旋钻杆金属壁面剪切摩擦的摩擦系数,方程的分母为月壤碎屑与原位月壤边界间的摩擦系数。月壤自身性质和螺旋杆材料与表面处理方法决定 E_t 的取值,在现有模拟月壤的摩擦试验基础上 E_t 取值通常在 $0.4 \sim 0.65$ 之间,对于具体的模拟月壤试样 E_t 数值的选取依赖当量摩擦系数测定试验。

定义螺旋槽边界系数为

$$A_c = \frac{(\sigma_{z_1} + \sigma_{z_2})d}{\sigma_y h} + 1 \qquad (3.12)$$

边界系数主要由螺旋槽内月壤碎屑在不同方向上受到的正应力以及螺旋槽自身的结构参数组成。由于月壤的流体性,流动土体在各方向上正应力近似相等,即

$$\sigma_{z_1} + \sigma_{z_2} \approx 2\sigma_y \qquad (3.13)$$

$$A_c = \frac{2d}{h} + 1 \qquad (3.14)$$

则基本排屑方程可以改写为

$$E_t A_c = \cos(\alpha_t + \theta) \qquad (3.15)$$

代入钻具螺旋排屑能力系数方程中,有

$$\Gamma = \frac{\tan\theta\tan[\arccos(E_t A_c) - \theta]}{\tan\theta + \tan[\arccos(E_t A_c) - \theta]} \qquad (3.16)$$

3.2.4 排屑模型修正系数及误差因素影响分析

3.2.4.1 模型中的修正系数

本节就方程(3.3)中的进给修正系数 K_i 和流速分布修正系数 K_r,以及本节给出的密度比例修正系数 K_d,这 3 个修正系数的意义和取值分别进行详细分析。

(1)进给修正系数。

在钻进时,一部分月壤碎屑在输运过程中存留于排屑通道内,即图 3.3 中 C 区域所示。在建立通量平衡方程(3.1)时,并未考虑钻杆在进给过程中排屑槽容屑量变化对排屑需求的影响。设这部分存屑的当量通量为 Φ_i,则式(3.1)可以改写为

$$\Phi_{re} = \Phi_a - \Phi_s' - \Phi_i \qquad (3.17)$$

式中 Φ_s'——考虑排屑槽存屑后的预钻区原位月壤在指定进给速度下的通量。

排屑槽在钻杆轴向截面上的面积 S_i 为

$$S_i = \frac{2\pi R - na_d}{\tan\theta} \qquad (3.18)$$

式中 n——钻杆的头数,即钻杆排屑翼螺旋圆周阵列数;

a_d——排屑翼在钻杆轴向方向上的厚度。

则存屑量变化的当量通量 Φ_i 为

$$\Phi_i = \left(\frac{2\pi R - na_d}{\tan\theta}\right)v_z \qquad (3.19)$$

联立式(3.17)~(3.19),有

$$K_i = 1 - \frac{\dfrac{2\pi R - na_d}{\tan\theta}}{R^2 - K_{sample}r^2}d \qquad (3.20)$$

(2)密度比例修正系数。

一般认为在距离月表 60 cm 以下深度的月壤密实度达到 90% 以上。在实际研究中,使用的模拟月壤密实度为 100%。原位月壤经过钻头的剪切扰动,月壤碎屑的密实度发生了变化。这种现象对排屑过程的影响表现为实际排屑体积大于目标排屑区域的原位月壤体积。本排屑模型中用密度比例修正系数 K_d 来表达月壤密实度的变化。由于实际采样区月壤密度是未知量,为了建模方便,在模型计算分析使用的原位月壤密度参数均为地面试验中使用的 100% 密实度模拟月壤。

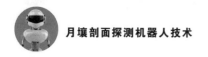

根据以上定义,有

$$K_d = \frac{\rho_f}{\rho_0} \tag{3.21}$$

式中　　ρ_f——排屑槽内月壤碎屑密度;

　　　　ρ_0——原位月壤密度。

对于扰动后的疏松月壤类物质其孔隙比与轴向应力符合如下关系,具体如图3.9所示。

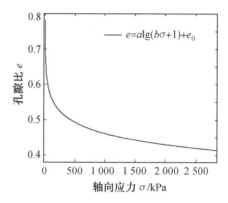

图 3.9　月壤孔隙比与轴向应力的关系曲线

$$e = a\lg(b\sigma + 1) + e_0 \quad (a = -0.104\ 4, b = 1.726) \tag{3.22}$$

式中　　e_0——模拟月壤的初始孔隙比,$e_0 = 0.799\ 5$。

而月壤密度与月壤的孔隙比之间存在如下关系:

$$\rho = \frac{G_s \rho_w}{1 + e} \tag{3.23}$$

式中　　G_s——模拟月壤比重,$G_s = 2.94$;

　　　　ρ_w——4 ℃时纯水的密度,$\rho_w = 1.00\ \text{g/cm}^3$。

在月壤排屑过程中,月壤碎屑内压与钻具回转扭矩符合如下关系:

$$\sigma_y^* = \frac{T}{2\pi\tan\varphi_s\cos\alpha_t (R+d)^2 H} \tag{3.24}$$

即排屑槽内月壤的密实度及密度信息可以通过钻具排屑扭矩来换算。

(3)流速分布修正系数。

流速分布修正参数的存在是因为在对月壤碎屑进行运动学分析时,为了分析方便,将月壤看作是刚体进行整体运动。在实际排屑过程中,月壤作为颗粒物质,其内部存在不同的流速分布。在图3.5中,受动力钻杆的边界影响产生了边界影响区。当月壤处于理想排屑状态时,边界影响分为两部分:一部分是螺旋翼边界影响区,该影响区同时分布于螺旋槽的上侧和下侧;另一部分是排屑槽底面产生的影响区,对于螺旋钻杆这种浅槽结构,该影响对处于排屑槽中的全部月壤碎屑都有影响。图 3.10 所示为理想排屑状态下排屑槽边界扰动区,月壤在排屑槽内受边界影响发生密集剪切流动。

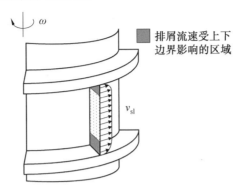

图 3.10　理想排屑状态下排屑槽边界扰动区

　　这部分的研究属于颗粒物质密集剪切流动领域,该领域目前是颗粒物质基础科学研究前沿领域之一,尚未形成成熟的理论体系。钻具排屑槽的排屑流动属于平面剪切流动与夹板剪切流动的复合状态,这两种剪切流动分别对应于前面提到的两类影响区。这里综合应用在密集颗粒剪切流领域比较有代表性的 M. Babic、H. H. Shen 和 E. Aharonon 等关于颗粒平面剪切密集流的研究成果,以及 F. Chevoir 和 M. Prochnow 等在垂直夹板空间颗粒密集流动的研究成果,对排屑槽内的颗粒流动状态进行建模计算,以求出由于边界影响导致的颗粒流速变化。

　　对于平面剪切密集流,即受排屑槽侧面剪切影响区域,在厚度方向上其速度符合如图 3.11 所示的分布。

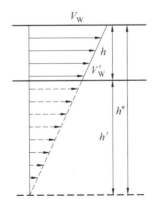

图 3.11　月壤平面剪切密集流速度分布

图 3.11 中,h 为钻具排屑槽的宽度;h^* 为平面差动模型中不考虑边界摩擦条

件差异情况下，完整流速分布的理论排屑槽宽度；h' 为 h、h^* 两者的差值；V_w 为上剪切面的移动速度；V'_w 为排屑槽底面月壤碎屑的相对滑移速度。对于厚度较小的平面剪切流，当剪切流动的上下表面同受与受剪切颗粒物质内部相同摩擦关系时，其内部流速分布近似符合从剪切速度到相对静止的速度均布关系，即图 3.11 中在 h^* 深度上速度的分布。对于钻具排屑过程，V_w 为钻孔包围土体与排屑槽相对速度在螺旋方向上的分量，即

$$V_w = v_{sl} = \frac{\Gamma v_{ta}}{\sin \theta} \tag{3.25}$$

但对于钻具排屑过程，钻具排屑区内外侧的摩擦关系不同于模型理想条件，其内摩擦面为钻杆金属面，由前面的摩擦测试可知，其当量摩擦系数为 0.30。设 I 为无量纲标识常数，其值为

$$I = \frac{\dot{\gamma}_w d_p}{\sqrt{\dfrac{\sigma_y^*}{\rho}}} \tag{3.26}$$

式中　　d_p——颗粒直径，m；

　　　　ρ——由颗粒孔隙比计算得出的排屑区月壤的密度，kg/m^3。

且

$$\dot{\gamma}_w = \frac{V_w}{d^*} \ \text{或} \ \dot{\gamma}_w = \frac{V'_w}{d} \tag{3.27}$$

M. Babic 给出了关于 I 与当量摩擦系数间的试验经验关系，当当量摩擦系数为 0.30 时，可以求得 d' 为 4.6 mm，且已知 d 为 1 mm，有平面剪切流动对排屑区月壤流速的影响为

$$\varepsilon_w = \frac{V_w - V'_w}{2V_w} = \frac{1}{2}\left(1 - \frac{h'}{h' + h}\right) \tag{3.28}$$

ε_w 的计算值为 10.3%。对于夹板剪切流动过程侧面平均影响区间尺度约为土体颗粒直径的 20 倍，其速度分布符合图 3.12 所示的试验数据拟合曲线。

在排屑区边缘 $0 \sim 20d_p$ 范围内，边界对土体流动速率的影响积分约为 3.1，该数值为一无量纲值。在排屑槽尺度上，由于夹板剪切产生的排屑速率变化影响 ε_v 约为 5.1%，该值可能存在一定的误差，产生误差的原因包含计算中未考虑颗粒尺度分布，同时摩擦边界为金属与模拟月壤物质摩擦等。综合两类边界影响可以得到

$$K_r = (1 - \varepsilon_w)(1 - \varepsilon_v) \tag{3.29}$$

在本节给出的数值条件下，K_r 的计算值为 84.9%。

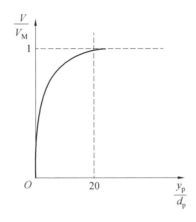

图 3.12　边界对排屑槽颗粒流速影响

3.2.4.2　回转动力学因素对排屑过程的影响

前面提到在现有的采样钻具几何直径及回转速率范围内,传统的基于回转离心力的排屑计算方法不再适用。而且本节中建立的排屑模型并未考虑离心力对月壤排屑的影响。本小节将就此进行计算,量化分析回转离心力对排屑过程的影响。

排屑槽内月壤碎屑的回转线速度为

$$v_{ta} = \Gamma \omega R \cot \alpha_t \tag{3.30}$$

则由月壤碎屑回转产生的钻杆侧向正应力为

$$\sigma_s = (\Gamma \omega R \cot \alpha_t)^2 \frac{\rho_f d}{R} \tag{3.31}$$

在 H 深度下,钻具的回转扭矩主要由月壤碎屑的排屑摩擦的周向分力产生,有排屑槽内的月壤碎屑侧向正应力与钻具回转扭矩符合如下关系:

$$\sigma_y^* = \frac{T}{2\pi \tan \varphi_s \cos \alpha_t (R+d)^2 H} \tag{3.32}$$

比较两者之间的关系,将式(3.32)代入受力平衡方程中,有

$$(\sigma_y + \sigma_s) h \tan \varphi_s \cos(\alpha_t + \theta) = (\sigma_y - \sigma_s) h \tan \varphi_m + d(\sigma_{z_1} + \sigma_{z_2}) \tan \varphi_m \tag{3.33}$$

且

$$E_t A_c^* = \cos(\alpha_t + \theta) \tag{3.34}$$

其中

$$A_c^* = \frac{2d}{h} + \frac{\sigma_y^* - \sigma_s}{\sigma_y^* + \sigma_s} \tag{3.35}$$

则有

$$\Gamma^* = \frac{\tan\theta\tan[\arccos(E_t A_c^*) - \theta]}{\tan\theta + \tan[\arccos(E_t A_c^*) - \theta]} \tag{3.36}$$

排屑能力系数的变化率为

$$\Gamma_{ROC} = \frac{\Gamma^* - \Gamma}{\Gamma} \tag{3.37}$$

当钻进深度为 1 m 时,d 取 1.5 mm,钻具半径从 5 mm 变化到 50 mm,回转速度从 100 r/min 变化到 500 r/min 时,钻具的回转动力学因素对其排屑能力的影响 Γ_{ROC} 变化梯度如图 3.13 所示。

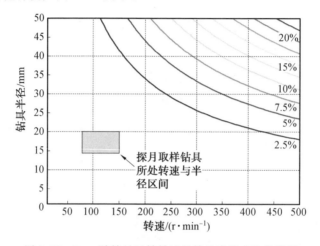

图 3.13 Γ_{ROC} 随钻具回转转速及钻具半径变化梯度图

由图 3.13 的分析结果可以看出,在探月采样钻具所处的转速及钻具半径区域内,钻具回转动力学因素对钻具排屑的影响很小,可以忽略。这一点也是之前许多相关工程计算中的一个误区。对于尺度较大的螺旋物料输送设备或者转速较高的钻具,钻具回转向心力对排屑的影响会更大,不能忽略。

3.3　钻杆结构参数设计

3.3.1　钻杆组成及其设计参数

钻杆作为排屑通道,连接钻头与月表。其主要功能是维持钻具自身的月球次表层侵入强度,将破碎能传递到钻头做功处,同时将钻头产生的月壤或月岩碎屑运移到月表。

由式(3.2)可知,钻杆的排屑需求由钻头内外径差值决定,对于不同的采样结构,钻杆的排屑压力也有很大区别。例如,Luna 24 钻具采用了软袋取芯方法,其取芯机构占用了较大的直径空间,导致钻杆外径与采样口直径的比值达到 30/12;而对于 Apollo 17 采样钻具,依托其人工优势,在采样方面采用了直插管采样方法,采样机构占用的直径范围小,钻杆外径与采样口直径比值约为 44/41,排屑需求相应较小。由于探月三期工程采用了无人着陆器采样,使用的采样方式的原理与 Luna 24 钻具有一定的相似性。图 3.14 所示为探月三期工程中使用的钻具结构简图。采样机构包含采样外保护芯管、采样芯管、采样柔性软袋及各自的限位结构,这一系列的采样结构对钻杆的排屑能力提出了较高的要求。

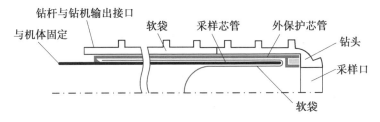

图 3.14　探月三期工程中使用的钻具结构简图

图 3.15 所示为典型的螺旋钻杆外结构。图中,钻杆的结构参数包括螺旋升角 θ、螺旋头数 n_s、螺旋翼厚度 a_s、螺旋翼高度 d、螺距 h_s 和排屑槽宽度 h,受限的基础参数包含钻杆的长度 L_s 和钻杆的底径 R。

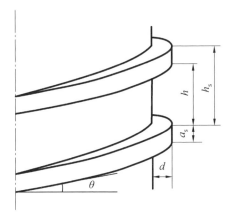

图 3.15　螺旋钻杆外结构

其中螺距 h_s 符合

$$h_s = \frac{2\pi R \tan\theta}{n_s} \tag{3.38}$$

而排屑槽宽度 h 则为

$$h = (h_s - a_s)\cos\theta \text{ 或 } h = \frac{2\pi R}{n_s}\sin\theta - a_s\cos\theta \tag{3.39}$$

通常为了维持排屑槽的有效排屑,对于排屑螺旋翼高度在 $1 \sim 2$ mm 的钻具,其排屑槽宽度一般控制在 20 mm 以内,以保证其排屑功能的顺利实现。试验经验证明,当排屑槽宽度过大时,其内部的排屑流动不再遵循上述 3 个特征,表现出明显的排屑失效。这一要求也为不同螺旋升角的钻具螺旋头数 n_s 设计提供了试验经验依据。表 3.1 给出了 ExoMars、Luna 24 及 Apollo 17 任务中钻杆螺旋结构参数,其中部分参数不可查,源自对于图片资料的测量估计,相应参数标记了" $*$ "号。

表 3.1　ExoMars、Luna 24 及 Apollo 17 任务中钻杆的螺旋结构参数

参数	ExoMars	Luna 24	Apollo 17
钻杆直径 D/mm	28	30	44
螺旋升角 $\theta/(°)$	22*	15	17*
螺旋翼高度 d/mm	1.2	2	1.5
螺旋翼厚度 a_s/mm	1*	1.7*	1.5*
螺旋头数 $n_s/$ 个	2	2	2
螺距 h_s/mm	12.6*	12.6*	21.1*

3.3.2　排屑能力系数与钻杆螺旋升角优选

钻杆结构参数的优化设计需要依据其排屑能力进行,在第 2 章的排屑模型中,标识钻具排屑能力的系数 Γ 为

$$\Gamma = \frac{\tan\theta\tan[\arccos(E_t A_c) - \theta]}{\tan\theta + \tan[\arccos(E_t A_c) - \theta]} \qquad (3.40)$$

Γ 由螺旋升角 θ、边界系数 A_c 及排屑环境系数 E_t 决定。其中 A_c 经简化后其值与排屑槽的结构尺寸参数直接相关,E_t 则由月壤碎屑与原位月壤及月壤碎屑与钻杆表面摩擦关系确定。排屑环境系数越大,代表着月壤碎屑越难排出;反之则利于排屑。

由式(3.16)可知在不同钻具螺旋升角下,钻具的排屑能力指标受钻具排屑角度及排屑环境系数影响的规律可以用梯度图来表达,如图 3.16 所示,图中脊线代表不同排屑环境系数条件下的钻具最佳螺旋升角。由图示分析可知,当排屑环境系数较小时,增加钻杆螺旋升角,可以使钻杆获得更好的排屑能力,但当排屑环境系数增大时,大螺旋升角的钻杆排屑能力衰减很快,排屑变得低效,容易阻塞。当螺旋升角过小,接近 $10°$ 时,钻杆虽然排屑环境适应性能好,但其排屑能力均值较低,排屑效率不高。

相对于螺旋升角 θ 及边界系数 A_c,排屑环境系数 E_t 的确定依赖于月壤的当量摩擦系数测试。本节试验中使用的模拟月壤为 GUG-1A 型,是由中国地质大学以我国吉林省辉南县新生代火山岩为原料,通过机械破碎手段研制的。图 3.17 所示为月壤当量摩擦系数的测试装置示意图。

通过重复试验测试了模拟月壤碎屑与原位模拟月壤,在正应力区间 $0 \sim 5\text{ kPa}$ 内的当量摩擦系数。图 3.18(a) 所示为模拟月壤碎屑与原位模拟月壤之间

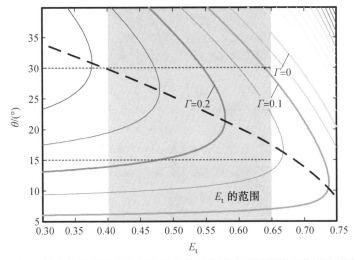

图 3.16   钻具的排屑能力指标受钻具排屑角度及排屑环境系数影响梯度图

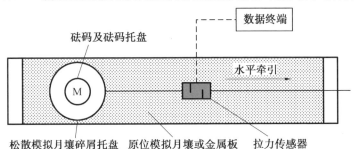

图 3.17   月壤当量摩擦系数的测定装置示意图

的摩擦关系,图 3.18(b)所示为模拟月壤碎屑与金属板之间的摩擦关系。由于本节测试试验使用的钻杆材料为 20♯ 钢,这里使用的金属板材质为 20♯ 钢,表面为铣削平面,表面粗糙度 Ra 为 1.6,与试验钻杆的技术要求相同。

理论上模拟月壤土体作为散体物质,其当量摩擦系数随负载变化存在一定的非线性,但在钻削排屑所在的正压应力为 $0 \sim 5$ kPa 区间内并未表现出非线性。两组测定后的当量摩擦系数分别为 $\tan \varphi_s = 0.58, \tan \varphi_m = 0.3$。对于试验模拟月壤 GUG1A 当钻具的表面粗糙度 Ra 为 1.6、铣削表面为 20♯ 钢时,其排屑环境系数为 $E_t = 0.517$。

由图 3.16 可知,当 $E_t = 0.517$ 时,钻具螺旋升角最优选值处于 $20° \sim 25°$ 之间,当前可查的近地天体土壤钻具螺旋杆螺旋升角在 $12° \sim 35°$ 之间,此处数据包含月壤钻具与火星钻具的数据。具体选值参考实际的工作环境和对象进行进一步修正优化。针对本书工程背景中钻杆的底径 $R = 15$ mm,建议当钻杆螺旋升角取 $15° \sim 18°$ 时,钻杆螺旋头数设计为 $n_s = 2$;当钻杆螺旋升角取 $18° \sim 22°$ 时,钻杆

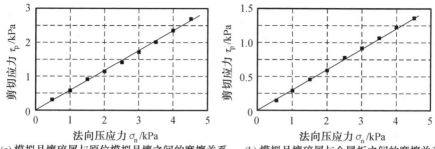

(a) 模拟月壤碎屑与原位模拟月壤之间的摩擦关系   (b) 模拟月壤碎屑与金属板之间的摩擦关系

图 3.18　摩擦系数测定试验结果

头数螺旋设计为 $n_s = 3$；当钻杆螺旋升角大于 $22°$ 时，钻杆螺旋头数设计为 $n_s = 4$。

3.3.3　钻具极限进给速度及钻杆螺旋翼高度优选

通过直接手段验证螺旋升角、排屑环境系数和钻杆排屑能力之间的关系模型，需要在钻具钻进过程中，观察月壤碎屑的流动速率及方向。由于钻杆深埋于月壤之中，这种验证方式对观测技术条件要求很高。更现实的验证方法是通过间接手段来实现验证，本节采用的间接验证手段为在额定转速条件下，对于指定钻具，测定其不发生阻塞的极限进给速度。

综合钻杆螺旋槽内月壤流动通量分析、运动分析及受力分析，当钻具排屑能力满足系统排屑需求时，有

$$v_z = \frac{K_i K_s K_r v_{pe} (d^2 + 2Rd) \dfrac{h_a}{h}}{(R + d)^2 - K_{sample} r^2} \tag{3.41}$$

其中

$$v_{pe} = \Gamma \omega R \tag{3.42}$$

式中　h_a——月壤碎屑在钻具螺旋槽内的填充高度，当钻具处于极限进给条件下，即 $h_a = h$，有

$$v_z = \frac{K_i K_s K_r \Gamma \omega R (d^2 + 2Rd)}{(R + d)^2 - K_{sample} r^2} \tag{3.43}$$

影响钻具极限进给速度 v_z 大小的变量包含排屑能力系数 Γ 和钻具的螺旋翼高度 d。当排屑翼螺旋升角确定时，Γ 值也确定，可以得到排屑螺旋翼高度 d 与钻具极限进给速度 v_z 的映射关系。当排屑环境系数 $E_t = 0.517$ 时，钻具的极限进给速度与螺旋翼高度符合如图 3.19 所示的关系。在图示计算中做了一些近似，因为由式(3.6)可知，螺旋翼高度对排屑边界系数有影响，进而影响排屑能力系数数值。实际上该影响属于高阶小量，在这里为了简化建模过程，在计算过程中做

了忽略。当极限进给速度设定为 300 mm/min 时,对于 15° 螺旋升角钻具建议的最小排屑螺旋翼高度为 1.32 mm,对于 20° 螺旋升角钻具建议的最小排屑螺旋翼高度为 0.89 mm,对于 25° 螺旋升角钻具建议的最小排屑螺旋翼高度为 0.70 mm。从图 3.19 中曲线趋势可以看到,当螺旋翼高度继续增加时,钻杆的排屑能力并非一直升高,而在 2 mm 高度之后部分发生下降,这种现象在大螺旋升角钻杆上表现更为明显。

尤其是当排屑环境系数升高时,在更低的排屑螺旋翼高度下即会发生钻杆的排屑能力下降。当排屑环境系数 $E_t = 0.65$ 时,钻具的理论极限进给速率随排屑螺旋翼高度变化的规律如图 3.20 所示。

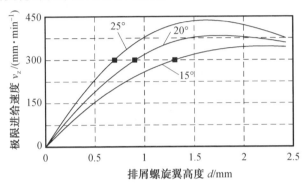

图 3.19　排屑翼高度对钻具极限进给速度影响($E_t = 0.517$)

排屑螺旋翼高度 d 的优化目标是以最小的高度满足钻具的排屑需求,更小的排屑螺旋翼高度具有以下几点优势:

(1)降低钻具外径,在不影响采样质量的基础上,降低月壤刺入面积,降低整体功耗,同时降低遇见复杂工况的概率。

(2)更低的排屑螺旋翼高度有利于在保证钻具螺旋翼强度的前提下,降低螺旋翼悬臂结构的厚度。

(3)更低的排屑螺旋翼高度有利于提高钻具的可靠性,当钻具遭遇临界尺度月壤颗粒时,更易实现规避。

(4)降低整体装备质量。

图 3.21 所示为当钻杆的螺旋翼高度为 1 mm,不同螺旋角钻杆在排屑环境系数变化时的理论极限进给速率。对于本书的研究背景,建议排屑螺旋翼高度取值范围在 0.7 ～ 1.5 mm 之间,过小的排屑螺旋翼高度可能导致排屑能力不足,过大的排屑螺旋翼高度对排屑环境的适应能力较差。

表 3.2 给出了探月三期工程背景下几组建议的钻杆设计参数,同时给出了当钻具回转速率为 100 r/min 时,不同排屑环境系数下钻杆的极限进给能力。在排屑升角为 15° ～ 25°,螺旋翼高度在 0.7 ～ 1.5 mm 区间内有大量搭配可以选择,

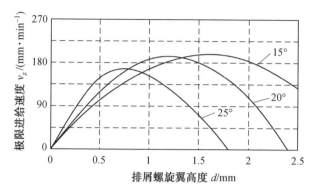

图 3.20 排屑翼高度对钻具极限进给速度影响($E_t = 0.65$)

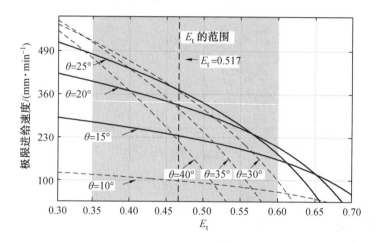

图 3.21 不同螺旋角钻杆在排屑环境系数变化时的理论极限进给速度

具体设计需要综合考虑系统需求和排屑环境。

表 3.2 探月三期工程背景下建议的钻杆设计参数

参数	1	2	3
螺旋升角 $\theta/(°)$	15	20	25
螺旋翼高度 d/mm	1.1	1.0	0.9
螺旋头数 $n_s/$个	2	3	4
螺距 h_s/mm	12.7	11.5	11.1
螺旋翼厚度 a_s/mm	1	1	1
当 $E_t = 0.5$ 时理论极限进给速度 $v_z/(mm \cdot min^{-1})$	312.3	333.3	320.1
当 $E_t = 0.6$ 时理论极限进给速度 $v_z/(mm \cdot min^{-1})$	276.8	276.3	240.7
当 $E_t = 0.7$ 时理论极限进给速度 $v_z/(mm \cdot min^{-1})$	205.1	161.0	80.3

3.3.4　极限进给钻进试验

3.3.4.1　试验概述

经式(3.41)计算出的 v_z 为钻具在一定转速条件下的极限进给速度。这里需要强调的是,不同构型的钻头对钻具极限进给速度也有较大影响,本节试验中所采用的钻头构型为与钻杆一体的螺旋构型,该构型钻头的理论排屑能力远大于其后端钻杆的排屑能力,因此在钻杆极限进给过程中,钻头不会产生额外的阻塞负载影响试验结果。

图 3.22 所示为进行极限进给试验的月壤钻取测试平台,该平台的最大行程为 2.5 m。试验中钻进对象为颗粒粒度 0.01～1 mm 的玄武岩碎屑模拟月壤(GUG-1A)。该模拟月壤是由通过雷蒙粉碎的玄武岩火山渣制备,其天然密度约为 1.63 g/cm³,表 3.3 给出了模拟月壤与已知月壤机械物理性质对比。

在模拟月壤制备过程中,采用三维振动台振动压实,其多次制备均值密实度约为 100.32%。图 3.23(a) 所示为制备的模拟月壤,图 3.23(b) 为模拟月壤颗粒的显微照片,在微观尺度上其形态与 Apollo 17 月壤样品有很好的吻合。

图 3.22　多功能模拟月壤钻进采样平台

表 3.3   模拟月壤与月壤机械物理性质对比

参数	实际月壤	模拟月壤
粒度范围 /mm	<1	<1
密度 /(g·cm^{-3})	$1.3 \sim 2.29$	$1.393 \sim 2.315$
内摩擦角 /(°)	$30 \sim 50$	$33.6 \sim 41.5$
内聚力 /kPa	$<0.03 \sim 2.1$	$0.14 \sim 1.69$
压缩系数 /MPa^{-1}	<3	$0.01 \sim 1.19$

 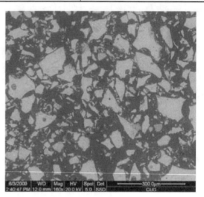

(a) 制备的模拟月壤   (b) 模拟月壤颗粒的显微照片

图 3.23   试验用模拟月壤及其显微照片

图 3.24 所示为试验中用到的不同升角的螺旋钻杆,除螺旋升角不同外,它们具有相同的结构参数,如螺旋翼高度,取芯直径、外径等。

图 3.24   试验中用到的不同升角的螺旋钻杆

当钻具的进给参数超过其许用地极限进给速度时会发生排屑阻塞,钻具的回钻扭矩会迅速上升,发生卡钻。

3.3.4.2　极限进给试验与排屑模型验证

图 3.25 所示为一组恒定转速、加速进给模拟月壤钻进试验负载图。该组试验中钻杆螺旋升角为 20°。在图 3.25(a) 所示试验中 0 ~ 30 s 阶段,钻具进给速度为 200 mm/min,在 30 ~ 60 s 阶段,钻具进给速度为 300 mm/min,在 60 ~

90 s 阶段,钻具进给速度为 400 mm/min。可以看到负载转矩曲线在 60 s 处发生突变,钻具发生阻塞。在进一步的试验中,在相同的试验工具和相同的试验对象情况下,对进给速度进行了进一步的细分。图 3.25(b) 中,在 0 ~ 20 s 阶段,钻具进给速度为 280 mm/min,20 ~ 40 s 阶段,钻具进给速度为 300 mm/min,在 40 ~ 60 s 阶段,钻具进给速度为 320 mm/min,在 60 ~ 80 s 阶段,钻具进给速度为 340 mm/min。可以看到负载扭矩曲线在 60 s 处发生突变,钻具发生阻塞,即钻杆在额定回钻速度 120 r/min 下的极限进给速度处于 320 ~ 340 mm/min 区间。

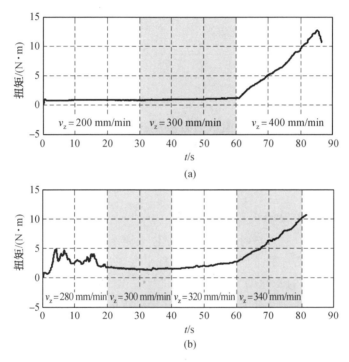

图 3.25　恒定转速、加速进给模拟月壤钻进试验负载图

研究中同样对螺旋升角为 15° 和 25° 的钻杆进行了极限进给试验。其中 15° 螺旋钻杆的极限进给速度范围为 220 ~ 240 mm/min,25° 钻杆的极限进给速度范围为 360 ~ 380 mm/min。图 3.26 所示为在该结构参数及回转速度条件下,钻杆螺旋升角从 10° 到 30° 变化时,钻具极限进给速度的理论模型计算数值曲线与试验结果的对比。由于土壤类物质具有混沌特性,随机性比较强,可以看到当排屑环境系数在 0.50 ~ 0.52 范围内变动时,理论模型与试验结果吻合较好。实际测试中,测定的模拟月壤与钻杆材料表面(20♯ 钢,轻度锈蚀)间的摩擦系数 $\tan \varphi_m \approx 0.30$,扰动模拟月壤与高密实度模拟月壤间摩擦系数 $\tan \varphi_s \approx 0.58$,计算值 $E_t \approx 0.517$。

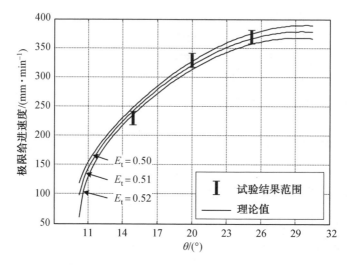

图 3.26　试验进给速度与理论进给速度对比

　　试验结果与模型间的差异除试验自身随机性影响外,还与土壤摩擦的非线性以及模型中所简化忽略的回转、天体重力、流动土壤内聚力等因素有关。

3.3.5　变进给试验案例分析

3.3.5.1　扭矩与钻压力的关系

　　当钻进对象为均质月壤时,钻头破坏原位土壤结合能的做功消耗很低,钻机的功率主要消耗于钻杆的排屑过程。在负载上变现为钻进回转扭矩主要集中于排屑扭矩,而进给力的变化随回转扭矩变化呈现出一定的规律。这一部分的研究是钻杆排屑模型的一个补充,关于钻压力与回转扭矩之间的复合关系的研究,在钻进控制,钻进对象识别领域有着重要的意义,是不同工况、不同钻进规程下钻进负载信息解耦的基础。下一小节的案例分析是本部分内容的应用,同时也从侧面验证月壤螺旋排屑模型以及钻杆优化的研究。

　　在接近理想排屑状态的条件下,钻压力变化量 ΔF_{WOB} 符合如下关系式:

$$\Delta F_{WOB} = 2\pi \tan \varphi_s \sin \alpha_t (R+d)^2 H\sigma_a^* \tag{3.44}$$

式中　　H——钻进深度,严格意义上讲是钻杆排屑槽包含月壤碎屑的区间长度;

　　　　σ_a^*——排屑槽内月壤的内部压应力,当钻杆整体出去理想排屑状态时,其值可求。

经转换,有

$$\frac{\Delta F_{WOB}}{T} = \tan \alpha_t, \quad \alpha_t = \arctan \frac{\Delta F_{WOB}}{T} \tag{3.45}$$

　　式(3.45)也给我们提供了一个通过钻压力与扭矩变化率估算月壤碎屑的排

屑角的简单方法。

3.3.5.2   变规程案例分析

（1）停止进给排屑卸载过程。

这里会介绍两组比较典型的变规程钻进试验，在实际工程实施过程中也有较大概率遇到相似的工况。第一组试验为钻具在一定深度下中止进给后的排屑卸载过程。使用的钻杆参数见表 3.4。试验中使用的钻头参数与钻杆相匹配，有关钻头的设计研究详见《月壤钻井排屑模型与曲面螺旋式取芯钻具研究》（赵德明）。

表 3.4   试验钻杆结构参数

结构参数	数值
螺旋升角 $\theta/(°)$	20
螺旋翼高度 d/mm	1.0
螺旋头数 n_s	3
螺距 h_s/mm	11.5
螺旋翼厚度 a_s/mm	1
当 $E_t = 0.517$ 时理论排屑角 $\alpha_t/(°)$	34

试验过程如下：钻具在 445 mm 深度时，停止进给，同时保持回转排屑，观测记录钻具的负载变化过程，该过程中钻具的回转转速为 100 r/min。图 3.27(a) 所示为一组停止进给排屑卸载过程的负载曲线。通过试验数据，利用式（3.8）可以计算出该卸载过程的排屑角为 36°。而对于该型钻杆在回转转速 100 r/min 下的理想排屑状态排理论屑角为 34°。对回钻扭矩进行线性化近似，利用近似后的数据通过理想排屑计算预测的钻压力曲线，如图 3.27(b) 中的 AB 段虚线。在该理想排屑状态下，容留在钻杆排屑槽内的月壤碎屑需要 112 s 排屑完毕。由图 3.27(b) 可见这一理论预测与试验数据有一定偏差，这是由于在钻具排屑临近结束的阶段，排屑槽内的月壤填充量降低，导致系统难以维持理想排屑状态，排屑效率有所下降。

（2）变进给试验。

第二组试验采用了两头 15° 钻杆，具体参数见表 3.5，试验模拟月壤对象与之前的钻进试验相同。

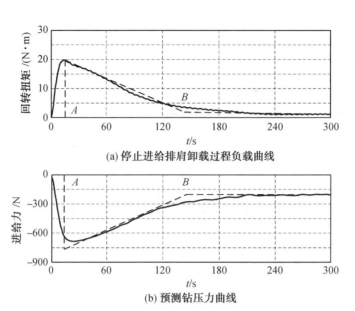

(a) 停止进给排屑卸载过程负载曲线

(b) 预测钻压力曲线

图 3.27   钻具在 445 mm 深度时排屑卸载试验

表 3.5   试验钻杆结构参数

结构参数	数值
螺旋升角 $\theta/(°)$	15
螺旋翼高度 d/mm	1.0
螺旋头数 n_s	2
螺距 h_s/mm	12.7
螺旋翼厚度 a_s/mm	1
当 $E_t = 0.517$ 时理论排屑角 $\alpha_t/(°)$	42

试验采用了比较复杂的钻进规程,总钻深为 1 480 mm,回转速度为 100 r/min,进给速度随时间变化见表 3.6。

表 3.6   进给速度随时间变化

时间 /s	0～50	50～120	120～180	180～240	240～300
进给速度 /(mm·min⁻¹)	0	330	0	310	0

图 3.28 所示为试验负载图,图 3.28(a) 中虚线为对试验扭矩数据进行线性化近似后的数据,图 3.28(b) 中虚线为根据图 3.28(a) 中线性近似后的回转扭矩变化数据,通过式(3.8)预测的进给力变化图。初始钻深为 790 mm,结束时钻深为 1 480 mm,全程进给 690 mm。

在图 3.28 中,AB 段是钻具在 790 mm 深度下停止进给卸载过程,B 点为卸载终点;在 BC 段,钻具处于空载阶段,进给力数值是由系统自身配重差引起的,约为 -80 N;在 CD 段,钻具继续进给,进给速度为 330 mm/s,处于钻具的极限进给速度附近,钻具扭矩快速上升,而钻具的进给力因驱动系统启动、钻头的支

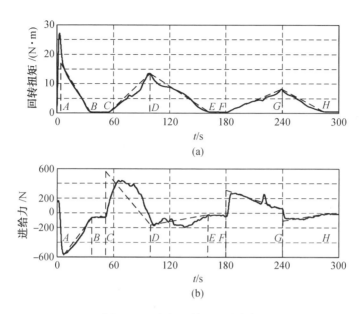

图 3.28　变规程钻进试验负载

反力等因素产生阶跃,伴随扭矩上升,进给力逐渐降低;在 DE 段,钻具再次停止进给,钻进再次卸载,并在 E 点再次清空排屑槽内的月壤碎屑;在 FG 段,钻具进给速度为310 mm/s,可见钻杆扭矩的变化率低于CD 阶段,同时进给力在 F 处发生了类似C 点的阶跃变化;在 GH 段,钻具再次卸载,卸载过程与 DE 段相似。

　　由以上两个分析案例可知,当钻进对象为均质模拟月壤时,可以通过排屑模型的衍生公式较为准确地解耦出钻具排屑过程中产生的钻压力与扭矩相关量。这一部分的成果可以为自动化钻进的在线辨识提供支撑。

3.4　钻头排屑构型设计

3.4.1　钻头功能分析与设计准则

　　为实现采样任务,月表次表层采样钻具应当在有限时间和能量供给条件下具备以下几个方面的能力:不依赖排屑介质并保证顺畅排屑;对临界尺度颗粒具有强适应性;在无冷却介质条件下,具备一定的岩石刺入能力;保证采样率及样品原态信息能力。

　　按功能结构分类,月表采样钻具的设计元素可以分成排屑通道、采样口结构及岩石破碎结构 3 个部分。其中排屑通道的设计主要影响钻具对月壤的排屑能力以及临界尺度颗粒的通过性。本节着重对钻具排屑构型进行设计分析,即钻具基体和排屑翼构型。在以上所列几点能力中,与钻头排屑构型设计直接相关的是前两项能力,本节还将对钻头的排屑能力和临界尺度颗粒适应性进行研究。

现有月球采样钻具基体以平面、浅锥及阶梯构型为主,排屑翼构型一般由切削刃分布决定,以直线构型为主。比较有代表性的有 Apollo 系列的平面基体直线切削刃构型和 Luna 系列的阶梯基体线性排列柱状切削刃构型。此外,在火星探测钻具设计中,也大多具有相似特征,例如,欧空局的 Exomars 系列采用浅锥基体直线排屑翼结构,NASA 和 JPL 合作研发的 MSR 系列钻具采用平面基体直线排屑结构。在以上多个系列的近地天体采样钻具大多是以岩石破碎为首要目标进行设计的,当钻进对象为月壤及临界尺度颗粒混合物时,存在钻进效率低下、容易发生卡钻的问题。图 3.29 所示为采样钻头组成结构及分类。

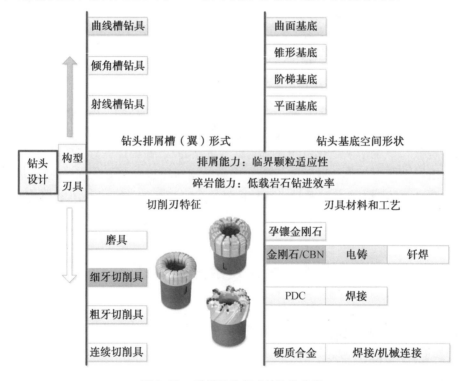

图 3.29　采样钻头组成结构及分类

钻头在目标月壤钻进区域去除材料的过程需要两个步骤来实现,首先破坏原位月壤/月岩的内部结合能,使其形成碎屑,之后通过钻具的排屑机制将碎屑运移出钻进区。在钻进过程中发生排屑不畅会导致回转转矩升高,进给失效。在地面地质钻进中通常采用水或者空气作为排屑的辅助介质,兼具冷却散热的作用。

由于受月球环境限制,月球次表层采样钻具的排屑过程难以引入介质辅助。月壤或月岩碎屑只能通过钻头排屑通道和包络原位月壤的差动及挤压作用排出钻头作用区域。因此钻头的排屑通道包络设计决定了这一排屑过程的能效,优化设计钻头的排屑通道构型是优化钻头性能的一个重要途径。

月壤中包含的尺度与钻头尺度相近的岩块,是钻头排屑的难点之一。该类岩块受自身尺度限制,其周围原位月壤为其提供的固持力不足以保证钻头对其实现稳定切削,在钻具钻进过程中容易发生随动。如果钻头的排屑通道设计无法疏导此类岩块,钻具负载将产生波动冲击,严重时可能破坏钻具机械结构,甚至引发卡钻。本节中定义此类尺度的岩块为临界尺度月壤颗粒,其尺度区间为 $h < d_p < 1/2 D_{drill}$。其中 h 为钻头排屑翼的高度,D_{drill} 为钻头外径。在月球次表层钻进采样活动中,钻头遭遇此类临界尺度岩块的概率远大于大尺度的月岩。钻头构型对此类对象的适应能力,也是钻头构型设计优化的重点之一。

3.4.2　排屑通道的定义与组成

在本节中,定义钻头的排屑通道由钻头基本几何体与翼状凸起共同包围构成。图 3.30 所示为一种典型的浅锥形基体与直线排屑翼组而成的排屑通道构型,其中箭头所示区域为钻头的排屑通道,箭头路径为期望的月壤排屑路径。对于部分钻头设计,钻头的排屑翼与切削刃为同一结构体,即切削刃同时起到排屑导向的作用。

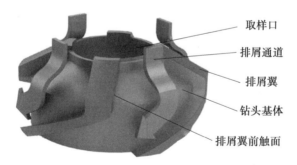

取样口

排屑通道

排屑翼

钻头基体

排屑翼前触面

图 3.30　钻头排屑构型基本要素示意图

伴随钻头回转钻进,钻头排屑翼前触面推动排屑通道内月壤与包围原位月壤产生滑移,从而实现排屑。图 3.31 所示为月壤在排屑通道内受力状态与排屑翼角度的关系。图中,AB 与 AB' 分别为不同翼倾角的排屑翼前触面。

图 3.31 中月壤碎屑受力的基本平衡关系可表示为

$$\cos \theta \cdot F + \sin \theta \cdot N = \cos \alpha_t \cdot F_{ss} \qquad (3.46)$$

式中　α_t ——钻头的排屑角,该角的定义为实际排屑方向与钻头回转线速度方向的夹角；

θ——钻头排屑翼倾角,该角度的定义为排屑翼所在直线与钻头回转线
速度方向间的夹角,当排屑翼为曲线时,其定义为排屑翼曲线在该
处的切线方向与钻头回转线速度方向间的夹角。

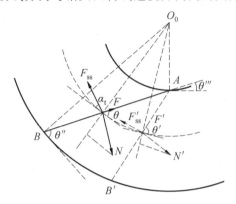

图 3.31   月壤在排屑通道受力状态与排屑翼角度的关系

通过图 3.31 可以看出,当排屑翼与钻头径向成一定角度时,月壤受向外侧滑
移力,角度越大,排屑滑移分力越大,AB 翼上的月壤排屑分力大于 AB 翼上的排
屑分力。对于直线排屑翼构型,月壤排屑翼与钻具径向之间角度随排屑位置距
离钻头回转轴线距离发生变化。图 3.31 中 $\theta''' < \theta''$,角度变化会导致直线排屑翼
钻具排屑通道的不同区域排屑能力存在差异。

另外,由于月壤流动性较差,排屑通道中的转折结构对排屑有较强的阻碍作
用,因此钻具基体构型采用曲面结构可以使排屑通道空间构型更加平滑。
图 3.32 所示为几种典型的钻头基体剖面结构示意图。图 3.32(a) 为平面基体,
图 3.32(b) 为阶梯基体,图 3.32(c) 为锥形基体,图 3.32(d) 为曲面基体。对于平
面基体钻头,其整体结构清晰简单,排屑翼和切削刃的分布容易设计,钻头的体
积小,当系统对钻头排屑能力要求较低时具有优势;阶梯基体钻头是平面基体构
型的一个变种,该种类型的基体在岩石钻削时具有更好的回转定心能力,同时由
于将排屑通道离散化,结合合理的排屑翼设计,其排屑效果也略优于平面基体钻
具;锥形基体构型也是平面基体构型的一个变种,在工程中通常呈现出浅锥形基
体结构,该结构牺牲了钻头尺寸,改善了平面基体钻头排屑通道的垂直转折结
构;曲面基体钻头仍处于发展过程中,现阶段广泛应用于石油和地质钻进领域,
该基体结构更符合流体力学要求,有利于排屑,同时也对排屑槽体设计以及切削
刃设计提出了更高的要求。曲面基体构型的界面形状有很多种,包括圆球面、椭
球面、抛物线面等,图示的界面形状为圆环面,该界面构型是考虑采样口尺寸后
以综合最小曲率和最小钻头厚度的优化结果。

(a) 平面基体　　(b) 阶梯基体　　(c) 锥形基体　　(d) 曲面基体

图 3.32　典型的钻头基体剖面结构示意图

3.4.3　排屑通道空间几何建模

钻头作为钻具执行末端,同时也是排屑的初始端,其最优排屑通道构型即是与钻杆排屑螺旋实现共体设计,即钻头排屑翼与钻杆螺旋翼共享几何参数,同时钻头基体与钻杆基体平滑过渡,借此实现月壤对象的低负载排屑。为实现以上的设计设想,钻头基体采用圆弧过渡,钻头螺旋翼设计为依附于圆弧曲面上的空间螺旋线。圆弧过渡的优点在于可以实现小曲率与小尺寸之间的平衡,该圆弧在空间上是一个以采样口所在圆柱上的一个截面圆为圆心轨迹的圆环面。图 3.33 所示为钻头基体示意图,图中 P_s 曲线为排屑翼曲线。

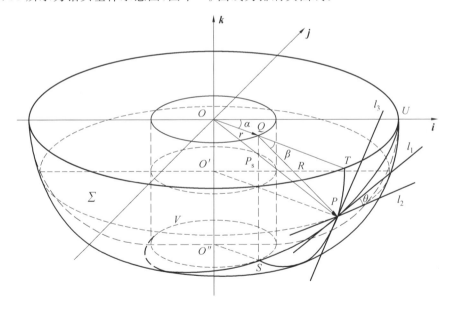

图 3.33　空间螺旋曲线几何模型图

如图 3.33 所示,Σ 曲面为基体圆环面圆心轨迹线在以 r 为半径的圆 O 上,圆环面的半径为 R,在图示坐标系内,其方程为

$$\begin{cases} \Sigma_i = (r + R\cos\beta)\cos\alpha \\ \Sigma_j = (r + R\cos\beta)\sin\alpha, & \alpha \in [0, 2\pi], \beta \in \left[-\dfrac{\pi}{2}, 0\right] \\ \Sigma_k = R\sin\beta \end{cases} \tag{3.47}$$

设计中保证螺旋翼的回转方向与螺旋翼前触面、在任意点处的切平面之间的角度及钻杆设计一致，该几何定义用参数微分方程表示为

$$R\mathrm{d}\beta = \tan\theta(r + R\cos\beta)\mathrm{d}\alpha, \quad \theta \in \left[\dfrac{\pi}{18}, \dfrac{\pi}{6}\right] \tag{3.48}$$

方程求解，将式(3.48)代入式(3.47)，对方程进行积分，当 $R \geqslant r$ 时，有

$$\alpha = \frac{Ra}{\tan\theta(R+r)} \ln \left| \frac{\tan\dfrac{\beta}{2} + a}{\tan\dfrac{\beta}{2} - a} \right| + C \tag{3.49}$$

其中

$$a = \sqrt{\frac{R+r}{R-r}} \tag{3.50}$$

当 $R = r$ 时，有

$$\alpha = \frac{\tan\dfrac{\beta}{2}}{\tan\theta} + C \tag{3.51}$$

当 $R < r$ 时，有

$$\alpha = \frac{2Rb}{\tan\theta(R+r)} \arctan\left(\frac{1}{b}\tan\frac{\beta}{2}\right) + C \tag{3.52}$$

其中

$$b = \sqrt{\frac{r+R}{r-R}} \tag{3.53}$$

则可以得到曲线方程(3.52)。

方程(3.52)中 $\beta \in \left[-\dfrac{\pi}{2}, 0\right]$。当方程参数取 $R = 8 \text{ mm}, r = 7.5 \text{ mm}, \theta = \dfrac{\pi}{12}$ 时，图 3.34 所示为其空间曲线图。钻头螺旋翼的设计重点是其与月壤直接作用实现排屑的前触面，该面的设计是一个以 P_s 曲线为母线且处处与基体曲面垂直的空间可展曲面。在由该曲面和基体确定的排屑通道内，钻头回转时，月壤碎屑的排屑差动受力状态与钻杆排屑槽内相同，同时这样的设计也可以方便加工工艺设计。图 3.35 所示为基于该曲线设计的曲面螺旋钻头三维模型图。

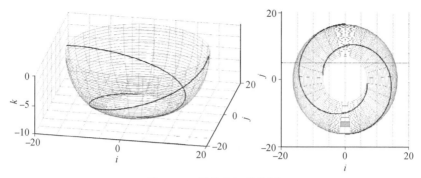

图 3.34   螺旋空间曲线图

图 3.35   曲线螺旋钻头三维模型图

$$
\begin{cases}
(r+R\cos\beta)\cos\left[\dfrac{R\sqrt{\dfrac{R+r}{R-r}}}{\tan\theta(R+r)}\ln\left|\dfrac{\tan\dfrac{\beta}{2}+\sqrt{\dfrac{R+r}{R-r}}}{\tan\dfrac{\beta}{2}-\sqrt{\dfrac{R+r}{R-r}}}\right|\right]\boldsymbol{i}+\\[4mm]
(r+R\cos\beta)\sin\left[\dfrac{R\sqrt{\dfrac{R+r}{R-r}}}{\tan\theta(R+r)}\ln\left|\dfrac{\tan\dfrac{\beta}{2}+\sqrt{\dfrac{R+r}{R-r}}}{\tan\dfrac{\beta}{2}-\sqrt{\dfrac{R+r}{R-r}}}\right|\right]\boldsymbol{j}+R\sin\beta\boldsymbol{k},\quad R>r\\[4mm]
(r+R\cos\beta)\cos\left[\dfrac{\tan\dfrac{\beta}{2}}{\tan\theta}\right]\boldsymbol{i}+(r+R\cos\beta)\sin\left[\dfrac{\tan\dfrac{\beta}{2}}{\tan\theta}\right]\boldsymbol{j}+R\sin\beta\boldsymbol{k},\quad R=r\\[4mm]
(r+R\cos\beta)\cos\left[\dfrac{2R\sqrt{\dfrac{r+R}{r-R}}}{\tan\theta(R+r)}\arctan\left(\sqrt{\dfrac{r-R}{r+R}}\tan\dfrac{\beta}{2}\right)\right]\boldsymbol{i}+\\[4mm]
(r+R\cos\beta)\sin\left[\dfrac{2R\sqrt{\dfrac{r+R}{r-R}}}{\tan\theta(R+r)}\arctan\left(\sqrt{\dfrac{r-R}{r+R}}\tan\dfrac{\beta}{2}\right)\right]\boldsymbol{j}+R\sin\beta\boldsymbol{k},\quad R<r
\end{cases}
$$

$$(3.54)$$

149

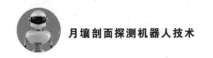

3.4.4 钻头排屑能力匹配计算

本节在3.4.3节所设计的钻头排屑通道基础上,对钻头的排屑能力进行建模计算,同时对比几类典型构型钻具的理论排屑能力。图3.36所示为钻头排屑通道中月壤碎屑排屑流动速度分解示意图,图中 v_{ta} 为钻头回转线速度;v_{pe} 为排屑流动中的有效速度部分,该速度方向为图3.33中曲线 ST 的切线方向;v_{ab} 为以地面静止坐标系为参考系的月壤碎屑排屑流动绝对速度;v_{sl} 为排屑流动相对钻头螺旋翼前接触面的滑移速度。

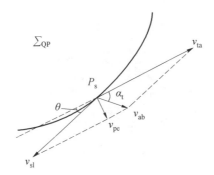

图3.36 钻头排屑通道中月壤碎屑排屑流动速度分解示意图

对于钻头区域,不同位置的排屑需求可以表达为

$$\Phi_{re} = V^* \pi \left[(R\cos\beta + d\cos\beta + r)^2 - r^2 K_{sample} \right] \tag{3.55}$$

式中 d—— 钻头螺旋排屑翼高度;

      V^*—— 钻头的理论极限进给速度。

而钻头在不同位置上的排屑能力可以表达为

$$\Phi = 2\pi K d\omega \left[(R+d)\cos\beta + r \right]^2 \Gamma \tag{3.56}$$

式中 ω—— 钻具的回转速率;

      K—— 修正系数,该系数包含因为钻头进给速度、月壤碎屑排屑速率分布不均等因素产生的计算误差的修正;

      Γ—— 钻头的排屑能力系数,其物理定义为 $\dfrac{v_{pe}}{v_{ta}}$,该系数与钻头的螺旋角有关。

联立式(3.55)和式(3.56)有

$$V^* = \frac{2K d\omega \left[(R+d)\cos\beta + r \right]^2 \Gamma}{(R\cos\beta + d\cos\beta + r)^2 - r^2 K_{sample}} \tag{3.57}$$

式中,关键参数 Γ 可由图3.36所示的速度分析得

$$\Gamma = \frac{v_{pe}}{v_{ta}} = \frac{\tan\theta \tan\alpha_t}{\tan\theta + \tan\alpha_t} \tag{3.58}$$

式中　α_t——月壤碎屑排屑角,该角度定义为月壤碎屑流动方向与钻头回转线
　　　　　速度方向间的夹角。

设 σ^* 为钻头排屑槽内土体围压,有

$$\tan \varphi_s \cos(\alpha_t + \theta)(h\sigma^* + hd\rho g_e \sin \beta)$$
$$= \tan \varphi_m(h\sigma^* - hd\rho g_e \sin \beta) + 2\tan \varphi_m d\sigma^* + hd\rho g_e \sin \theta \cos \beta \qquad (3.59)$$

式中　$\tan \varphi_s$——排屑区月壤碎屑与包围原位月壤间的当量摩擦系数;

　　　$\tan \varphi_m$——排屑区月壤碎屑与钻头基体间的当量摩擦系数;

　　　h——排屑槽宽度基值;

　　　g_e——重力加速度,这里的下标 e 是为了强调在计算中为了与试验相对
　　　　　应采用了地面加速度,而不是月面加速度。

联立上述公式,可以得到关于 Γ 的隐式方程,设 $\theta = \dfrac{\pi}{12}$,且已知

$$E_t = \frac{\tan \varphi_m}{\tan \varphi_s} \qquad (3.60)$$

为排屑环境系数,该数值可以通过月壤的摩擦试验测试获取,对于本节中所使用
的 HIT-LS1 模拟月壤,其测定值在 $0.49 \sim 0.54$ 之间,取 $E_t = 0.517$,对 Γ 进行求
解,Γ 在钻头排屑区不同位置的分布如图 3.37 所示。

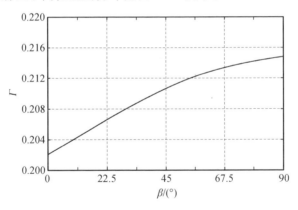

图 3.37　Γ 在钻头排屑区不同位置的分布

由以上建模计算可知,该螺旋构型钻头靠近采样口区域的计算排屑能力系
数要略大于其与钻杆连接区域。由于钻头与钻杆一体化设计,连接区排屑能力
即为钻杆的排屑能力。钻头的排屑能力系数极值约高于钻杆 7%,这种差异是由
重力与排屑方向的夹角变化产生的。当 θ 取值变化时,该趋势变化很小。

鉴于在钻头区域排屑流动存在的平衡关系,钻头前端的排屑需求远低于钻
杆区,因此在具体设计中,钻头顶端螺旋翼可以进行加厚,通过缩小排屑通道以
便于采样结构和岩石破碎结构的设计。

以上的钻头排屑分析是基于螺旋排屑模型的,对于其他排屑构型的钻具该理论不再适用。实事上对于平面基体、浅锥形基体及阶梯基体的钻头,其排屑过程依赖于钻头底部与钻杆螺旋槽内月壤碎屑的压力差来驱动月壤流动,对于不同构型的钻头,这种排屑过程不尽相同,难以量化分析。月壤作为粉体物质,兼具固体性与流体性,而因其形成机制及月面环境限制,月壤的流动性较差。通过定性分析可知,对于相同的基体构型,其排屑翼设计越倾向于利用结构分力实现排屑,则钻头的负载越低;对于相同排屑翼构型的钻具,其基体构型越有利于形成平滑的排屑通道,则其钻进负载越低。将排屑通道离散化,也可以有效避免月壤碎屑的堆积堵塞,典型的设计方法是将钻具基体构型阶梯化。

另外,为验证曲面螺旋构型钻具设计在月壤钻取中的优势,团队进行了两个系列的试验和仿真。第一系列试验对象为均质月壤,测试了多种构型钻头的负载特性。第一系列试验对应的仿真针对试验中的典型构型钻头设计,分析了月壤在排屑槽内的流动状态,包含流线及流速分布分析,在细观尺度上辅证试验的结果。第二系列试验将试验对象扩展到临界尺度混合模拟月壤对象。在试验中采用了放大相似钻头来提高负载辨识性。第二系列试验辅以的离散元仿真从细观角度分析了临界尺度颗粒在不同够细排屑槽内的运移过程,钻具在遭遇临界尺度颗粒发生负载升高时的卸载机理。

3.4.5 相似构型钻具对比分析试验

3.4.5.1 试验简介与设计

钻头排屑能力很难通过试验直接进行量化比较与表达。而钻头的排屑能力直接影响钻具负载,此外,降低钻具负载也是钻具设计优化的显性目标。因此,本节将选取钻具负载作为钻头排屑能力测试试验的评价指标。

本节所说的钻头负载特指在一定的钻进规程及特定钻进对象条件下钻头的钻压力与回转扭矩。钻具在进行月壤物质钻进时,其钻进扭矩主要由以下3部分组成:钻头机械结构与土壤的摩擦力;钻头区月壤碎屑堆积压导致的其与原位月壤间的摩擦力;钻头切削刃或磨削刃破碎原位月壤结合能时做功扭矩,这部分负载在月壤钻进中处于可以忽略的次要部分,但在岩石钻进中占主要部分。钻头的进给力主要由以下两个部分组成,钻头排屑区月壤堆积压产生的支反力和钻头切削刃或磨削刃压入原位月壤时所需的压力,后一部分进给力成分在岩石钻进中占主体。

在月壤钻削过程中,如果发生钻头前端排屑不畅的情况,钻头的扭矩和钻压力会随土壤碎屑内压升高而迅速上升,甚至发生堵钻现象。这也是钻头排屑通道构型优化设计所要避免的状态。在土壤钻进中为破坏原位月壤结合能所产生的负载比重很小。本试验的目标即是测试钻具构型变化对其负载的影响，进而评价不同钻具排屑通道构型的排屑能力。为了提高构型因素对钻具负载影响的分辨率，在钻具构型验证试验中引入了放大尺度钻具，相比于工程中钻具尺寸，钻具放大率为 $\frac{8}{3}$。当试验对象为土壤类物质时，钻具负载中切削项占比很小。

对于负载中的积屑项，该负载主要由摩擦产生，负载大小与接触截面面积成正比，当钻具尺寸放大率为 $\frac{8}{3}$ 时，负载变化比率为尺寸比率平方约为 $\frac{7}{1}$。这个估计数值与试验结果相吻合。 表 3.7 为在放大钻具钻进规程为 60 r/min、80 mm/min，常尺寸钻具钻进规程为 100 r/min、100 mm/min 时的负载对比，该数值剔除了钻杆排屑引起的扭矩项。

表 3.7　放大钻具与常尺寸钻具负载对比

参数	放大钻具	常尺寸钻具
均值扭矩 /(N·m)	$5 \sim 8$	$1 \sim 1.5$
均值钻压力 /N	$60 \sim 90$	$10 \sim 20$

多构型放大钻头负载比对试验对象为采用震动压实方法制备的模拟月壤，该模拟月壤相对密实度的抽样测定值约为 97%，这与距离月球表面 600 mm 以下的原位月壤密实度相接近。图 3.38 所示为试验用模拟月壤钻进试验平台及钻具的安装状态和模拟月壤桶的试验平台。

(a) 试验平台　　　(b) 钻头及钻杆的安装状态　　　(c) 模拟月壤桶

图 3.38　模拟月壤钻进试验平台及钻具的安装状态和模拟月壤桶

多构型钻头负载比对试验中设计 3 个系列钻头构型，分别测试了排屑翼角度及基体形状对其排屑能力的影响。3 个系列钻进试验统一采用回转速率为 60 r/min、进给速度为 100 mm/min 的钻进规程。

3.4.5.2 平面基体结构钻具对比试验

第一系列试验采用了平面基体构型的一系列放大钻具,各钻具排屑翼与径向方向夹角分别为 0°、30°、60°、90°,另外还引入了一组平面基体螺旋排屑翼钻具进行比对,如图 3.39 所示,图中分别对各个钻头进行编号。翼倾角为 0° 的钻头编号为 P00,翼倾角为 30° 的钻头编号为 P30,翼倾角为 60° 的钻头编号为 P60,翼倾角为 90° 的钻头编号为 P90,平面基体螺旋翼钻头编号为 PH。

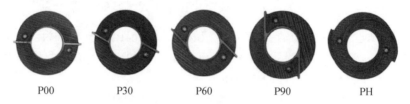

| P00 | P30 | P60 | P90 | PH |

图 3.39 平面基体构型钻头系列

平面构型钻头系列试验负载曲线如图 3.40 所示。由图可以看出,钻头负载总体上随排屑翼角度的增加无明显趋势,当螺旋翼采用平面基体螺旋结构时,其负载有降低,但不够明显,在结果上这与钻头排屑受力分析的期望结果不相符。

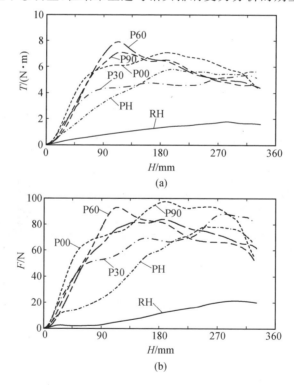

图 3.40 平面构型钻头系列试验负载曲线

这是由于当钻头基体构型为平面结构时,对排屑起到阻碍作用的主体是钻头与钻杆间连接的过渡转折角。钻头产生的碎屑需要通过钻头前端土压力堆积挤压发生流动,通过该转角。排屑翼结构在没有合理的钻头基体构型辅助时,其排屑能力提升效果不明显。为比较方便,图示中还增加了 RH 构型钻头的负载曲线,RH 构型钻头是指前述曲面基体螺旋钻头。

3.4.5.3　直线排屑翼多基体构型钻具对比试验

第二系列试验采用了不同基体结构的直排屑翼构型钻具,基体形状包含平面结构、锥面结构、阶梯结构和球环结构。由于钻头构型是一个复杂的参数系统,本节的构型比对试验以定性研究为主。在具有代表性的结构参数下,测试钻头基体形状对其排屑负载影响的一般规律。图 3.41 所示为试验中引入的几种钻头。平面基体构型的编号为 PS,阶梯基体直线排屑翼钻头的编号为 LS,锥形基体直线排屑翼钻头的编号为 CS,球形基体直线排屑翼钻头的编号为 RS。

PS　　　　　LS　　　　　CS　　　　　RS

图 3.41　变基体构型直排屑翼钻头系列

图 3.42 所示为第二系列直排屑翼变基体构型试验的负载比较图。由图示曲线可以看到,钻头的负载总体呈现出曲面直排屑翼钻头负载与阶梯直排屑翼钻头负载相似,并明显小于锥形直排屑翼钻头负载和平面直排屑翼钻头负载的趋势,锥形直排屑翼钻头负载和平面直排屑翼钻头负载相近。可见,钻头的基体构型对其排屑能力的影响要大于其对排屑翼构型的影响。

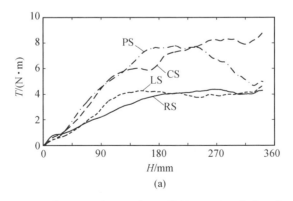

(a)

图 3.42　第二系列直排屑翼变基体构型试验的负载比较图

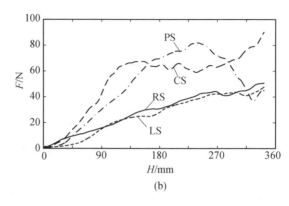

(b)

续图 3.42

3.4.5.4　曲线排屑翼多基体构型钻具对比试验

第三系列试验对前两组试验构型进行了整合。采用的钻具构型为螺旋翼附加不同基体的构型组合,如图 3.43 所示。其中阶梯基体螺旋排屑翼构型钻头的编号为 LH,锥形基体螺旋排屑翼构型钻头的编号为 CH。

PH　　　　　　LH　　　　　　CH　　　　　　RH

图 3.43　变基体构型螺旋排屑翼钻头系列

当排屑结构为螺旋形时,其负载曲线如图 3.44 所示,各构型钻头负载由小到大依次为曲面螺旋翼钻头(RH)、阶梯螺旋翼钻头(LH)、锥形螺旋翼钻头(CH)和平面螺旋翼钻头(PH)。其中平面螺旋翼钻头的负载与锥形螺旋翼钻头的负载相近,曲面螺旋翼构型钻头钻进负载优势明显。

从以上几组试验结果可以看出,曲面螺旋钻具平均负载为其他构型钻具负载的 30% ~ 45%。综合分析图 3.42 与图 3.44 中的负载数据,在负载表现上仅次于曲面螺旋构型钻头的钻头构型为阶梯螺旋排屑翼构型钻头和阶梯直线排屑翼构型钻头,且两者差别不大。通过定性分析可以得到以下论断:对于以阶梯基体构型为代表的将排屑通道离散化的处理方法可以有效降低钻头的排土负载,但由于排屑通道处于断续状态,排屑翼构型对钻头的负载影响较小。

这里需要指出的是,钻头负载测试试验的试验数据同钻杆极限进给测试试验的试验数据在数据稳定性上有很大的差异。钻杆极限进给试验钻杆负载相比之下容易预测并且稳定,而钻头在试验中负载表现则不够稳定。这样的差异是由两者排屑机理以及试验钻进规程区间不同导致的。RH 构型钻头的负载曲线

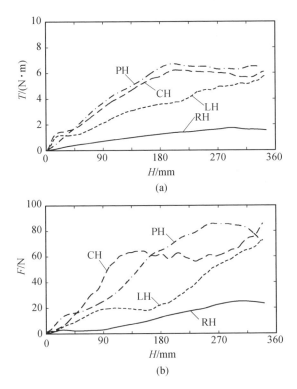

图 3.44　变基体构型螺旋排屑翼钻头系列试验负载曲线

相比于其他构型钻头更加稳定,这是因为其他构型钻头的排屑过程依赖钻头前端月壤碎屑堆积挤压作用,RH 钻头的排屑机理与钻杆的排屑机理相似,符合排屑模型的预测。另一方面原因是在钻杆排屑试验中,为了让钻杆排屑过程符合理想螺旋排屑条件,钻具在钻进规程上选取了靠近钻杆排屑能力极限的规程区间,在该区间内钻杆的排屑状态易于预测。而钻头负载测试中则没有这样的需求,由于不同构型钻头的排屑机理不同,很难设定某个临界钻进规程区间同时满足多构型钻头的试验要求。因此在钻头试验负载的钻进规程制定上,综合考虑钻头尺度变化和试验设备负载承载能力限制,选取了 60 r/min、100 mm/min 的中间规程,在该规程下部分构型钻具的负载存在一定的不稳定性。

3.4.6　钻具构型对排屑能力影响的 DEM 分析

前面通过多构型钻头的试验负载评估了钻头排屑通道构型对钻头排屑负载的影响,并做了定性比较与分析。本节利用离散元仿真方法对月壤颗粒在不同钻头排屑通道内流动状态及应力状态进行分析,在细观尺度上揭示排屑通道构型对钻具排屑负载影响的机理。

由于钻头与原位月壤作用包含破碎和排屑两个过程,本仿真的离散元颗粒接触模型选用了 PB 模型以模拟原位月壤颗粒间的黏连关系。试验中使用的钻具模型外径尺寸与探月采样工程背景中的钻具外径尺寸相同。

本仿真共分为 3 组,分别选取了相似构型钻具钻进试验中的几个代表构型进行分析。第一组是平面基体钻头中排屑翼形状对排屑的影响分析,选用了 P90、P00 和 PH 3 种代表构型钻头。图 3.45 所示为颗粒压力分布及颗粒在钻头排屑通道内的流线图。

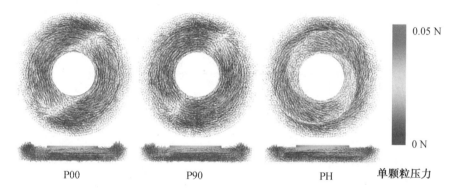

图 3.45　颗粒压力分布及颗粒在钻头排屑通道内的流线图(彩图见附录)

由图 3.45 可以看出,由于受基体构型限制,排屑翼角度对钻头整体排屑负载影响不大,产生负载的原因在于底部月壤碎屑在钻头结构转折处发生阻塞所制,这种堵塞作用抵消了排屑翼构型对排屑过程的影响。在横向比较中螺旋排屑翼结构钻头可以分散压力集中,提升钻头进给的稳定性。

第二组仿真试验重点分析了在以阶梯基体构型为代表的钻具构型设计中,离散基体结构对排屑的促进作用,分别选用了 LS 和 LH 两种构型钻头进行仿真。图 3.46 所示为钻头排屑通道内颗粒压力分布及排屑流线图。

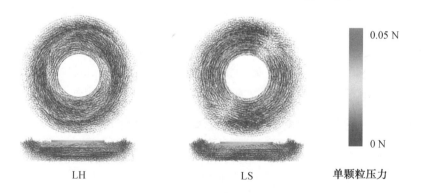

图 3.46　钻头排屑通道内颗粒压力分布及排屑流线图(彩图见附录)

由图 3.46 可以看出,在以阶梯基体构型为基础的两类钻头中,螺旋排屑翼构型对钻具排屑压力分布的影响大于平面基体钻头。螺旋排屑翼可以分散压力集中减轻阻塞。对平面基体构型钻头与阶梯基体构型钻头进行比较,阶梯基体钻头的负载明显低于平面构型。从图 3.45 与图 3.46 中 P90 及 LS 两种钻头的排屑压力分布侧向视图可以看出,阶梯基体及离散化的排屑翼改变了排屑通道构型,改善了颗粒内部压力集中的状况,同时降低了钻头底部颗粒向侧向运移的总体负载。这也与相似构型钻具中观测到的试验现象相吻合。

第三组仿真试验重点分析了 RH 构型钻头的排屑过程,并选取了 LH 与 PH 两种典型构型钻头进行比较。图 3.47 所示为 3 类钻具排屑通道内颗粒压力分布及颗粒流线图。

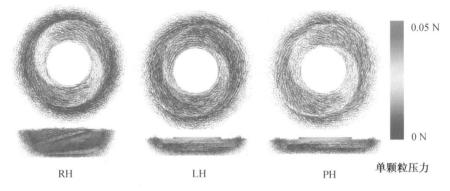

图 3.47　螺旋排屑翼钻头排屑流线及压力分布(彩图见附录)

图 3.47 中,RH 构型钻头的排屑通道内颗粒排屑畅通,没有发生压力集中现象,同时颗粒的流线呈有规律的发散状,排屑方向与排屑模型计算相吻合。基体构型与排屑翼构型在 RH 构型钻头中得到了良性结合,彼此互为促进。上一组仿真分析中讨论了 LS 和 P90 两类钻头负载的区别,比较了 LH 和 PH 两种钻头的负载状态,其结论与之前的分析类似,排屑翼构型的设计需要结合基体设计来完成,螺旋排屑翼在阶梯基体上的排屑表现远优于在平面基体上的排屑表现。

以上 3 组仿真的结果定性分析了不同钻头排屑通道构型对钻头排屑的影响,从细观角度模拟了排屑流线及颗粒在排屑槽内的压力分布。钻头基体构型对于排屑的影响要大于排屑翼构型,平面基体对于排屑的阻碍作用尤其明显。改进基体构型与改进螺旋翼构型组合后,钻头排屑能力可以得到有效提升,RH 构型钻头排屑能力优异。

第 4 章

月岩钻进技术

月 表及其风化层中留存了大量的块状月球岩石、玄武岩等坚硬的月岩,这对钻进机构的突破能力提出更高需求。本章主要介绍月岩单刃切削负载建模及试验,模拟月岩切削破碎行为数值模拟,低作用力高效能模拟月岩钻进取芯钻头设计,模拟月岩冲击钻进负载特性研究等。

4.1　概述

由于在月球的演进过程中,常伴随月球火山喷发和地外陨石撞击,因此在月表及其风化层中留存了大量的块状月球岩石,简称月岩。这因此月壤剖面探测器需要在有限的作用力条件下具备高效能突破月岩的能力。以我国月球采样返回任务为例,月岩的存在对钻取采样机构的钻进能力和钻进效能提出了更高需求。其中,钻进能力主要体现在月面环境下,利用探测器给定的有限能力,取芯钻头对可钻性等级不低于Ⅵ级岩石的钻进突破能力,以及对非确知月壤的适应能力和取芯能力;而钻进效能是指钻进突破月岩功能的实现程度,以及突破月岩所需的综合代价。受月球重力环境、探测器轻量化设计需求的影响,钻取采样机构能提供的用于破碎月岩的作用力有限。此外,受真空环境、辅助排屑介质以及返回时间窗口的限制,月岩钻进过程中既缺少用于散热的空气对流,又没有充足的热传导时间,散热环境十分恶劣。可见,针对月岩钻进过程,合理设计取芯钻头构型、匹配合适的钻进规程,是有效控制月岩破碎负载,从根本上降低钻进温升,实现低作用力条件下的高效能钻进的可靠途径之一。本章以月岩钻进破碎为主线,介绍面向低作用力高效能钻进的月岩钻进特性研究及取芯钻头设计。

4.2　月岩单刃切削负载建模及试验

4.2.1　月岩及模拟月岩力学特性分析

4.2.1.1　月岩的性质及其可钻性等级

月球表面及其风化层广泛分布着尺度较大的块状岩石,这些月岩主要来自两个方面:火山喷射作用后的熔岩凝结,在月海地区广泛覆盖的玄武岩熔岩与地球熔岩的形成过程大体相同,都是由星球深处熔岩喷射至星球表面所致;地外陨石撞击后形成的月岩碎块,由于在月球的形成过程中,多次遭受地外陨石的冲击,月球母岩在这些陨石冲击作用下将产生进一步粉碎、挤压甚至熔融,最终形成残留在月表风化层中的角砾岩。不论哪种类型的月岩都不是完全相同的,它们在矿物组成、矿物类别及化学组成方面都有很大的差异,正是由于月岩存在这些差异,使得我们可在其中探寻到月球起源及其发展过程的线索。Apollo 16 探测计划、CE-3 探测任务中拍摄的月球高地和月海表面的岩石照片如图 4.1 所示。

(a) 月球高地 (Apollo 16探测计划)   (b) 月海 (CE-3探测任务)

图 4.1   月球探测任务中拍到的月面图像

根据月岩的形成过程及分布形态,可将月岩分成如下几类:玄武质火山岩,包括熔岩流和火山碎屑(火山灰)的岩石;月球高地的原始月岩,即因外界撞击而从高地岩石破碎并保留原始月球成分的月岩;复矿角砾岩,由陨石撞击旧岩体所形成的冲击熔岩。月球岩石样本如图 4.2 所示。

(a) 多孔玄武岩   (b) 斜长岩石

(c) 克里普岩 (KREEP)   (d) 角砾岩 (Apollo-16 采回)

图 4.2   月球岩石样本

所有这些岩石都是原始火成岩,由熔融的岩浆冷却后形成。这些岩石多由以下几个矿物组成:辉石、橄榄石、斜长石、钛铁矿和硅石矿(鳞石英或方石英)。月岩的熔化和随后的冷却是在不同时间和不同地点产生的,早期月岩主要形成在月球高地地区,它们随着在月球的形成而形成,这些月岩多为浅色并富含铝矿,而后期因内部熔化以及火山喷发而形成的深色熔岩流多覆盖在月海地区。在美国和苏联采样返回的月球样品中,部分样品为原始月岩,这些岩石未受陨石撞击而发生明显的属性变化。然而,大多数月岩受到了陨石撞击的影响而粉碎、碾碎、熔融及混合,很难将其与原始月岩进行明确区分。

　　(1)月海玄武熔岩及相关的火山岩。

　　月海玄武熔岩的形成过程与地球熔岩相似,由月球内部深 $100 \sim 400$ km 处的熔岩喷射至月球表面并冷却而形成。喷射至月球表面的火山岩类型主要有:月球熔岩流(从裂缝中喷发至月球表面),由于月球玄武岩相比地球岩石而言富含更多的铁和少量的硅及铝,熔岩流呈现液态,因此在月球表面形成薄而广泛的流体,这些熔岩因单个流体的厚度不同以不同的速率凝结,从而形成各式各样的矿物纹理,并在月海地区逐渐堆积而形成厚厚的岩层;火山碎屑沉积(火山灰),包含气体的上升岩浆到达月球表面后突然爆炸释放,伴随玄武岩爆发熔滴喷射,最终形成小块玻璃体,这些玻璃体因低重力环境喷射到真空中,这些火山碎屑沉积与地面覆盖火山灰极其相似,从 Apollo 15 和 Apollo 17 观测到的橙色月壤和绿色玻璃体都属于月球火山碎屑岩,在环月轨道拍摄到的月面图像中可看到有大量的深色覆盖沉积区域环绕在火山口周围,这些区域很有可能就是火山碎屑沉积区。月球表面玄武岩分布图如图 4.3 所示。

(a) 月球正面玄武岩分布　　　　　(b) 月球背面玄武岩分布

图 4.3　月球表面玄武岩分布图(红色区域)(彩图见附录)

　　(2)原始高地岩石。

　　从月球高地获得的不同类型月岩中,部分月岩来自 43 亿～46 亿年前形成的原始月壳,这些岩石的化学成分表明,此期间在月球最外层发生了大量熔化,形成覆盖月球的岩浆海。这些岩浆海与月球形成历史紧密相关,当岩浆海冷却并凝结后,发生晶体物理分离(低密度斜长石的浮动),从而产生原始月壳。这些月壳在形成后便被长时间、猛烈的陨石撞击所覆盖。非玄武岩的原始月岩是十分罕见的,它们蕴藏了可用于研究月球起源及其早期形成历史的大量线索,然而如何区分原始高地岩石和陨石撞击岩石是地质研究者面临的一个难题。原始高地岩石可分为如下几类:含铁斜长岩,这些岩体多为浅色,富含钙和铝,大部分由斜长石组成,其次还有富含铁的辉石和橄榄石,这些斜长岩极有可能是悬浮在岩浆海区域的斜长石产物;富镁岩石,该类岩石种类多样,包括由辉石和斜长石组成的辉长岩与苏长岩,富含橄榄石和斜长石的橄长岩,几乎由纯橄榄石构成的橄榄岩,这些富镁岩石可能形成在岩浆海凝结后;克里普岩(KREEP)相比于大多数月岩而言,高度富含钾(K)、稀土元素(REE)和磷(P),一些已知的克里普岩是玄武岩熔岩,形成时间比月海玄武岩更久远,并广泛出现在月海盆地,由于其独特的化学性质,仅需很小的化学计量,克里普岩便可在众多角砾岩中被有效识别。

(3) 角砾岩。

从 Apollo 采样任务带回的角砾岩样品很好地证明了月球表面长期遭受陨石轰击的事实,这些角砾岩正是由于不断的陨石轰击而形成的。角砾岩是由离散岩体、矿物及玻璃碎片组成的复杂岩石,其中个别碎屑可能表征着月球基岩、旧角砾岩及冲击熔岩的不同组成与形成时间。该类岩石可进行如下分类:单矿物角砾岩,属于高度粉碎的月球基岩,所有碎屑中均来自同一岩石种类,这些岩块未与其他的岩石混合,从而保存了原始的岩石纹理特性;多矿物角砾岩,最普通的月球角砾岩,由不同的岩石种类组成,如各种类型的月球基岩、早期的角砾岩以及冲击熔岩。

由上述月岩的组成成分可知,虽然月岩同样为矿物岩石,但因其形成过程与地质岩石相差较大,在地面环境中找出一种与月岩在矿物组成、元素含量、物理特性等方面均一致的岩石是不现实的。此外,本研究的核心问题是如何在给定的钻进动力范围内,尽可能高效地突破月岩,而钻进效率与岩石的力学特性密切相关。受月岩样本限制,迄今仍无法获得较为详尽的月岩力学特性指标。因此,借助地质岩石可钻性分级方法,根据月岩的岩性,将其力学特性与模糊评价的可钻性等级进行对应,反映岩石钻进的难易程度。再根据与月岩对应的可钻性等级选择地质岩石作为模拟月岩,建立模拟月岩与月岩在钻进能力上的相似性。根据《岩石可钻性测定及分级方法》(SY/T 5426—2000),可将月岩(玄武岩质)的可钻性等级定为Ⅵ～Ⅶ级,见表4.1。可钻性在Ⅲ～Ⅷ级之间的典型地质岩石样本如图4.4所示。

表 4.1   地面岩石可钻性等级划分

序号	可钻性级别	岩石举例
1	I ~ IV	硬化的黏土、碎石质土壤、松散可塑性岩层、粉砂质泥岩、碳质页岩及粉砂岩
2	V	橄榄大理岩、硅化粉砂岩、碳质硅页岩、砂质页岩、灰岩及角砾岩
3	VI	玄武岩、角砾岩、白云石大理岩及石英大理岩
4	VII	斜长岩、玄武岩及斜长岩
5	VIII	花岗岩及闪长岩
6	IX	橄榄岩及斜长闪长岩
7	X	硅化大理岩、石英岩及斜长岩
8	XI	凝灰岩及石英角岩
9	XII	纯石英岩

(a) 碳质页岩 (III~IV级)　　　(b) 白云石大理岩 (VI级)　　　(c) 花岗岩 (VIII级)

图 4.4   地质类岩石样本

4.2.1.2   月岩钻进特性影响因素分析

与地质勘探相比,月面钻进在温度环境、重力环境、大气环境等诸多方面均存在较大差异,这不仅凸显了钻进破碎月岩过程的热安全性和负载安全性问题,更对月岩取芯钻头的设计与利用提出更高要求。月岩钻进特性影响因素分析如图 4.5 所示。

在热安全性方面,岩石在钻进破碎过程中需要较大的作用载荷,且摩擦负载所占比重较高,随着钻进时间累积,钻头表面的温度会逐渐上升,若温度过高会导致烧钻。由于月球表面缺少大气介质,几乎为绝对真空状态,热量无法通过大气进行对流散热。另外,月面条件下缺少辅助排屑介质,仅能由切削破碎产生的岩屑颗粒进行传导散热,散热条件十分有限。受返回时间窗口的限制,月面采样全流程作业时间需限制在 2 h 左右,可用于月岩钻进破碎的时间不超过 20 min,钻进效率不能过低,这使得用于传导散热的时间有限,增加了钻进过程的热危险因素。在负载安全性方面,我国月面采样返回任务为接触式着陆探测,受火箭运载能力的限制,探测器系统需要进行轻量化设计,加之月面重力加速度仅为地球

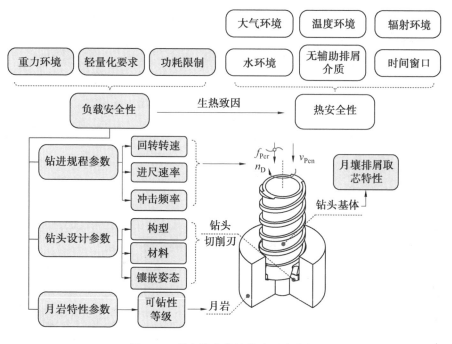

图 4.5　月岩钻进特性影响因素分析

的 $\dfrac{1}{6}$，这严重限制了钻头处的额定钻进负载，若钻压力超限会使探测器倾覆。在月岩钻进过程中，钻压力是钻具温升的主控性、根本性因素，实现低钻压力条件下的高效钻进，既能实现岩石钻进目标，也能将钻具温升控制在安全阈值内。因此本章重点针对影响月岩取芯钻头钻进负载特性的因素（钻压力和回转转矩）进行分析。

　　影响月岩钻进负载安全性的主要因素有月岩特性参数、钻头设计参数及钻进规程参数。由月岩物理性质分析可知，月岩特性参数与岩石的可钻性等级关系密切。此外，在月岩钻进过程中，用于破碎岩石的主要结构组件为钻头切削刃，因此，需要根据月岩的钻进特性设计钻头切削刃的构型、材料及镶嵌姿态，控制月岩钻进负载不超过限定载荷。而当月岩取芯钻头构型确定后，如何匹配合适的钻进规程参数便成为控制月岩钻进负载的唯一途径，需要开展不同钻进规程参数下的月岩钻进特性分析，实现对钻头的回转转速、进给速度及冲击频率的高效利用。

4.2.1.3　模拟月岩甄选及其力学特性分析

　　甄选模拟月岩时主要考虑两个因素：① 可钻性等级，模拟月岩的可钻性等级不能低于月岩在地面可钻性等级分类指标中的最低标准；② 均质性和试验重复性,在地质岩石(玄武岩、花岗岩等)中均富含大量的长石、石英等杂质,这将严重影响岩石的均一性,使得重复试验过程中的试验数据偏差较大,因此在进行钻进规程或钻头参数对比试验时,无法判断钻进负载的变化是来自试验变量还是钻进对象。因此,需要选择一种可钻性等级在 Ⅵ 级以上、质地较为均一的岩石作为模拟月岩,用于开展地面钻进负载特性试验。由于白云石大理岩质地相对均一,且可钻性为 Ⅵ 级,属于较具有代表性的硬岩,因此将大理岩作为模拟月岩样本进行力学特性试验和地面钻进负载试验。

单轴抗压强度是岩石最基本的力学特性指标,能够有效反映岩石的可钻性等级。岩石的单轴抗压强度是当无侧限试样在纵向压力作用下出现压缩破坏时,单位面积上所承受的载荷,即试样破坏时的最大载荷与垂直于加载方向的截面面积之比,单轴抗压强度 σ_c 满足

$$\sigma_c = \frac{F_{max}}{A_{Rock}} \tag{4.1}$$

式中　F_{max}——最大破坏载荷,N;

$\quad\quad A_{Rock}$——垂直于加载方向的试样横截面面积,m^2。

首先,制备 5 个标准尺寸为 $\phi 50\ mm \times (100 \pm 0.3)\ mm$ 的大理岩岩心样本,利用 YA－2000B 岩石单轴抗压强度试验机对岩心样本缓慢轴向加压,避免在样本端部出现冲击载荷,影响测量的准确度。通过监测试验中的压力变化可得到岩石应力－应变曲线,图 4.6(a)为试样 2 的应力－应变曲线,压碎后的模拟月岩试样如图 4.6(b)所示,通过求解岩石加载斜率可获得模拟月岩弹性模量,见表 4.2。

由格里菲斯强度理论可知,岩石在三轴压缩状态下满足如下条件:

$$\begin{cases} \sigma_3 = -\sigma_t, & \sigma_1 + 3\sigma_3 < 0 \\ \dfrac{(\sigma_1 - \sigma_3)^2}{\sigma_1 + \sigma_3} = 8\sigma_t, & \sigma_1 + 3\sigma_3 > 0 \end{cases} \tag{4.2}$$

式中　σ_1——岩石轴向压力(第一主应力),Pa;

$\quad\quad \sigma_3$——岩石围压(第三主应力),Pa;

$\quad\quad \sigma_t$——岩石抗拉强度,Pa。

由式(4.2)可知,当作用在岩石顶部的应力为压应力,且岩石围压 $\sigma_3 = 0$ 时,若岩石发生断裂破碎,主应力 σ_1 即为单轴抗压强度 σ_c,此时应力条件依然满足 $\sigma_1 + 3\sigma_3 > 0$,则式(4.2)可写成

$$\frac{(\sigma_1 - \sigma_3)^2}{\sigma_1 + \sigma_3} = \sigma_1 = \sigma_c = 8\sigma_t \tag{4.3}$$

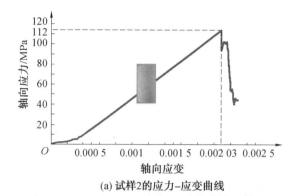

(a) 试样2的应力-应变曲线

(b) 压碎后的模拟月岩试样

图 4.6　模拟月岩(大理岩)单轴抗压强度试验

表 4.2　大理岩物理力学参数

模拟月岩试件	密度 /(kg·m⁻³)	抗压强度 /MPa	抗拉强度 /MPa	弹性模量 /GPa	泊松比
白云石大理岩	2 800	112	14.0	55.2	0.27

上述结论表明,根据格里菲斯强度理论,岩石的单轴抗压强度 σ_c 是抗拉强度 σ_t 的 8 倍。根据表 4.2 中的参数值,可绘制模拟月岩莫尔应力圆,如图 4.7 所示。

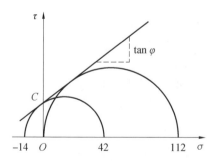

图 4.7　模拟月岩莫尔应力圆

由图 4.7 可求解模拟月岩内摩擦角 φ、内聚力 c 与抗压强度 σ_c、抗拉强度 σ_t 之间的解析关系模型,即

$$\begin{cases} c = \dfrac{\sigma_c \cdot \sigma_t}{2\sqrt{\sigma_t(\sigma_c - 3\sigma_t)}} \\[3mm] \tan\varphi = \dfrac{\sigma_c^2 - 4c^2}{4\sigma_c \cdot c} \end{cases} \tag{4.4}$$

将表 4.2 中的模拟月岩单轴抗压强度 σ_c 和抗拉强度 σ_t 值代入式(4.4)中,可得内聚力 c 和内摩擦角 φ 分别为 25.0 MPa、41.8°。

4.2.2　岩石钻进控制参数分析

在月岩钻进过程中,回转转速和进尺速率为控制参量,切削力和切压力(钻压力)是切削刃破碎岩石产生的钻进负载。同时,钻进负载又与每个切削刃的实际切削深度强相关,因此,在开展钻进负载特性分析前,需要明确钻进规程参数与单刃切削深度之间的关系,以在有限的力载条件下匹配合理的钻进参数,避免钻进过载。

在此引入进转比的概念,即钻头的单圈进尺量,如式(4.5)所示。由于钻进过程中钻头的回转转速 n_D 和进尺速率 v_{Pen} 均为稳定值,因此钻头的进转比 k_{PPR} 也可保持在稳定区间。

$$k_{PPR} = \frac{v_{Pen}}{n_D} \tag{4.5}$$

式中　v_{Pen}——钻头进尺速率,mm/min;

n_D——钻头回转转速,r/min;

k_{PPR}——速度控制模式下进转比,mm/r。

钻头在以恒进转比回转钻进过程中,每个切削刃均做螺旋下切运动,切削深度为 h_{Pen},进转比为 k_{PPR},如图 4.8(a)所示。在切削刃绕钻头回转中心切削一周后,若仍想按照原有进尺量切削,则进转比必与单刃切削深度相等,即满足式(4.6),单刃切削区域展开曲线如图 4.8(b)所示。

$$h_{Pen} = k_{PPR} \tag{4.6}$$

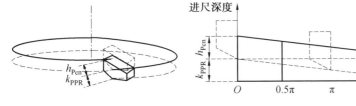

(a) 单刃切削轨迹　　　　　　　　(b) 单刃切削区域展开曲线

图 4.8　刃单切削圈切削岩石示意图

4.2.3　岩石正交切削破碎负载建模

岩石正交切削是指切削刃前刀面的法向向量与切削速度方向向量共面的切削过程。当钻进过程中遇到月岩时,为了保证钻进负载的安全性,应调整进转比,将岩石当量切削深度控制在小切削深度范畴(即钻头的当量刃齿切削深度控制精度为 10 μm),以确保钻进负载的稳定控制。

切削刃在切削月岩过程中,月岩的应力、应变时刻发生着细微复杂的变化,因此,整个切削过程仅能在宏观上给出相对准确的描述,如图 4.9 所示。在初始切削阶段,刃尖首先挤压月岩,从而使得月岩在切削刃尖端附近粉碎,形成一个压碎区域。随着切削进行,压碎区会不断被推进,并随着切削刃与月岩的相互作用力不断增加,压碎区内的岩屑被进一步挤密,形成密实核,且切削刃上的力通过刃尖前部的密实核传递母岩。此时,若密实核与母岩作用面较小,则原本被压碎的部分颗粒会通过切削刃与岩石之间的缝隙流出,导致切削力突然减小,不会使母岩形成较大断裂区;若密实核与母岩作用面较大,且周围的剪切应力超过月岩抗剪强度后,月岩中会出现裂纹,并随着切削的进行而产生裂纹扩展,形成月岩碎屑。在前几次切削过程中,月岩碎屑比较小,且每次脱落后切削力都会逐渐增加到一个峰值。随着破碎次数增加,密实核区累积较大后,切削力会达到最大值,并伴随着相对大的月岩碎屑脱落。在整个切削过程中,切削力呈现连续波动状态,且月岩碎屑的脱落与切削深度并没有必然联系,具有随机性。

图 4.9　月岩切削破碎过程示意图

根据上述月岩在切削过程中的破碎过程,若想将速度控制模式下月岩的回转钻进负载限制在可控范围内,需要对切削碎岩过程中的极限力载状态进行力学建模,分析切削刃与月岩在极限力载瞬时的相互作用机理,确定月岩切削的极限力载边界,保证月面深层钻取采样的可靠性。据此,在单刃切削破碎模拟月岩正交力学模型(图 4.10)中做出以下假设:假设模拟月岩在切削载荷作用下沿斜面 BO 发生剪切破碎,且剪切破碎剖面上的压应力和切应力满足 Mohr-Coulomb 剪切强度理论;在极限切削力载瞬时,假设切削刃刃尖处的密实核与被切削岩体间形成三角形区域 CBA;由于实际切削过程中系统并非是绝对刚性体,存在一定的弹性变形,因此在切削过程中由于切削刃将产生向上的弹性变形且沿着稳定边界产生上下弹性振动,即每次切削过程均会存在一定的切削深度波动量 Δh_{Pn},即刃侵深度(作用面为 CD),且切削深度波动量随预期切削深度 h_{Pen} 和切削载荷的增大而增大,它与切削刃的实际切削深度满足关系式 $h_{Pna} = h_{Pen} - \Delta h_{Pn}$,如图 4.11 所示,此时切削刃的实际速度方向变为斜向下方向。

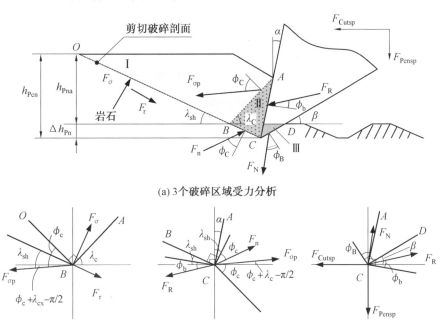

(a) 3 个破碎区域受力分析

(b) 剪切破碎区受力分析　　(c) 密实核压碎区受力分析　　(d) 过切削区受力分析

图 4.10　单刃切削破碎模拟月岩正交力学建模

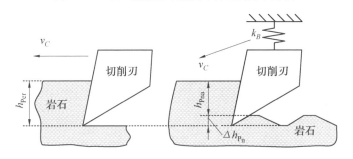

图 4.11　实际切削过程中切削深度与切削速度的变化

根据上述分析,可将小切削深度条件下岩石切削破碎区域进行如下划分:剪切破碎区 Ⅰ,主要受切削力作用使岩石产生剪切－拉伸断裂;密实核压碎区 Ⅱ,同时受切削力和切压力作用而形成的粉状挤压密实区域;过切削区 Ⅲ,受切削波动、接触摩擦特性以及系统刚度影响而在预设切削深度附近产生的岩石破碎区域,这部分区域主要影响切压力载荷,如图 4.10(a) 所示,图 4.10(b)(c)(d) 为各破碎区域的受力分析图。

假设模拟月岩沿着剪切面 BO 发生剪切破碎,且将 BO 面上的应力统一表述为

$$p = p_0 \left(1 - \frac{l_{sh} \cdot \sin \lambda_{sh}}{h_{Pna}} \right)^n \tag{4.7}$$

式中　p_0—— 应力常数,当 $l_{sh} = 0$ 时,p_0 为 B 点处的合应力,Pa;

　　　l_{sh}—— BO 上任意一点到 B 点的距离,m;

　　　h_{Pna}—— 实际单刃切削深度(最小切削深度),m;

　　　λ_{sh}—— 剪切破碎角,(°);

　　　n—— 应力分布系数,与切削过程中岩石应力分布状态有关,恒大于等于零。

则对 l_{sh} 沿着 BO 积分可得 BO 面上的合力 F_{BO} 为

$$F_{BO} = w_b p_0 \int_0^{\frac{h_{Pna}}{\sin \lambda_{sh}}} \left(1 - \frac{l_{sh} \sin \lambda_{sh}}{h_{Pna}} \right)^n \mathrm{d}l_{sh} \tag{4.8}$$

解得

$$p_0 = (n+1) \frac{\sin \lambda_{sh}}{h_{Pna} w_b} F_{BO} \tag{4.9}$$

式中　w_b—— 切削刃宽度,m。

由于 F_{BO} 为 BO 面上的合力,$F_{\sigma p}$ 为 AB 面上的合力,则对剪切区域 ABO 来说,F_{BO} 和 $F_{\sigma p}$ 为平衡力系,即 $F_{\sigma p} = F_{BO}$。则将式(4.9)代入式(4.7),并在 B 点将合应力沿压应力和切应力方向进行分解可得

$$\begin{cases} \sigma_B = -\dfrac{(n+1)\sin \lambda_{sx}}{h_{Pna} w_b} \cos(\phi_c + \lambda_{sh} + \lambda_c) F_{\sigma p} \\[3mm] \tau_B = \dfrac{(n+1)\sin \lambda_{sx}}{h_{Pna} w_b} \sin(\phi_c + \lambda_{sh} + \lambda_c) F_{\sigma p} \end{cases} \tag{4.10}$$

又

$$\tau_B = c + \tan \phi_c \cdot \sigma_B \tag{4.11}$$

式中　ϕ—— 岩石内摩擦角,(°);

　　　c—— 岩石内聚力,Pa;

　　　σ_B、τ_B—— B 点的压应力和切应力,Pa;

　　　λ_c—— 密实核与切削方向夹角,(°);

　　　ϕ_c—— 密实核与母岩间摩擦角,(°)。

则将式(4.10)代入式(4.11)可得

$$F_{\sigma p} = \frac{1}{n+1} \cdot \frac{h_{Pna} w_b}{\sin \lambda_{sh}} \cdot \frac{c \cos \phi}{\sin(\phi + \phi_c + \lambda_{sh} + \lambda_c)} \tag{4.12}$$

根据最小能量耗散原理可知,若想合力 $F_{\sigma p}$ 最小,则在切深和其他参数不变的情况下,存在切削角 λ_{sh},使得 $F_{\sigma p}$ 最小,即求解 $\dfrac{\mathrm{d}F_{\sigma p}}{\mathrm{d}\lambda_{sh}}=0$,可得

$$\lambda_{sh}=\frac{\pi-\phi_c-\lambda_c-\phi}{2} \tag{4.13}$$

则将式(4.13)代入式(4.12)中并化简得

$$F_{\sigma p}=\frac{2ch_{Pna}w_b}{n+1}\cdot\frac{\cos\phi}{1+\cos(\phi+\lambda_c+\phi_c)} \tag{4.14}$$

对图 4.10(c) 进行受力分析可得

$$\begin{cases}F_R\cos(\phi_b-\alpha)=F_{\sigma p}\sin(\lambda_c+\phi_c)+F_n\sin(\phi_c+\lambda_{sh})\\ F_R\sin(\phi_b-\alpha)=-F_{\sigma p}\cos(\lambda_c+\phi_c)+F_n\cos(\phi_c+\lambda_{sh})\end{cases} \tag{4.15}$$

化简得

$$F_R=F_{\sigma p}\cdot\frac{\cos\left(2\phi_c+\lambda_{sh}+\lambda_c-\dfrac{\pi}{2}\right)}{\cos(\phi_c+\phi_b+\lambda_{sh}-\alpha)}=F_{\sigma p}\cdot\frac{\sin(2\phi_c+\lambda_{sh}+\lambda_c)}{\cos(\phi_c+\phi_b+\lambda_{sh}-\alpha)} \tag{4.16}$$

式中　　ϕ_b——切削刃与密实核间当量摩擦角,(°);

　　　　α——切削刃剖面前角,(°)。

将式(4.14)代入式(4.16)得

$$F_R=\frac{2ch_{Pna}w_b}{n+1}\cdot\frac{\cos\phi}{1+\cos(\phi+\lambda_c+\phi_c)}\cdot\frac{\sin(2\phi_c+\lambda_{sh}+\lambda_c)}{\cos(\phi_c+\phi_b+\lambda_{sh}-\alpha)} \tag{4.17}$$

对图 4.10(d) 进行受力分析可得

$$\begin{cases}F_{Cutsp}=F_R\cos(\phi_b-\alpha)+F_N\sin(\phi_B-\beta)\\ F_{Pensp}=F_R\sin(\phi_b+\alpha)+F_N\cos(\phi_B-\beta)\end{cases} \tag{4.18}$$

式中　　β——切削刃剖面后角。(°)。

对受压区域 ACD 进行静力平衡分析可得 F_N 满足

$$F_N=\frac{\sigma_{Ph}\Delta h_{Pn}w_b}{\cos\phi_B\sin\beta} \tag{4.19}$$

式中　　σ_{Ph}——岩石抗压强度,Pa;

　　　　ϕ_B——切削刃与母岩间当量摩擦角,(°);

　　　　Δh_{Pn}——切削深度波动量(与切削深度和负载特性相关),m。

上述表达式中各参数定义及取值见表 4.3。

表 4.3　模拟月岩切削过程中的试验常数

参数符号	参数含义	数值	单位
λ_{sh}	剪切破碎角	21.6	(°)
n	应力分布系数	1	—
c	岩石内聚力	25.0	MPa
ϕ	岩石内摩擦角	41.8	(°)
σ_c	岩石单轴抗压强度	112	MPa
σ_t	岩石抗拉强度	14.0	MPa
σ_{Ph}	岩石压入硬度	1 080	MPa
λ_c	密实核与切削方向夹角	60	(°)
ϕ_c	密实核与母岩间摩擦角	32.2	(°)
α	切削刃剖面前角	0	(°)
β	切削刃剖面后角	8	(°)
Δh_{Pn}	切削深度波动量	$\{5,6,7,7,12,14\}$	μm
w_b	切削刃宽度	10.6	mm

将表 4.3 中参数代入模型中,可得模拟月岩切削负载特性(切削力 F_{Cut}、切压力 F_{Pen})随切削深度变化曲线,如图 4.12 所示。切削力和切压力与预设单刃切削深度呈近似递增关系,可见在钻进过程中,应合理设定单刃切削深度保证切削力和切压力控制在合理范围内。

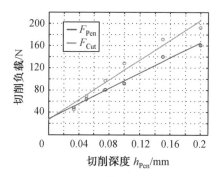

图 4.12　单刃切削模拟月岩负载特性随切削深度变化曲线

4.2.4　单元切削刃直线切削负载建模

在模拟月岩切削过程中,切削刃前刀面迫使模拟月岩发生剪切破碎的同时,还将改变碎屑排出的方向。假设模拟月岩在破碎的一刹那沿前刀面产生一破碎向量 U,该破碎向量的存在改变了破碎瞬间岩屑的绝对速度 W,即剪切方向,从而使得前文所述的剪切破碎剖面不再垂直于切削刃方向。以 $\{i,j,k\}$ 为绝对坐标,建立如图 4.13 所示的模拟月岩单刃直线切削三维力学模型,此时,岩屑的牵连速度为刀刃的切削速度 V，相对速度则为排屑速度 U，且 $W=U+V$。定义破碎向量 U 与切削速度 V 之间应满足

$$U = rV(\cos \psi_\lambda \cdot a + \sin \psi_\lambda \cdot b) \tag{4.20}$$

式中　　r——破碎速比（破碎向量与切削速度向量模的比值）；

　　　　ψ_λ——破碎方向角（前刀面上岩屑破碎方向与切削刃法线间夹角），$(°)$；

　　　　a——前刀面内，切削刃法向的单位向量；

　　　　b——切削刃方向的单位向量。

式（4.20）中单位向量 a、b 分别为

$$\begin{cases} a = -\sin \gamma_n \sin \lambda_s \cdot i + \cos \gamma_n \cdot j - \sin \gamma_n \cos \lambda_s \cdot k \\ b = \cos \lambda_s \cdot i + \cos \gamma_n \cdot j - \sin \lambda_s \cdot k \end{cases} \tag{4.21}$$

式中　　γ_n——切削刃法向前角，$\tan \gamma_n = \tan \gamma_o \cdot \cos \lambda_s$，其中 γ_o 为切削刃前角，$(°)$；

　　　　λ_s——刃倾角，$(°)$。

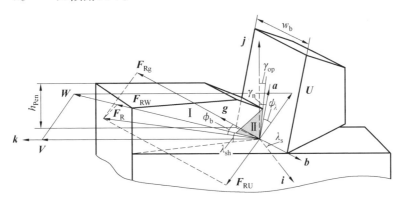

图 4.13　不同切削角度下的单刃直线切削模拟月岩受力分析

则前刀面的法向量 g 为

$$g = b \times a \tag{4.22}$$

为简化模型参数，假设在月岩破碎瞬间，岩屑（剪切破碎区＋密实核区）在前刀面上的摩擦力方向与破碎方向相同，则前刀面作用在岩屑上的合力向量 F_R 为

$$F_R = F_R \left(\cos \phi_b \cdot g - \sin \phi_b \cdot \frac{U}{U} \right) \tag{4.23}$$

则合力 F_R 在剪切方向 W 上的投影向量 F_{RW}，即为模拟月岩剪切破碎所需的剪切力向量，满足如下关系：

$$F_R \cdot W = F_R \left(\cos \phi_b \cdot g - \sin \phi_b \cdot \frac{U}{U} \right) \cdot \frac{W}{W} = F_{RW} \tag{4.24}$$

又 F_{RW} 的模满足

$$F_{RW} = F_\tau + F_n \cdot \sin \phi_c \tag{4.25}$$

式中 F_τ 和 F_n——模拟月岩剪切破碎平面上的岩石剪切力和密实核摩擦力,其表达式为

$$\begin{cases} \boldsymbol{F}_\tau = F_{\sigma p} \cdot \sin(\phi_c + \lambda_{sh} + \lambda_c) \\ \boldsymbol{F}_n = F_{\sigma p} \cdot \dfrac{\cos(\lambda_c + \phi_c - \phi_b + \alpha)}{\cos(\phi_c + \lambda_{sh} + \phi_b - \alpha)} \end{cases} \tag{4.26}$$

方程组中剪切破碎角 λ_{sh} 为

$$\sin \lambda_{sh} = \frac{\boldsymbol{W} \cdot \boldsymbol{j}}{\boldsymbol{W}} \tag{4.27}$$

将式(4.25)代入式(4.24)中,整理得前刀面作用在岩屑上的合力 $\boldsymbol{F}_R$ 为

$$\boldsymbol{F}_R = \frac{\boldsymbol{F}_{RW}\boldsymbol{W}}{\left(\cos \phi_b \cdot \boldsymbol{g} - \sin \varphi_b \cdot \dfrac{\boldsymbol{U}}{U}\right) \cdot \boldsymbol{W}} \tag{4.28}$$

此时,由图 4.13 可知,前刀面在模拟月岩剪切破碎剖面上的前角为 γ_{op},即式(4.26)中的前角 $\alpha = \gamma_{op}$,且 γ_{op} 满足式(4.29)所示条件。

$$\cos \gamma_{op} = \frac{\boldsymbol{g} \times (\boldsymbol{j} \times \boldsymbol{W})}{|\boldsymbol{g} \times (\boldsymbol{j} \times \boldsymbol{W})|} \cdot \boldsymbol{j} \tag{4.29}$$

此外,后刀面作用在过切削区域上的切削负载如式(4.19)所示,其方向向量 $\boldsymbol{F}_{Nvq}$ 为

$$\boldsymbol{F}_{Nvq} = \cos \phi_B \cdot \boldsymbol{g}_\beta - \sin \phi_B \cdot \boldsymbol{a}_\beta \tag{4.30}$$

式中 $\boldsymbol{g}_\beta$——后刀面法向单位向量;

$\boldsymbol{a}_\beta$——后刀面内切削刃法向的单位向量。

且

$$\begin{cases} \boldsymbol{a}_\beta = \cos(\alpha + \beta) \cdot \boldsymbol{a} - \sin(\alpha + \beta) \cdot \boldsymbol{g} \\ \boldsymbol{g}_\beta = \boldsymbol{a}_\beta \times \boldsymbol{b} \end{cases} \tag{4.31}$$

则后刀面作用在过切削区域上的合力向量 $\boldsymbol{F}_N$ 为

$$\boldsymbol{F}_N = F_N \cdot \boldsymbol{F}_{Nvq} \tag{4.32}$$

根据式(4.20)~(4.32),可得单元切削刃的切削功率 P_{Cut} 为

$$P_{Cut} = (\boldsymbol{F}_R + \boldsymbol{F}_N) \cdot \boldsymbol{V}$$
$$= f_{Pcut}(r, \psi_\lambda; \gamma_o, \lambda_s, w_b, h_{Pen}, \beta, V, \Delta h_{Pn}, \phi_b, \phi_B, c, \phi, \sigma_{Ph}, \phi_c, \lambda_c) \tag{4.33}$$

由式(4.33)可知,在单刃直线切削模拟月岩三维模型中,控制参数为切削刃前角 γ_o、切削刃刃倾角 λ_s、剖面切削后角 β、切削速度 V、切削深度 h_{Pen}、切削深度波动量 Δh_{Pn}、切削刃刃宽 w_b、模拟月岩内聚力 c、模拟月岩内摩擦角 ϕ、岩石压入硬度 σ_{ph}、切削刃与密实核间当量摩擦角 ϕ_b、切削刃与岩体间当量摩擦角 ϕ_B、密实核与岩体间摩擦角 ϕ_c、密实核与切削方向夹角 λ_c,而状态参数为岩屑破碎速比 r、破碎方向角 ψ_λ。根据最小能量耗散原理,当系统的控制参数为常量时,必有一组状态参数 $\{r, \psi_\lambda\}$ 使得切削刃前刀面的切削功耗 P_{Cut} 取最小值。则单元切削刃的

切削力 F_{Cut} 和切压力 F_{Pen} 分别为

$$\begin{cases} F_{Cut} = (\boldsymbol{F}_R + \boldsymbol{F}_N) \cdot \boldsymbol{r} \\ F_{Pen} = (\boldsymbol{F}_R + \boldsymbol{F}_N) \cdot \boldsymbol{s} \end{cases} \tag{4.34}$$

设使得切削刃前刀面切削功率 P_{Cut} 取最小值的自然破碎向量为 U_0，相应的自然破碎速比为 r_0、自然破碎方向角为 ψ_{λ_0}。为了判断切削功率的极值特性，需要考察破碎向量 U 在自然破碎向量 U_0 附近的变动时，切削功率 P_{Cut} 的变化情况。令任一破碎向量 U 在自然破碎向量 U_0 附近的变动量为 ΔU，如图 4.14 所示，其在切削刃方向和法向的投影分别为 ΔU_t 和 ΔU_n，则破碎向量在两个方向上的变动率 ζ、ξ 分别为

$$\begin{cases} \zeta = \dfrac{\Delta \boldsymbol{U}_t}{|\boldsymbol{U}_0|} = \dfrac{\boldsymbol{U}_t - \boldsymbol{U}_{0t}}{|\boldsymbol{U}_0|} \\ \xi = \dfrac{\Delta \boldsymbol{U}_n}{|\boldsymbol{U}_0|} = \dfrac{\boldsymbol{U}_n - \boldsymbol{U}_{0n}}{|\boldsymbol{U}_0|} \end{cases} \tag{4.35}$$

式中　U_t —— 破碎向量在切削刃方向上的分量，m/s；

　　　U_n —— 破碎向量在切削刃法向上的分量，m/s；

　　　U_{0t} —— 自然破碎向量在切削刃方向上的分量，m/s；

　　　U_{0n} —— 自然破碎向量在切削刃法向上的分量，m/s。

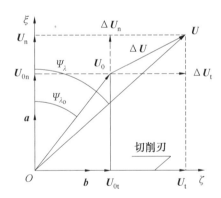

图 4.14　前刀面上的实际破碎向量与自然破碎向量间的解析关系

当上述模型中的 10 个控制参数给定后，可得切削功率在自然破碎向量附近的变化规律如图 4.15 所示。

图 4.15 表明，单元刀具切削模拟月岩时，前刀面的切削功率确实存在一极小值，在此极小值附近，随着破碎向量变动率的变化，切削功率近似成一椭圆抛物面，且当切削功率最小时，前刀面的切削阻力并非最小。

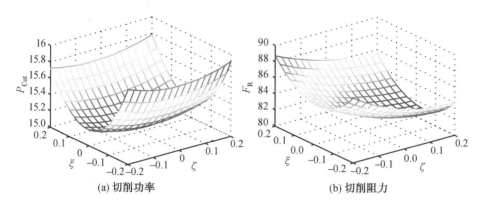

(a) 切削功率　　　　　　　　　　(b) 切削阻力

图 4.15　切削功率和切削阻力在破碎向量附近的变动趋势

4.2.5　模拟月岩直线切削负载特性试验研究

4.2.5.1　单刃直线切削负载模型参数标定

开展模拟月岩的单刃直线切削负载特性试验之前,需要确定单元切削刃的切削参数变动区间。经前期试验结果知,剖面切削后角主要影响切削刃与岩石间的摩擦负载,且当剖面切削后角超过一定值后,切削负载变化不大,不再将剖面切削后角作为试验影响因素进行分析,考虑单元切削刃的刃尖强度,将剖面切削后角 β 定为 $8°$ 。因此式(4.33)中与切削刃结构相关的控制参数仅为前角、刃倾角、刃宽。根据月岩取芯钻头几何构型和切削刃的镶嵌姿态角度可用变动区间,可确定单元切削刃前角变动区间为 $-34.75°\sim23.35°$ 、刃倾角变动区间为 $0°\sim34.7°$ 、刃宽的变动区间为 $1.03\sim5.3\text{ mm}$ 。

分别以前角、刃倾角、刃宽及切削深度作为切削试验的 4 个因素变量,并将各因素进行离散化,可得各因素水平取值,见表 4.4。考虑单元切削刃的强度需求,调整刃宽的最小边界值为 2 mm 。

表 4.4　模拟月岩直线切削负载试验中单元切削刃因素水平分布表

序号	前角 $\gamma_\text{o}/(°)$	刃倾角 $\lambda_\text{s}/(°)$	刃宽 w_b/mm	切削深度 h_Pen/mm
1	-35	0	2	0.033
2	-24	5	3	0.050
3	-13	15	4	0.075
4	0	25	5	0.100
5	13	35	6	0.150
6	24	—	—	0.200

单元切削刃直线切削模拟月岩负载特性测试试验如图 4.16 所示。通过切削负载试验,可获得进尺位移波动量与前角、刃倾角的变化关系,试验中将切削刃水平切削速度设为 26 mm/s,以进尺位移的平均值作为切削深度波动量 Δh_{Pn} 的标定值,可获得切削深度波动量与切削刃前角、刃倾角之间的拟合函数关系为

$$\Delta h_{Pn} = (4\ 022 - 4.147\ \gamma_o - 66.73\ \lambda_s - 0.144\ 2\ \gamma_o^2 + 0.042\ \gamma_o \cdot \lambda_s + 0.755\ 5\ \lambda_s^2) \times 10^{-6}$$

(4.36)

(a) 模拟月岩直线切削试验　　(b) 不同切削角度的切削刃试验件

图 4.16　单元切削刃直线切削模拟月岩负载特性测试试验

将式(4.36)代入单元切削刃直线切削模拟月岩模型,模型中的未知参数仅剩切削刃与密实核间当量摩擦角 ϕ_b、切削刃与母岩间当量摩擦角 ϕ_B。假定两个摩擦角的变化区间为 $0° \sim 60°$,然后依次将两个摩擦角代入岩石切削模型中,并对比理论计算结果与切削试验结果之间的差异。通过参数枚举法,可获得一组摩擦角使得理论结果与试验数据最接近,并根据模拟月岩的变前角、变刃倾角直线切削试验负载,可拟合出当前角和刃倾角发生变化时,切削刃分别与密实核、母岩间的当量摩擦角 ϕ_b、ϕ_B 的变化关系为

$$\begin{cases} \phi_b = 21.55 + 0.270\ 4\gamma_o - 0.056\ 09\lambda_s - 0.008\ 246\gamma_o^2 - 0.002\ 717\gamma_o \cdot \lambda_s \\ \phi_B = 33.5 + 0.269\ 3\gamma_o - 0.316\ 3\lambda_s \end{cases}$$

(4.37)

模型中其他参数可通过前期进行的岩石力学特性试验以及单刃直线切削离散元仿真获得,见表 4.3。前 4 个参数通过岩石力学特性试验获得,密实核与切削速度间的方向角通过单刃直线切削离散元仿真获得。

4.2.5.2　岩石直线切削负载特性试验验证

在模拟月岩直线切削负载特性试验中,单元切削刃的刃宽 $w_b = 4$ mm、预设切削深度 $h_{Pen} = 0.1$ mm,切削负载(F_{Cut},F_{Pen})随前角、刃倾角的变化趋势如图

4.17 所示。当刃宽和切削深度一定时,切削负载随前角、刃倾角的增大而减小。在前角由 $-35°$ 逐渐增大到 $0°$ 左右时,切削力和切压力的下降趋势均较为明显,但当前角继续由 $0°$ 增大到 $24°$ 左右时,切削力和切压力的减小趋势逐渐放缓。这种现象可解释为,前角的逐渐增大使得岩石的剪切破碎角也逐渐增大,岩石的剪切破碎长度逐渐减小。当切削深度一定时,假设岩石以图 4.10 所示的横断面破碎。随着前角的增大,岩石破碎平面 BO 将沿着顺时针方向旋转,剪切角相应的随之增大。由于切削深度不变,岩石破碎平面 BO 的长度也相应缩短,从而使得切削负载总体趋势减小,且剪切破碎长度在负前角条件下的减小趋势要明显大于前角为正的情况。

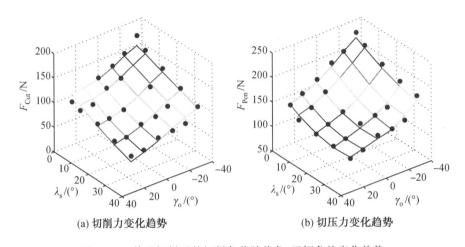

(a) 切削力变化趋势　　　　　　　　　(b) 切压力变化趋势

图 4.17　单元切削刃的切削负载随前角、刃倾角的变化趋势

此外,当刃倾角逐渐从 $0°$ 增大到 $35°$ 时,垂直于切削刃前刀面的岩石破碎横断面开始偏转,如图 4.13 所示。刃倾角的增大为岩屑脱离母岩提供了一个较好的剪切破碎空间,使岩屑可以沿着较大的剪切破碎角发生破碎,从而减小剪切应力的作用距离,降低所需的切削负载。

单元切削刃的切削负载随刃宽、切削深度的变化趋势如图 4.18 所示。在不同前角和刃倾角条件下,切削负载均随着刃宽和切削深度的增大基本呈线性递增变化,且试验值与理论计算值的变化趋势相一致。

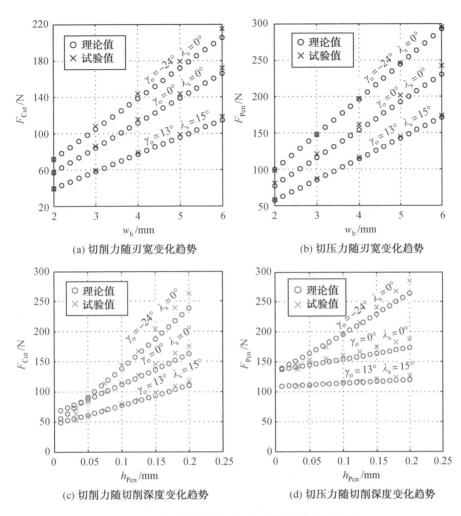

(a) 切削力随刃宽变化趋势　　　　　　(b) 切压力随刃宽变化趋势

(c) 切削力随切削深度变化趋势　　　　(d) 切压力随切削深度变化趋势

图 4.18　切削负载随刃宽、切削深度的变化趋势

4.3　模拟月岩切削破碎行为数值分析

4.3.1　数值模拟方法概述

模拟月岩的可钻性等级为 VI 级,属于硬岩、脆性材料,岩石的切削破碎行为多为脆性断裂,且破碎影响区域小、作用时间短,不易通过试验方法进行观测,无法验证前文中假设的切削破碎过程。因此需借助仿真分析手段,针对模拟月岩

切削破碎过程建立仿真模型,并基于试验开展模型参数修正,力求在宏观研究对象上达到仿真与试验结果的一致性。近年来,离散元分析方法常被用于模拟岩石的破碎与断裂行为,分析岩石的破碎行为,成为实现破碎过程仿真可视化的重要途径之一。离散元分析方法主要通过颗粒微元间的微观累积作用表征仿真对象的宏观响应,其颗粒微元间的本构模型将直接影响仿真结果的准确性。由于影响颗粒微元本构模型的参数较多,在利用离散元方法开展定量仿真分析前,需要对本构参数进行匹配,使离散元仿真模型的宏观响应能够表征实际对象的研究目标。

目前,针对岩石力学特性模拟所开展的本构参数匹配方法多采用试错法,这使得离散元建模过程既十分耗时又缺乏逻辑性。本章主要针对模拟月岩的切削破碎过程开展离散元仿真研究,以岩石碎屑作为最小微元,构建模拟月岩仿真模型;以切削负载为宏观响应,参考多因素析因设计流程,建立离散元模型本构参数匹配方法;利用统计学中常用的响应面分析法——PB(Plackett-Burman)试验设计和中心组合试验设计(Central Composite Design,CCD),开展模型本构参数敏感度分析与响应面分析,为参数匹配提供选择依据;基于单刃切削负载特性试验,验证仿真模型的准确性,并分析不同切削深度和切削角度时,模拟月岩的破碎行为及负载特性的变化趋势,为模拟月岩破碎模型中的假设条件提供理论依据。

4.3.2　离散元仿真本构参数匹配方法

4.3.2.1　模拟月岩碎屑形貌观测及粒度级配

在模拟月岩钻进与直线切削试验中,由于切削深度较小,切出的岩屑均为粉状细小颗粒体。若假设固体岩块由这些粉状小颗粒岩屑黏结而成,则在建模过程中可将岩屑颗粒看作是模型微元,通过显微观测法对岩屑进行粒度级配分析,获取构成模拟月岩离散元模型微元的半径参数上下边界。模拟月岩岩屑颗粒粒度级配曲线、模拟月岩岩屑及其显微观测图像如图 4.19 所示。

进行显微观测的 4 508 个模拟月岩岩屑颗粒样本中(表 4.5),最大颗粒粒度为 84.2 μm,而可观测的最小岩屑粒度在 0.13 μm 以下。由于粒度大于 16 μm 的岩屑颗粒仅占 2.9%,而粒度在 0.16 ~ 0.2 μm 之间的颗粒仅占 1.4%,为避免颗粒粒度差异过大延长仿真时间,因此在模拟月岩的离散元模型中,将颗粒微元半径的上下边界定为 $R_{hi} = 0.01$ mm、$R_{lo} = 0.000\ 1$ mm。

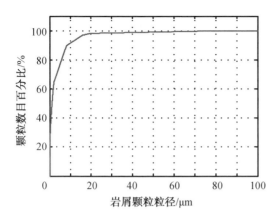

图 4.19　模拟月岩岩屑颗粒粒度级配曲线、模拟月岩岩屑及其显微观测图像

表 4.5　模拟月岩岩屑颗粒粒度分布区间

粒度分布区间 /μm	＜0.08	＜0.16	＜0.2	＜0.8	＜1.6
颗粒个数	1 149	1 225	1 290	2 038	2 671
占总数百分比 /%	25.5	27.2	28.6	45.2	59.3
粒度分布区间 /μm	＜2	＜8	＜16	＜20	＜100
颗粒个数	2 904	5 043	4 375	4 429	4 508
占总数百分比 /%	64.4	89.7	97.1	98.3	100

4.3.2.2　岩石颗粒仿真本构模型建立

由岩石破碎过程可知,当切削刃的构型和切削深度发生改变时,岩石 3 个破碎区域的大小和方向都会随之改变,则岩石切削过程中的破碎负载可简化为

$$\begin{cases} F_C = (\varepsilon\xi\eta + \mu\gamma\sigma\kappa)w_b \cdot h_{Pen} \\ F_P = (\lambda\xi\eta + \sigma\kappa)w_b \cdot h_{Pen} \end{cases} \tag{4.38}$$

式中　ε——岩石强度系数,与内聚力和内摩擦角相关;

ξ——切削剖面方向系数,与前角和刃倾角相关;

η——实际切削深度与预设切削深度比;

μ——摩擦系数,与切削刃后刀面摩擦状态相关;

γ——后刀面上接触力分布系数,由切削刃后角决定;

σ——岩石表面接触强度,Pa;

κ——与切削深度相关的接触长度变化率;

λ——前刀面上切削阻力分布系数,由剪切角决定;

w_b——切削刃宽度,m;

h_{Pen}——预设切削深度,m。

由式(4.38)知,影响切削力的主要因素更加接近于强度、摩擦等岩石固有属性,从而本节仅以切削力负载作为岩石特性评价指标。由岩石切削试验结果可知,切削不同强度岩石的切削负载差异较大。此外,在离散元建模过程中,岩石特性又与本构参数密切相关,因此必然存在相应的离散元本构参数与岩石的切削力负载相对应,使其表征当前切削对象的固有特性。

PFC(Particle Flow Code)作为较为广泛应用的离散元数值模拟分析软件,常被应用于岩体工程与地质形态勘测分析领域。PFC仿真软件分2D和3D两个版本,在进行剖面力学分析时,常用PFC[2D]获取更加直观的分析结果;而在分析含有复杂几何构型部件的影响时,PFC[3D]是较好的选择。

在PFC仿真分析中,固态岩石可被看作由若干微小圆盘颗粒构成并受平面墙约束的黏结体。这些微小颗粒主要通过接触、平行两种黏结形式连接,如图4.20所示。这些黏结形式可看作是存在于颗粒间的微小黏结剂,使颗粒能够顺次传递载荷。其中,接触黏结可以看作黏结半径为零的平行黏结,从而并不具备传递弯曲应力的能力。平行黏结在颗粒间建立了一个与相对滑动方向平行的弹性接触空间,因此可同时传递应力和扭矩。本节选取平行黏结形式开展模拟月岩离散元数值建模,以尽可能符合岩石颗粒微元的真实受力情况。

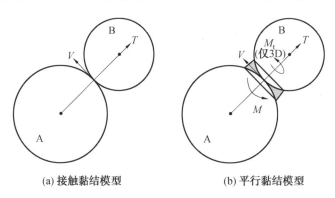

(a) 接触黏结模型　　　　　　(b) 平行黏结模型

图 4.20　颗粒微元间的常用黏结模型

在建模过程中常假设颗粒微元具有相同的接触刚度,则根据接触过程力学特性,上述参数需要满足式(4.39)所示条件。

$$\begin{cases} k^n = \dfrac{AE_c}{R^{[A]}+R^{[B]}} = \dfrac{k_n^{[A]} k_n^{[B]}}{k_n^{[A]}+k_n^{[B]}} \\[3mm] k_n = k_n^{[A]} = k_n^{[B]} = \dfrac{2AE_c}{R^{[A]}+R^{[B]}} \\[3mm] \bar{k}^n = \dfrac{\bar{E}_c}{R^{[A]}+R^{[B]}} \\[3mm] \bar{R} = \bar{\lambda} \min(R^{[A]}, R^{[B]}) \end{cases} \quad (4.39)$$

式中　　$k_n^{[X]}$ —— 颗粒 X 法向接触刚度，N/m；

　　　　A —— 平行黏结截面面积，m²；

　　　　$R^{[X]}$ —— 颗粒 X 的半径，m；

　　　　k^n —— 法向接触刚度，N/m；

　　　　E_c —— 接触弹性模量，MPa；

　　　　$\overline{k}^n$ —— 平行黏结法向刚度，N/m；

　　　　$\overline{R}$ —— 平行黏结半径，m；

　　　　$\overline{E_c}$ —— 平行黏结模量，MPa；

　　　　$\overline{\lambda}$ —— 平行黏结半径放大系数。

式（4.39）中平行黏结截面面积满足

$$A = \begin{cases} (R^{[A]} + R^{[B]})t \\ (R^{[A]} + R^{[B]})^2 \end{cases} \tag{4.40}$$

式中　　t —— 在 PFC²ᴰ 模型中的颗粒微元厚度，m。

由于任意由颗粒黏结而形成的聚合体在受宏观载荷时均会产生横向形变，因此分别将与颗粒微元和平行黏结泊松比相关的颗粒接触刚度比 k_n/k_s、平行接触刚度比 $\overline{k}^n/\overline{k}^s$ 引入离散元模型本构参数中，同时根据法向刚度便可确定相应切向系数。如图 4.20(b) 所示，颗粒微元间的平行黏结可假想成均匀分布在矩形交叉截面的一组弹簧，其法向($\overline{\sigma}$)和切向($\overline{\tau}$)接触应力满足

$$\begin{cases} \overline{\sigma} = \dfrac{T}{A} + \dfrac{|M|\,\overline{R}}{I} \\[2mm] \overline{\tau} = \dfrac{|V|}{A} + \dfrac{|M_t|\,\overline{R}}{J} \end{cases} \tag{4.41}$$

式中　　T —— 平行黏结处法向力，N；

　　　　M —— 平行黏结处弯矩，N · m；

　　　　A —— 平行黏结截面面积，m²；

　　　　I —— 平行黏结惯性矩，m⁴；

　　　　V —— 平行黏结处切向力，N；

　　　　M_t —— 平行黏结的扭转力矩，N · m。

一旦式（4.41）中的法向应力或切向应力超过平行黏结强度，黏结就被破坏。此时，颗粒微元间遵循库仑摩擦定律。

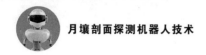

4.3.2.3 离散元本构参数匹配方法

由离散元本构模型可知,模拟月岩 PFC 数值模型可用以下 8 个本构参数进行表述:颗粒接触弹性模量(E_{BCM});接触刚度比(r_{RK});平行黏结模量(E_{PBM});平行黏结刚度比(r_{PBRK});法向平行黏结强度(S_{PBNS});平行黏结强度比(r_{PBRS});平行黏结半径系数(C_{PBR});颗粒接触摩擦系数(f_{BF})。在参考多因素析因设计流程的基础上,建立了以模拟月岩均值切削力为宏观响应的离散元本构参数匹配方法,其详细匹配流程图如图 4.21 所示。

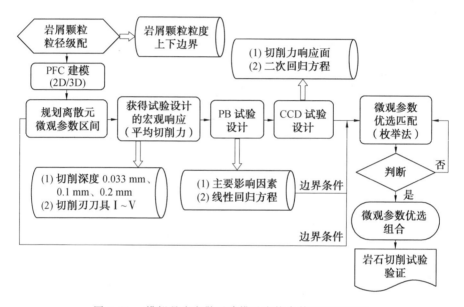

图 4.21　模拟月岩离散元建模及本构参数匹配流程图

如图 4.21 所示,模拟月岩离散元本构参数匹配流程为:开展模拟月岩岩屑粒度级配分析;针对模拟月岩切削破碎过程,基于 PFC 颗粒流分析软件,建立不同切削深度或切削角度的直线切削模拟月岩离散元模型;以切削力平均值为宏观匹配目标(宏观响应),通过 PB 试验确定影响切削力的显著性因素指标,获取切削力与模型本构参数的线性回归方程;应用 CCD 试验设计方法获得切削力与显著因素的响应面,得出切削力与模型本构参数的二次回归方程;以宏观响应为匹配目标,对模型本构参数进行优选;开展多种切削深度 / 角度下模拟月岩切削负载试验验证。

4.3.3　变切削深度下的二维切削负载仿真模型参数匹配

4.3.3.1　岩石离散元二维仿真模型

小切削深度下模拟月岩的切屑负载特性主要与切削剖面破碎行为相关,因此采用 PFC^{2D} 离散元仿真软件,建立模拟月岩切削破碎二维模型,以验证岩石正交切削破碎行为。小切削深度下模拟月岩 PFC^{2D} 离散元模型如图 4.22 所示。

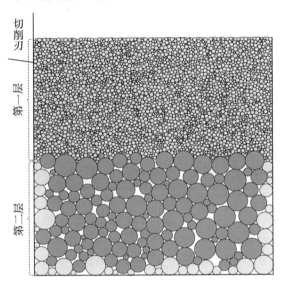

图 4.22　模拟月岩 PFC^{2D} 离散元模型

为了减少模拟月岩 PFC^{2D} 模型中的总颗粒数目,提高仿真效率,将岩石划分为大、小两组颗粒群,最大颗粒半径比为 5∶1,同时固定与墙边界相接触的颗粒,使得模型内部力链结构相对稳定。在 PFC^{2D} 仿真分析中采用前角 0°、后角 8°、刃宽 10 mm 的直线立刃作为切削刀具,分别以切削深度为 0.033 mm、0.1 mm 以及 0.2 mm 时的 3 种切削力负载平均值作为仿真试验的宏观响应,开展模拟月岩离散元本构参数匹配,将所得优选本构参数组代入模拟月岩离散元模型,开展多种切削深度(0.05 mm、0.075 mm、0.12 mm、0.15 mm、0.18 mm)的仿真模拟,并进行相应切削深度下模拟月岩切削试验验证。

4.3.3.2　基于 PB 试验的二维模型本构参数敏感度分析

PB 试验设计是快速获取二水平多因素试验显著性指标的统计分析方法,由于其所需试验次数少而被广泛应用。将前面介绍的 8 组离散元模型本构参数作为 PB 试验的因素指标,分别赋高低两种水平,形成如表 4.6 所示的模拟月岩正交离散元模型本构参数因素水平分布表。

表 4.6 模拟月岩正交离散元模型本构参数因素水平分布表

本构参数	非编码值			编码转换公式
	−1	0	1	
颗粒接触弹性模量 E_{BCM}/GPa	10	15	20	Un = 5×Co+15
接触刚度比 r_{RK}	1	2.5	4	Un = 1.5×Co+2.5
平行黏结模量 E_{PBM}/GPa	60	100	140	Un = 40×Co+100
平行黏结刚度比 r_{PBRK}	1	3	5	Un = 2×Co+3
法向平行黏结强度 S_{PBNS}/MPa	500	700	900	Un = 200×Co+700
平行黏结强度比 r_{PBRS}	0.5	1.25	2	Un = 0.75×Co+1.25
平行黏结半径系数 C_{PBR}	1	1.5	2	Un = 0.5×Co+1.5
颗粒接触摩擦系数 f_{BF}	0.2	0.5	0.8	Un = 0.3×Co+0.5

注:Un 为非编码值(Uncoded),Co 为编码值(Coded)。

图 4.23 是在切削深度为 0.1 mm 时,PFC^{2D} 模拟岩石正交切削力平均负载与 8 个本构参数变化关系曲线。其中,模拟岩石的切削力平均值 Mean[F_C] 分别随着颗粒接触弹性模量(E_{BCM})、法向平行黏结强度(S_{PBNS})、平行黏结半径系数(C_{PBR})及颗粒接触摩擦系数(f_{BF})的增加呈递增趋势,而随着接触刚度比(r_{RK})、平行黏结模量(E_{PBM})及平行黏结刚度比(r_{PBRK})的增加而递减,随平行黏结强度比(r_{PBRS})变化关系不明显。根据 0.1 mm 切削深度下模拟月岩切削力负载试验平均值波动范围,当 Mean[F_C] 介于 150 N 和 350 N 时,各本构参数的取值作为 PB 试验设计中因素的高低水平,并进行参数圆整。由于在当前仿真条件下,当颗粒间的平行黏结半径系数 C_{PBR} 小于 1 时,模拟岩石无法保证稳定固体状态,因此将 C_{PBR} 的高低水平分别取为 1 和 2,最终形成表 4.6 中的本构参数高低水平值。

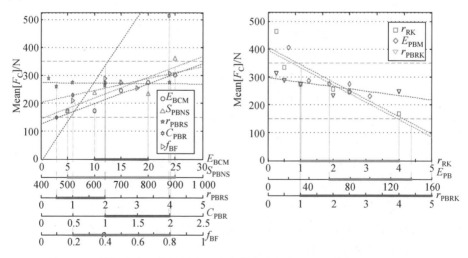

图 4.23 模拟月岩正交切削力平均负载与本构参数关系曲线(彩图见附录)

小切削深度下模拟月岩数值模拟试验的完整 PB 试验矩阵及试验结果见表 4.7 和表 4.8,表中试验输入参数为编码值。因子效应估计、回归系数、P 值以及相关性强弱等统计分析指标见表 4.9 和表 4.10。其中,因子效应估计指标是决定因素相关性强弱的重要指标,绝对值越大,相关性越强,其符号表征相关性的正负。P 值决定本构参数的显著性指标,常规显著性水平取 0.05,如果 P 值比 0.05 小,则该因素是响应的显著因素。

表 4.7　模拟月岩正交切削 PB 试验矩阵

序号	E_{BCM}	r_{RK}	E_{PBM}	r_{PBRK}	S_{PBNS}	r_{PBRS}	C_{PBR}	f_{BF}
1	1	-1	-1	-1	1	-1	1	1
2	1	-1	1	1	-1	1	1	1
3	1	1	-1	1	1	-1	-1	-1
4	1	1	1	-1	-1	-1	1	-1
5	1	-1	1	1	1	-1	-1	-1
6	-1	1	-1	1	1	1	1	1
7	-1	1	1	1	-1	-1	-1	1
8	1	1	-1	-1	1	1	-1	1
9	-1	1	1	-1	1	1	1	-1
10	-1	-1	1	-1	1	1	-1	1
11	-1	-1	-1	-1	-1	-1	-1	-1
12	-1	-1	-1	1	-1	1	1	-1

表 4.8　模拟月岩正交切削 PB 试验仿真结果

试验序号	$M1_{FC\_0.033}/N$	$M1_{FC\_0.1}/N$	$M1_{FC\_0.2}/N$
1	700.7	922.6	1 056.2
2	171.7	575.4	1 133.6
3	81.4	270.1	645.3
4	148.8	503.7	791.2
5	111.3	255.1	505.9
6	386.9	1 006.7	1 727.7
7	69.8	216.6	321.9
8	77.5	279.4	365.3
9	139.6	433.8	957.7
10	113.2	279.8	554.3
11	68.6	247.0	329
12	183.0	417.0	910.3
区间	68.6 ～ 700.7	216.6 ～ 1 006.7	321.9 ～ 1 727.7

表 4.9　模拟月岩正交切削 PB 试验统计分析

因素	$M1_{FC\_0.033}/N$			$M1_{FC\_0.1}/N$			$M1_{FC\_0.2}/N$		
	效应估计	回归系数	P 值	效应估计	回归系数	P 值	效应估计	回归系数	P 值
常数项	—	187.71	0.033	—	450.6	0.016	—	774.87	0.028
E_{BCM}	55	27.5	0.342	34.24	17.12	0.451	-50.56	-25.28	0.725
r_{RK}	-74.08	-37.04	0.227	2.24	1.12	0.959	53.3	26.65	0.711
E_{PBM}	-123.96	-61.98	0.085	-146.4	-73.2	0.034	-128.2	-64.1	0.399
r_{PBRK}	-40.72	-20.36	0.466	12.44	6.22	0.774	198.5	99.25	0.226
S_{PBNS}	135.62	67.81	0.069	154.84	77.42	0.030	265.96	132.98	0.135
r_{PBRS}	-119.96	-59.98	0.091	-149.36	-74.68	0.033	-27.56	-13.78	0.847
C_{PBR}	201.48	100.74	0.026	385.2	192.6	0.002	642.5	321.25	0.016
f_{BF}	131.18	65.59	0.075	192.3	96.15	0.017	169.94	84.97	0.285
R 统计量	94.2%			98.2%			95.8%		

表 4.10　模拟月岩正交离散元模型本构参数相关性分析

响应	相关度/%							
	强相关效应	中等相关效应			弱相关效应			
$M1_{FC\_0.033}/N$	C_{PBR} (22.8)	S_{PBNS} (15.4)	f_{BF} (14.9)	$E_{PBM}[-]$ (14.1)	$r_{PBRS}[-]$ (13.6)	$r_{RK}[-]$ (8.4)	E_{BCM} (6.2)	$r_{PBRK}[-]$ (4.6)
$M1_{FC\_0.1}/N$	C_{PBR} (35.8)	f_{BF} (17.9)	S_{PBNS} (14.4)	$r_{PBRS}[-]$ (13.9)	$E_{PBM}[-]$ (13.6)	E_{BCM} (3.2)	r_{PBRK} (1.2)	r_{RK} (0.2)
$M1_{FC\_0.2}/N$	C_{PBR} (41.8)	S_{PBNS} (17.3)	r_{PBRK} (12.9)	f_{BF} (11.1)	$E_{PBM}[-]$ (8.3)	r_{RK} (3.4)	$E_{BCM}[-]$ (3.3)	$r_{PBRS}[-]$ (1.8)

不同切削深度下模拟月岩仿真切削力影响因素正态概率分布曲线如图 4.24 所示,该曲线表示单个因素的显著性程度,因素落在曲线附近表示对响应的影响较弱,偏离曲线越远的参数越显著。在 PB 试验设计中,由于只观测了单个因素与响应之间的关系,并没有考虑到因素的交互作用,因此仅能得到单个本构参数与模拟月岩切削力平均值的线性回归方程,如式(4.42)~(4.44)所示。

$$M1_{FC\_0.033} = 187.71 + 27.52E_{BCM} - 37.04r_{RK} - 61.98E_{PBM} - 20.36r_{PBRK} +$$
$$67.81S_{PBNS} - 59.98r_{PBRS} + 100.74C_{PBR} + 65.59f_{BF} \qquad (4.42)$$

$$M1_{FC\_0.1} = 450.6 + 17.12E_{BCM} + 1.12r_{RK} - 73.2E_{PBM} + 6.22r_{PBRK} +$$
$$77.42S_{PBNS} - 74.68r_{PBRS} + 192.6C_{PBR} + 96.15f_{BF} \qquad (4.43)$$

$$M1_{FC\_0.2} = 774.87 - 25.28E_{BCM} + 26.65r_{RK} - 64.10E_{PBM} + 99.25r_{PBRK} +$$
$$132.98S_{PBNS} - 13.78r_{PBRS} + 321.25C_{PBR} + 84.97f_{BF} \qquad (4.44)$$

由表 4.10 可知,影响切削力平均值最为显著的两个本构参数是 C_{PBR}、f_{BF}。这是因为颗粒间平行黏结半径越大,模拟月岩离散元模型抵抗切削破碎的能力

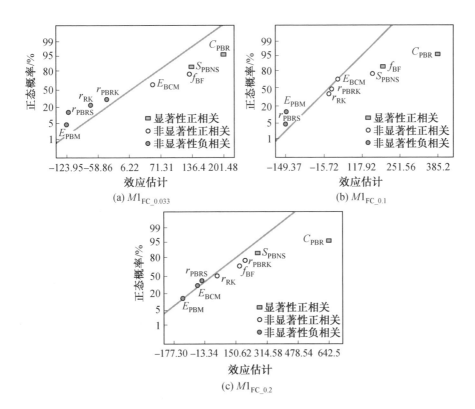

图 4.24　不同切削深度下模拟月岩仿真切削力影响因素正态概率分布曲线

越强。此外,由于在黏结破坏后大量颗粒将散落在岩石和切削刃之间,从而在小切削深度条件下,颗粒间的摩擦特性会大大影响切削负载。

4.3.3.3　岩石二维模型切削负载响应面分析

　　筛选出离散元模型两个最显著的本构参数后,应用响应面分析方法(RSM)估测以上两个因素与模拟月岩切削力负载的非线性关系。响应面分析法是一种获取响应与多种输入变量关系的方法,在此选择包含超出原定水平估计点的 CCD(Central Composite Design) 试验设计作为响应面分析方法,见表 4.11。如果因素点到中心原点距离为 ±1,则超出点到中心原点距离为 $\pm\sqrt{2}$。本试验中,由于本试验为 2^2 析因试验,从而 $a=\sqrt{2}$。不同切削深度下模拟月岩切削力平均值等高线与响应面如图 4.25 所示。

表 4.11 模拟月岩正交切削 CCD 试验矩阵及其仿真结果

测试序号	因素 1 S_{PBNS} C_{PBR} S_{PBNS}	因素 2 C_{PBR} f_{BF} C_{PBR}	$M2_{FC\_0.033}/N$	$M2_{FC\_0.1}/N$	$M2_{FC\_0.2}/N$	试验矩阵坐标点
1	1	1	291.2	590.6	1 265.3	
2	0	0	156.2	296.8	839.1	
3	0	0	156.2	296.8	839.1	
4	0	0	156.2	296.8	839.1	
5	0	0	156.2	296.8	839.1	
6	−1	1	196.8	129.6	793	
7	−1	−1	61.1	127.9	314.8	
8	1	−1	105.3	336.4	726.3	
9	0	$\sqrt{2}$	396.4	282.4	143.04	
10	0	0	156.2	296.8	839.1	
11	$-\sqrt{2}$	0	102.9	128.5	679.4	
12	0	$-\sqrt{2}$	45.2	182.4	323.5	
13	$\sqrt{2}$	0	189.2	525.8	1 156.5	

试验矩阵坐标点：
⬠ —— 测试序号 2,3,4,5,10
□ —— 测试序号 1,6,7,8
○ —— 测试序号 9,11,12,13

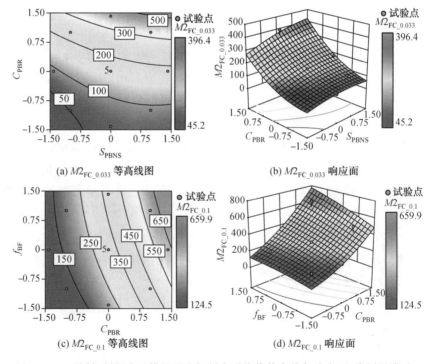

(a) $M2_{FC\_0.033}$ 等高线图 (b) $M2_{FC\_0.033}$ 响应面

(c) $M2_{FC\_0.1}$ 等高线图 (d) $M2_{FC\_0.1}$ 响应面

图 4.25 不同切削深度下模拟月岩切削力平均值等高线与响应面（彩图见附录）

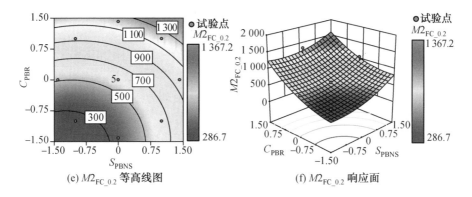

(e) $M2_{FC\_0.2}$ 等高线图　　　　　　(f) $M2_{FC\_0.2}$ 响应面

续图 4.25

CCD 试验设计统计分析结果见表 4.12,在 CCD 试验过程中,考虑了两因素的交互作用,从而可得到如式(4.45)～(4.47)所示二次回归方程。

$$M2_{FC\_0.033} = 156.20 + 32.58 S_{PBNS} + 102.28 C_{PBR} - 10.03 S_{PBNS}^2 +$$
$$27.34 C_{PBR}^2 + 12.55 S_{PBNS} \cdot C_{PBR} \tag{4.45}$$

$$M2_{FC\_0.1} = 311.70 + 179.26 C_{PBR} + 57.35 f_{BF} + 29.35 C_{PBR}^2 -$$
$$6.85 f_{BF}^2 + 25.15 C_{PBR} \cdot f_{BF} \tag{4.46}$$

$$M2_{FC\_0.2} = 591.10 + 164.92 S_{PBNS} + 304.27 C_{PBR} + 75.94 S_{PBNS}^2 +$$
$$90.62 C_{PBR}^2 - 28.45 S_{PBNS} \cdot C_{PBR} \tag{4.47}$$

表 4.12　模拟月岩正交切削 CCD 试验统计分析

因素	$M2_{FC\_0.033}$		$M2_{FC\_0.2}$		$M2_{FC\_0.1}$	
	效应估计	回归系数	效应估计	回归系数	效应估计	回归系数
常数项	—	156.2	—	591.10	—	311.7
S_{PBNS}	65.16	32.58	329.85	164.92	358.5	179.3
C_{PBR}	204.57	102.28	608.54	304.27	114.7	57.3
S_{PBNS}^2	−20.06	−10.03	151.89	75.94	58.7	29.35
C_{PBR}^2	54.69	27.34	181.24	90.62	−13.7	−6.85
$S_{PBNS} \cdot C_{PBR}$	25.10	12.55	−56.90	−28.45	50.3	25.15
R 统计量	95.5%		92.7%		94.5%	

4.3.3.4　岩石二维仿真模型本构参数优选

为了使切削力模拟负载更加逼近真实试验情况,从而精确岩石离散元模型,需要对模拟月岩离散元模型的本构参数进行筛选。匹配目标分别以切削深度为 0.033 mm、0.1 mm 及 0.2 mm 时模拟月岩切削力平均值的仿真与试验差值

(Minimize $|M2_{FC\_X} - 切削力试验平均值|$,式中 X 分别为 0.033 mm、0.1 mm 和 0.2 mm)。

不等式约束：$|M1_{FC\_X} - 切削力试验平均值| \leqslant 5$ N　　　　(4.48)

此外,模拟月岩模型的本构参数还需满足线性回归方程以及表 4.6 中所示的本构参数取值区间。利用枚举法,根据式(4.48)所列边界条件,开展模拟月岩离散元模型的本构参数优选,其优选结果见表 4.13。

表 4.13　模拟月岩正交切削离散元模型的本构参数优选结果

本构参数	参数值		本构参数	参数值	
	编码值	实际值		编码值	实际值
E_{BCM}	-0.2	14 GPa	S_{PBNS}	-0.2	660 MPa
r_{RK}	-1	1	r_{PBRS}	1	2
E_{PBM}	-1	60 GPa	C_{PBR}	-0.7	1.15
r_{PBRK}	-0.6	1.8	f_{BF}	-1	0.2
仿真结果	切削深度 0.033 mm:68.2 N 切削深度 0.1 mm:163.4 N 切削深度 0.2 mm:350.7 N		拟合结果	$M1_{FC\_0.033} = 56.7$ N　$M2_{FC\_0.033} = 51.1$ N $M1_{FC\_0.1} = 163.4$ N　$M2_{FC\_0.1} = 154.0$ N $M1_{FC\_0.2} = 354.4$ N　$M2_{FC\_0.2} = 358.5$ N	

4.3.4　变切削角度下的三维切削负载仿真模型参数匹配

4.3.4.1　岩石离散元三维仿真模型

由于切削刃的前角和刃倾角都不等于 $0°$,因此需要针对模拟月岩切削过程建立 PFC^{3D} 模型。为了节约仿真时间,提高仿真效率,通过颗粒微元三级放大法,建立如图 4.26 所示的模拟月岩 PFC^{3D} 离散元模型。图中模拟月岩被划分为 3 个区域:在模型上层中部的立方体区域为切削区域 Ⅰ,在仿真分析中,此区域的颗粒微元将直接与切削刃相互作用;顺次包围在切削区域 Ⅰ 外部的两个 U 形区域为过渡区域 Ⅱ、Ⅲ,在仿真分析中,这两个区域的颗粒微元将载荷传递至约束边界上。除切削区域 Ⅰ 的顶面外,图 4.26 中的颗粒微元均采用墙边界约束,且切削刃也由 6 面墙组成,以获得不同的切削角度。

根据月岩取芯钻头上镶嵌的切削刃的姿态角度变化区间,在仿真分析中切削刃的几何角度可被离散为表 4.14 所示的 30 个刃齿。其中,加下划线的切削刃刀具 Ⅰ ~ Ⅴ 作为后续试验设计过程中的宏观响应,其余 25 个切削刃用于验证优选后的离散元仿真模型的正确性与适用性。PFC^{3D} 仿真模型中采用刃宽 4 mm、后角 $8°$ 的直线立刃作为切削刀具,且切削深度设定为 0.1 mm。

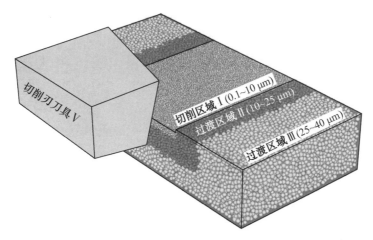

图 4.26   模拟月岩 PFC^{3D} 离散元模型

表 4.14   模拟月岩切削试验中切削刃的几何参数

几何参数		前角 γ_o/(°)					
		-35	-24	-13	0	13	24
刃倾角 λ_s/(°)	0	刀具 II	测试 刀具 4	测试 刀具 3	测试 刀具 2	测试 刀具 1	刀具 1
	5	测试 刀具 5	测试 刀具 18	测试 刀具 17	测试 刀具 16	测试 刀具 15	测试 刀具 14
	15	测试 刀具 6	测试 刀具 19	刀具 V	测试 刀具 25	测试 刀具 24	测试 刀具 13
	25	测试 刀具 7	测试 刀具 20	测试 刀具 21	测试 刀具 22	测试 刀具 23	测试 刀具 12
	35	刀具 III	测试 刀具 8	测试 刀具 9	测试 刀具 10	测试 刀具 11	刀具 IV

注:切削刃其他几何参数:① 后角为 8°;② 刃宽为 4 mm。

4.3.4.2   基于 PB 试验的三维模型本构参数敏感度分析

将前面介绍的 8 组离散元模型本构参数作为 PB 试验的因素指标,基于切削负载的单因素变化仿真分析结果,可获得每个本构参数的高低水平。当切削刃的前角和刃倾角分别为 $-13°$ 和 $15°$、切削深度为 0.1 mm 时,模拟月岩三维切削力仿真平均值随不同本构参数变化趋势如图 4.27 所示。

切削力平均负载与法向平行黏结强度 S_{PBNS}、平行黏结半径系数 C_{PBR} 和颗粒接触摩擦系数 f_{BF} 成正比,与平行黏结模量 E_{PBM} 和平行黏结强度比 r_{PBRS} 成反比。在当前参数变化范围内,接触刚度比 r_{RK}、平行黏结刚度比 r_{PBRK} 及颗粒接触弹性模量 E_{BCM} 对切削力的影响不明显,随着各本构参数变化仅有略微的增加或

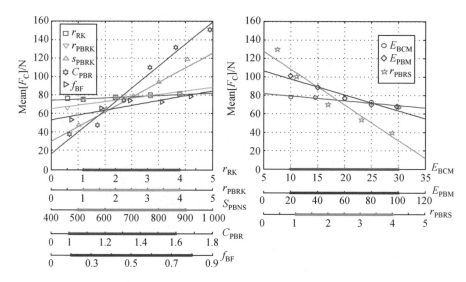

图 4.27　模拟月岩三维切削力仿真平均值随不同本构参数变化趋势（彩图见附录）

降低。由于模拟月岩切削试验中，切削刃刀具 V 的实际切削负载平均值为 95.7 N，因此在 PB 试验设计中，平行黏结半径系数 C_{PBR}、法向平行黏结强度 S_{PBNS} 以及平行黏结强度比 r_{PBRS} 的高低水平分别取为切削负载平均值分别在 40 N 和 120 N 时所对应的本构参数值，其他本构参数的高低水平可参考岩石力学仿真试验（如单轴压缩试验、巴西拉伸试验）来确定。PB 试验设计中 8 个本构参数水平值见表 4.15。

表 4.15　模拟月岩三维切削仿真模型的本构参数水平

本构参数	非编码值			编码转换公式
	-1	0	$+1$	
颗粒接触弹性模量 E_{BCM}/GPa	10	20	30	$Un = 10 \times Co + 20$
接触刚度比 r_{RK}	1	2.5	4	$Un = 1.5 \times Co + 2.5$
平行黏结模量 E_{PBM}/GPa	20	60	100	$Un = 40 \times Co + 60$
平行黏结刚度比 r_{PBRK}	1	2.5	4	$Un = 1.5 \times Co + 2.5$
法向平行黏结强度 S_{PBNS}/MPa	500	700	900	$Un = 200 \times Co + 700$
平行黏结强度比 r_{PBRS}	1	2.5	4	$Un = 1.5 \times Co + 2.5$
平行黏结半径系数 C_{PBR}	1	1.3	1.6	$Un = 0.3 \times Co + 1.3$
颗粒接触摩擦系数 f_{BF}	0.2	0.5	0.8	$Un = 0.3 \times Co + 0.5$

注：Un 为非编码值（Uncoded）；Co 为编码值（Coded）。

　　不同切削角度下模拟月岩切削离散元仿真的完整 PB 试验矩阵见表 4.16，表中试验输入参数为编码值，编码值与非编码值的转换方程在表 4.15 中最后一列给出。选择切削刃刀具 Ⅰ ～ Ⅴ 的 5 个切削力试验平均值作为试验设计的 5 个宏观响应观测值，以在仿真分析中标定模拟月岩的切削负载特性，见表 4.17。

表 4.16　模拟月岩三维切削 PB 试验矩阵

测试序号	E_{BCM}	r_{RK}	E_{PBM}	r_{PBRK}	S_{PBNS}	r_{PBRS}	C_{PBR}	f_{BF}
1	1	−1	1	1	1	−1	−1	−1
2	1	1	1	−1	−1	−1	1	−1
3	−1	1	1	−1	1	1	1	1
4	−1	−1	−1	1	−1	1	1	−1
5	1	−1	1	−1	1	−1	1	1
6	−1	−1	1	−1	1	1	−1	1
7	−1	1	1	1	1	−1	−1	1
8	1	1	−1	1	−1	1	−1	1
9	−1	−1	1	1	1	1	1	−1
10	−1	1	−1	1	1	−1	1	1
11	1	−1	−1	1	1	1	1	1
12	1	1	−1	1	1	−1	−1	−1

表 4.17　PB 试验设计的模拟月岩三维切削仿真结果

| 测试序号 | 切削力平均值 /N | | | | |
	$R1$(刀具 Ⅰ)	$R2$(刀具 Ⅱ)	$R3$(刀具 Ⅲ)	$R4$(刀具 Ⅳ)	$R5$(刀具 Ⅴ)
1	66.2	101.2	47.2	43.9	49.1
2	78.6	251.6	126.6	54.9	100.6
3	69.8	65.1	36.1	49.8	40.8
4	69.2	82.2	42.4	47.6	46.8
5	149.4	853.9	536.4	108.1	378.7
6	61.3	130.5	68.9	46.2	64.8
7	54.4	65.9	31.6	40.2	33.6
8	44.0	54.7	28.1	32.6	16.9
9	47.2	66.6	33.6	34.4	20.7
10	120.9	508.7	324.9	93.1	281.2
11	64.5	69.0	35.0	42.6	39.7
12	64.1	68.1	33.0	45.5	40.9
区间	44.0～149.4	54.7～853.9	28.1～536.4	32.6～108.1	16.9～378.7

　　PB 试验的因子效应估计、回归系数和 P 值见表 4.18。各因素的相关性强度由因子效应估计指标的绝对值表示，绝对值越大，相关性越强，其符号表征相关性的正负。例如，平行黏结模量(E_{PBM})的效应估计和回归系数分别为 −179.79、−89.9，即在 E_{PBM} 取值从 −1 逐渐增加到 +1 的过程中，切削刃 Ⅱ 的切削力平均值成减小趋势。P 值决定本构参数的显著性指标，常规显著性水平取 0.05，如果 P 值比 0.05 小，则该因素是响应的显著因素。

表 4.18　模拟月岩三维切削 PB 试验统计分析

评价指标	因素	宏观响应				
		R1 （刀具 Ⅰ）	R2 （刀具 Ⅱ）	R3 （刀具 Ⅲ）	R4 （刀具 Ⅳ）	R5 （刀具 Ⅴ）
效应估计	E_{BCM}	7.34	79.90	44.82	2.74	23.02
	r_{RK}	-4.33	-48.22	-30.57	-1.11	-14.31
	E_{PBM}	-21.37	-179.79	-120.61	-17.87	-90.78
	r_{PBRK}	-1.83	-87.87	-52.59	-2.19	-21.86
	S_{PBNS}	24.25	168.27	113.11	18.46	84.83
	r^*_{PBRS}	-28.66	-250.98	-154.54	-22.3	-117.01
	C^*_{PBR}	35.85	223.90	143.14	25.58	110.31
	f_{BF}	11.87	153.37	105.90	10.53	71.27
回归系数	常数项	74.14	193.12	111.99	53.25	92.82
	E_{BCM}	3.67	39.95	22.41	1.37	11.51
	r_{RK}	-2.16	-24.11	-15.28	-0.56	-7.16
	E_{PBM}	-10.68	-89.90	-60.30	-8.94	-45.39
	r_{PBRK}	-0.92	-43.94	-26.30	-1.1	-10.93
	S_{PBNS}	12.12	84.14	56.56	9.23	42.42
	r^*_{PBRS}	-14.33	-125.49	-77.27	-11.15	-58.50
	C^*_{PBR}	17.92	111.95	71.57	12.79	55.16
	f_{BF}	5.94	76.68	52.95	5.26	35.64
P 值	常数项	0.023	0.037	0.032	0.014	0.010
	E_{BCM}	0.257	0.204	0.234	0.471	0.219
	r_{RK}	0.471	0.400	0.386	0.760	0.407
	E_{PBM}	0.027	0.036	0.028	0.013	0.009
	r_{PBRK}	0.750	0.173	0.180	0.557	0.238
	S_{PBNS}	0.019	0.042	0.033	0.012	0.011
	r^*_{PBRS}	0.012	0.015	0.014	0.007	0.004
	C^*_{PBR}	0.007	0.020	0.018	0.005	0.005
	f_{BF}	0.109	0.053	0.039	0.051	0.017
R 统计量		97.6%	96.7%	97.0%	98.3%	98.6%

　　不同切削角度下模拟月岩仿真切削力影响因素正态概率分布曲线如图 4.28 所示,该曲线表示单个因素的显著性程度,因素与曲线之间的距离表示因素的显著程度,即因素落在曲线附近表示对响应的影响较弱,偏离曲线越远的参数越显著。在 PB 试验设计中,由于只观测了单个因素与响应之间的关系,并没有考虑到因素的交互作用,因此仅能得到单个本构参数与模拟月岩切削力平均值的线性回归方程,用于后续本构参数优选中的线性等式约束条件,如式(4.49)～

（4.53）所示。

$$\text{MCF1}_{I} = 74.14 + 3.67E_{\text{BCM}} - 2.16r_{\text{RK}} - 10.68E_{\text{PBM}} - 0.92r_{\text{PBRK}} +$$
$$12.12S_{\text{PBNS}} - 14.33r_{\text{PBRS}} + 17.92C_{\text{PBR}} + 5.94f_{\text{BF}} \qquad (4.49)$$

$$\text{MCF1}_{II} = 193.12 + 39.95E_{\text{BCM}} - 24.11r_{\text{RK}} - 89.90E_{\text{PBM}} - 43.94r_{\text{PBRK}} +$$
$$84.14S_{\text{PBNS}} - 125.49r_{\text{PBRS}} + 111.95C_{\text{PBR}} + 76.68f_{\text{BF}} \qquad (4.50)$$

$$\text{MCF1}_{III} = 111.99 + 22.41E_{\text{BCM}} - 15.28r_{\text{RK}} - 60.30E_{\text{PBM}} - 26.30r_{\text{PBRK}} +$$
$$56.56S_{\text{PBNS}} - 77.27r_{\text{PBRS}} + 71.57C_{\text{PBR}} + 52.95f_{\text{BF}} \qquad (4.51)$$

$$\text{MCF1}_{IV} = 53.25 + 1.37E_{\text{BCM}} - 0.56r_{\text{RK}} - 8.94E_{\text{PBM}} - 1.10r_{\text{PBRK}} +$$
$$9.23S_{\text{PBNS}} - 11.15r_{\text{PBRS}} + 12.79C_{\text{PBR}} + 5.26f_{\text{BF}} \qquad (4.52)$$

$$\text{MCF1}_{V} = 92.82 + 11.51E_{\text{BCM}} - 7.16r_{\text{RK}} - 45.39E_{\text{PBM}} - 10.93r_{\text{PBRK}} +$$
$$42.42S_{\text{PBNS}} - 58.50r_{\text{PBRS}} + 55.16C_{\text{PBR}} + 35.64f_{\text{BF}} \qquad (4.53)$$

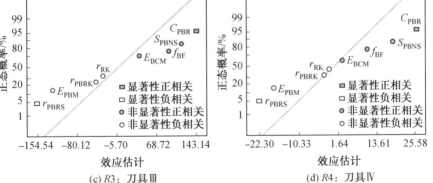

图 4.28　不同切削角度下模拟月岩仿真切削力影响因素正态概率分布曲线

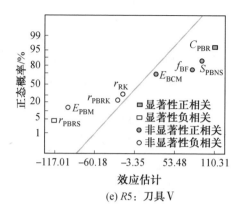

(e) $R5$：刀具Ⅴ

续图 4.28

表 4.19 为模拟月岩三维切削仿真中各宏观响应的本构参数相关性分析。显然，在变切削角度试验中，影响 5 个切削刃均值切削力最显著的两个本构参数为 C_{PBR} 和 r_{PBRS}，C_{PBR} 与 5 个响应正相关，这可直观地理解为颗粒微元间的平行黏结半径越大，抵抗平行黏结破碎的能力就越强。相反，5 个切削力均随着 r_{PBRS} 的增加而减小，且 r_{PBRS} 的相关度强弱绝对值要大于 S_{PBNS}。这是由于颗粒间的黏结剪切强度随着 r_{PBRS} 的增加成比例减小，而 S_{PBNS} 的高低水平差仅为 200 MPa。此外，对于切削刃 Blade Ⅰ 和 Ⅳ 来说，C_{PBR} 的影响略大于 r_{PBRS}，而在其他 3 个切削

表 4.19　模拟月岩三维切削仿真中各宏观响应的本构参数相关性分析

	响应	R1(刀具 Ⅰ)	R2(刀具 Ⅱ)	R3(刀具 Ⅲ)	R4(刀具 Ⅳ)	R5(刀具 Ⅴ)
相关度/%	强相关效应	C_{PBR}	$r_{PBRS}[-]$	$r_{PBRS}[-]$	C_{PBR}	$r_{PBRS}[-]$
		26.5	21.0	20.2	25.4	21.9
		$r_{PBRS}[-]$	C_{PBR}	C_{PBR}	$r_{PBRS}[-]$	C_{PBR}
		21.2	18.8	18.7	22.1	20.7
	中等相关效应	S_{PBNS}	$E_{PBM}[-]$	$E_{PBM}[-]$	S_{PBNS}	$E_{PBM}[-]$
		17.9	15.1	15.8	18.3	17.0
		$E_{PBM}[-]$	S_{PBNS}	S_{PBNS}	$E_{PBM}[-]$	S_{PBNS}
		15.8	14.1	14.8	17.7	15.9
		f_{BF}	f_{BF}	f_{BF}	f_{BF}	f_{BF}
		8.8	12.9	13.8	10.4	13.4
	弱相关效应	E_{BCM}	$r_{PBRK}[-]$	$r_{PBRK}[-]$	E_{BCM}	E_{BCM}
		5.4	7.4	6.9	2.7	4.3
		$r_{RK}[-]$	E_{BCM}	E_{BCM}	$r_{PBRK}[-]$	$r_{PBRK}[-]$
		3.2	6.7	5.9	2.2	4.1
		$r_{PBRK}[-]$	$r_{RK}[-]$	$r_{RK}[-]$	$r_{RK}[-]$	$r_{RK}[-]$
		1.4	4.0	4.0	1.1	2.7

刃的仿真分析中，r_{PBRS} 是最显著的影响因素。这可能与切削刃前角符号变化有关。当切削刃前角小于 0° 时（负前角，如切削刃刀具 Ⅱ、Ⅲ 和 Ⅴ），PFC 仿真中的切削阻力主要来源于岩石的挤压破碎，一旦剪切面的应力超过剪切强度，岩石将瞬间破碎成屑。因此，在这种情况下，仿真模型中表征剪切强度的平行黏结强度比 r_{PBRS} 的影响较强。同时，当切削刃前角大于 0° 时（正前角），切削过程中由颗粒黏结而成的岩石易产生拉伸破碎，且颗粒微元间平行黏结的半径对于抵抗破碎尤为重要。

4.3.4.3　岩石三维模型切削负载响应面分析

通过 PB 试验设计筛选出离散元模型两个最显著的本构参数后，应用响应面分析方法（RSM）估测以上两个因素与模拟月岩切削力负载间的非线性关系。响应面分析法是一种获取响应与多种输入变量非线性关系的方法，在此选择包含超出原定水平估计点的 CCD 试验设计作为响应面分析方法，见表 4.20。如果因素点到中心原点距离为 ±1，则超出点到中心原点距离为 ±a。本试验中，由于本试验为 2^2 析因试验，从而 $a=\sqrt{2}$。

CCD 试验设计统计分析结果见表 4.21，5 个宏观响应的等高线和响应面如图 4.29 所示。与 PB 设计相比，在 CCD 试验过程中，考虑了两个因素的交互作用，从而可得到如式（4.54）～（4.58）所示二次回归拟合方程，这些二次方程将作为非线性不等式约束条件用于后续本构参数优选。

表 4.20　模拟月岩三维切削仿真的 CCD 试验结果及设计矩阵

试验序号	因素 1 (r_{PBRS})	因素 2 (C_{PBR})	切削力平均值 /N				
			R6 (刀具 Ⅰ)	R7 (刀具 Ⅱ)	R8 (刀具 Ⅲ)	R9 (刀具 Ⅳ)	R10 (刀具 Ⅴ)
1	$-\sqrt{2}$	0	81.8	298.2	161.8	52.5	137.8
2	-1	1	94.0	414.6	215.6	68.9	184.3
3	1	1	78.2	135.0	87.4	51.2	83.3
4	0	$-\sqrt{2}$	61.2	77.2	59.5	38.9	58.5
5	1	-1	58.0	69.7	55.5	37.2	55.8
6	0	$\sqrt{2}$	105.7	237.3	145.4	70.1	127.5
7	0	0	80.8	140.5	88.6	50.4	80.9
8	0	0	80.8	140.5	88.6	50.4	80.9
9	$\sqrt{2}$	0	62.9	85.3	63.0	40.7	61.3
10	0	0	80.8	140.5	88.6	50.4	80.9
11	-1	-1	72.4	141.8	91.5	46.0	80.7
12	0	0	80.8	140.5	88.6	50.4	80.9
13	0	0	80.8	140.5	88.6	50.4	80.9

表 4.21　模拟月岩三维切削仿真 CCD 试验设计数据统计分析

因素	R6（刀具 Ⅰ）	R7（刀具 Ⅱ）	R8（刀具 Ⅲ）	R9（刀具 Ⅳ）	R10（刀具 Ⅴ）
常数项	80.80	140.48	88.60	50.44	80.88
r_{PBRS}	-7.13	-81.60	-37.98	-5.39	-29.27
C_{PBR}	13.10	70.59	34.68	10.13	28.59
r^2_{PBRS}	-4.79	29.60	13.16	-1.86	10.53
C^2_{PBR}	0.76	12.32	8.21	2.10	7.23
$r_{PBRS} \cdot C_{PBR}$	-0.35	-51.88	-23.03	-2.24	-19.03
R 统计量	96.7%	97.9%	98.9%	98.4%	98.6%

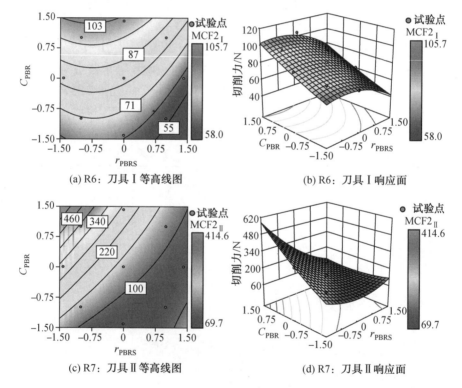

图 4.29　不同切削角度下模拟月岩切削力平均值的等高线和响应面（彩图见附录）

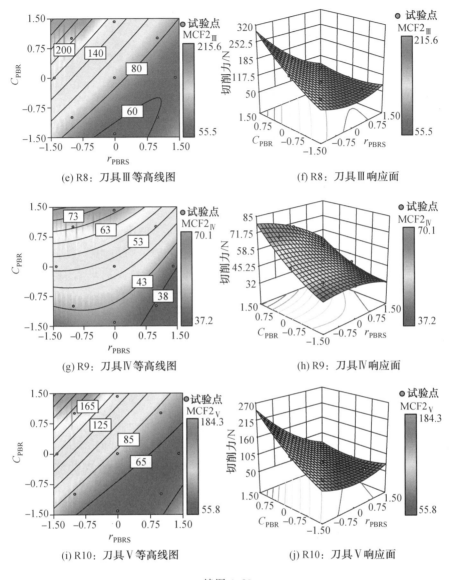

(e) R8：刀具Ⅲ等高线图　　　　　　　　(f) R8：刀具Ⅲ响应面

(g) R9：刀具Ⅳ等高线图　　　　　　　　(h) R9：刀具Ⅳ响应面

(i) R10：刀具Ⅴ等高线图　　　　　　　　(j) R10：刀具Ⅴ响应面

续图 4.29

$$MCF2_{I} = 80.80 - 7.13r_{PBRS} + 13.10C_{PBR} - 4.79r_{PBRS}^2 + 0.76C_{PBR}^2 - $$
$$0.35C_{PBR} \cdot r_{PBRS} \tag{4.54}$$

$$MCF2_{II} = 140.48 - 81.60r_{PBRS} + 70.59C_{PBR} + 29.60r_{PBRS}^2 + 12.32C_{PBR}^2 - $$
$$51.88C_{PBR} \cdot r_{PBRS} \tag{4.55}$$

$$MCF2_{III} = 88.60 - 37.98r_{PBRS} + 34.68C_{PBR} + 13.16r_{PBRS}^2 + 8.21C_{PBR}^2 - $$
$$23.03C_{PBR} \cdot r_{PBRS} \tag{4.56}$$

$$\mathrm{MCF2_{IV}} = 50.44 - 5.39r_{\mathrm{PBRS}} + 10.13C_{\mathrm{PBR}} - 1.86r_{\mathrm{PBRS}}^2 + 2.10C_{\mathrm{PBR}}^2 -$$

$$2.24C_{\mathrm{PBR}} \cdot r_{\mathrm{PBRS}} \tag{4.57}$$

$$\mathrm{MCF2_V} = 80.88 - 29.27r_{\mathrm{PBRS}} + 28.59C_{\mathrm{PBR}} + 10.53r_{\mathrm{PBRS}}^2 + 7.23C_{\mathrm{PBR}}^2 -$$

$$19.03C_{\mathrm{PBR}} \cdot r_{\mathrm{PBRS}} \tag{4.58}$$

4.3.4.4 岩石三维仿真模型本构参数优选

为了使切削力模拟负载更加逼近真实试验情况,从而精确岩石离散元模型,需要对模拟月岩离散元模型的本构参数进行筛选。优选目标为切削刃刀具 Ⅰ ~ Ⅴ 的切削平均负载的仿真值与试验值之差的绝对值最小,其通用方程可写为

$$目标方程:\mathrm{Mininize} \mid \mathrm{MCF2}_x - 试验测试结果 \mid \tag{4.59}$$

此外,各本构参数同时需要满足如式(4.60)所示的不等式约束和表 4.15 中给出的参数取值区间,式(4.59)和式(4.60)中的下标 x 满足 $x \in \{Ⅰ, Ⅱ, Ⅲ, Ⅳ, Ⅴ\}$。匹配流程如图 4.21 所示,所获得的本构参数经过圆整后见表 4.22。

$$不等式约束:\mid \mathrm{MCF1}_x - 试验测试结果 \mid \leqslant 5 \ \mathrm{N} \tag{4.60}$$

表 4.22　模拟月岩三维切削模型的本构参数优选结果

	刀具 Ⅰ	刀具 Ⅱ	刀具 Ⅲ	刀具 Ⅳ	刀具 Ⅴ
目标切削力	88.3	169.5	105.4	57.4	95.7
拟合结果	83.7[a]	173.5[a]	102.0[a]	58.7[a]	95.7[a]
	89.5[b]	167.4[b]	105.1[b]	58.0[b]	95.6[b]
仿真结果	86.9	168.5	105.3	54.4	94.1

注:a. 线性拟合结果;b. 二次拟合结果。

4.3.5　切削负载仿真模型试验验证及破碎行为仿真分析

4.3.5.1　切削负载仿真模型试验验证

根据表 4.13 和表 4.22 中所得离散元模型的本构参数,重新构建单刃直线切削模拟月岩的 PFC 模型,并开展不同切削深度条件下、不同切削角度下模拟月岩单刃切削仿真模拟。同时,基于单刃直线切削负载测试平台进行试验验证(图 4.30)。在模拟月岩单刃切削试验与仿真分析过程中,切削刃水平切削速度设为 26 mm/s,相当于直径为 32 mm、取芯直径为 16 mm 的钻头的转速(20 r/min)。

(1) 不同切削深度下模拟月岩切削负载特性试验验证。

在开展不同切削深度下模拟月岩切削试验时,切削深度分别设为 0.033 mm、0.05 mm、0.075 mm、0.1 mm、0.12 mm、0.15 mm、0.18 mm、0.2 mm,模拟月岩单刃直线切削力随不同切削深度变化趋势如图 4.31 所示,详

细试验数据见表 4.23。

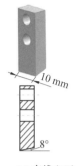

(a) 单刃直线切削负载测试平台　　　　(b) 直线立刃

图 4.30　模拟月岩直线切削负载测试试验环境

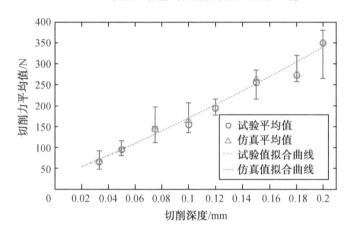

图 4.31　模拟月岩单刃直线切削力随不同切削深度变化趋势

由图 4.31 可知，模拟月岩切削力平均负载的仿真值和试验值均随着切削深度的增加而增加。当切削深度从 0.033 mm 逐渐增加到 0.2 mm 过程中，仿真值均落在试验结果波动区间以内，且与试验切削力平均值相对误差均小于 10%。可见利用 PB 试验设计与 CCD 试验设计获得的离散元本构参数能够反映模拟月岩在不同切削深度下的切削力负载特性，为后续开展切削刃构型参数对切削负载影响研究提供了必要条件。

表 4.23　模拟月岩切削力负载试验数据

切削深度 /mm	仿真值 /N	试验值 /N	试验边界值 /N	
			上	下
0.033	68.2	65.6	86.5	53.6
0.050	95.6	91.4	171.1	81.8
0.075	144.2	143.6	118.3	197.7
0.100	163.4	154.1	140.7	204.4
0.120	195.4	193.2	176.7	217.5
0.150	263.2	255.3	222.9	281.2
0.180	276.6	272.1	261.1	323.4
0.200	350.7	348.7	272.5	389.2

（2）不同切削角度下模拟月岩切削负载特性试验验证。

在开展不同切削角度下模拟月岩切削试验时，切削刃的几何参数见表 4.14。以切削刃测试刀具 20 为例，其模拟切削力负载随切削长度变化趋势如图 4.32 所示。随着切削位移的增加，仿真切削力围绕平均值 89.6 N 上下波动。图 4.32 中的水平虚线是模拟月岩切削试验中实测的平均切削力。

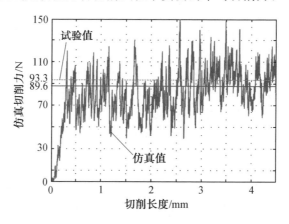

图 4.32　切削刃测试刀具 20 的模拟切削力负载随切削长度变化趋势

60 个切削力平均值（30 个仿真值、30 个试验值）随切削刃前角和刃倾角变化趋势如图 4.33 所示。为了直观地观测平均切削力随不同前角和刃倾角的变化趋势，将 30 个切削刃的仿真结果拟合曲面绘制在图 4.33 中。

由图 4.33 可知，切削力的仿真值和试验值均随着前角及刃倾角的增加而减小，而且 30 个切削刃的仿真切削力均落在试验值的波动区间内，仿真结果与试验结果的相对误差不超过 5%。为了更加直观地观察切削力平均值仿真结果与试验结果的偏差，将图 4.33 的拟合曲面分别在刃倾角—切削力平面、前角—切削力平面做投影，可得到切削力随刃倾角、前角变化的拟合曲线，如图 4.34 所示。可

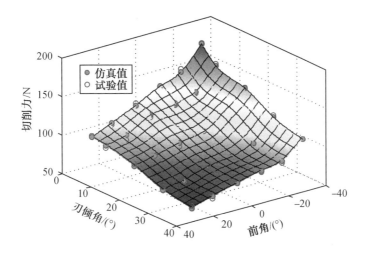

图 4.33　切削力随切削刃前角和刃倾角变化趋势

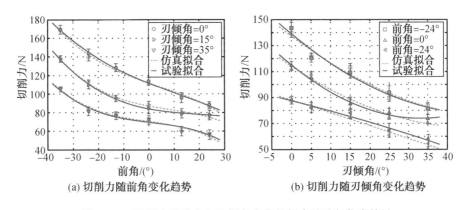

(a) 切削力随前角变化趋势　　　　　(b) 切削力随刃倾角变化趋势

图 4.34　切削力随前角和刃倾角变化的拟合试验与仿真结果

以确定的是,不同切削角度条件下的模拟月岩切削负载特性能够由上述离散元三维仿真模型表示(由表 4.22 中的本构参数构建)。

4.3.5.2　变切削深度下的岩石破碎行为仿真分析

切削深度分别为 0.033 mm、0.075 mm、0.12 mm 及 0.2 mm 时,模拟月岩切削特性离散元数值模拟剖面图如图 4.35 所示,其中若干红色连线即为岩屑颗粒间的平行黏结。当切削破碎载荷超过黏结强度时,平行黏结发生破坏,形成散落的颗粒微元或颗粒微元团,即岩屑。大部分岩屑飞出岩体以外,堆积在岩石基体上的表面;还有少部分岩屑散落在前刀面与母岩之间,并随着切削刃的切入被逐渐挤密,从而形成密实核,这与前文阐述的岩石切削破碎过程中密实核的形成过程相一致。在图 4.35(b)~(d) 所框选的蓝色三角形区域内,颗粒微元团相对密实,并且边线附近的颗粒微元与母岩间的平行黏结均已断裂,因此该部分区域即为密实核区。这验证了前文关于岩石切削破碎过程中存在密实核区的假设。从仿真图像可知,随着切削深度的增大,密实核区域也逐渐增大,密实核的存在改变了前刀面与岩石间相互作用的特性。

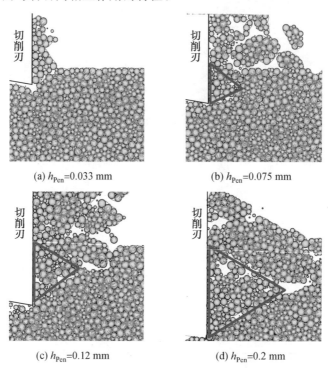

(a) $h_{Pen}=0.033$ mm

(b) $h_{Pen}=0.075$ mm

(c) $h_{Pen}=0.12$ mm

(d) $h_{Pen}=0.2$ mm

图 4.35　不同切削深度下模拟月岩切削特性离散元数值模拟剖面图(彩图见附录)

图 4.35(a) 中并未框选出明确的密实核区域,这是由于在切削深度较低时(如0.033 mm),堆积在前刀面与母岩间的岩屑多为单个颗粒微元,这些散落的圆形颗粒通常不容易被稳定挤压在某种开放的区间内,从而无法形成明显的密实核区域。这种现象与离散元模型中颗粒微元的尺寸设置有关系,在未来分析切削深度低于 0.033 mm 时,模拟月岩的切削特性,可相应调整微元尺寸上下边界,以达到仿真精度的需求。

4.3.5.3　变切削角度下的岩石破碎行为仿真分析

在完成不同切削角度下的模拟月岩切削负载特性试验验证后,岩石在切削过程中的破碎形态可由 30 组仿真过程获得。为了提供一个更加清晰的观测视角,选择与切削刃刀刃垂直且过刀刃中点的横截面作为观测平面。图 4.36 为不同切削角度的切削刃破碎模拟月岩瞬间剖面,展示了切削刃刀具Ⅰ、Ⅲ 和测试刀具 3、6 切削岩石所形成的切削断面。图中红色微元表示由黏结的颗粒微元形成的未破坏的岩石,蓝色颗粒表示平行黏结已经失效的岩屑。大量的岩屑颗粒聚集在切削刃的前刀面,并且能够清晰地观测到切削刃前方的岩石破碎边界。另外,在切削刃后刀面与已切削表面之间还夹杂着一些蓝色的颗粒微元,这主要是由于:① 切削刃后刀面上存在阻力:在切削过程中,颗粒微元与切削刃后刀面存在相互作用载荷,载荷会在岩石破碎瞬间超过颗粒间的黏结强度;② 仿真步长的限制:当颗粒微元尺度与单位仿真步长时间内切削刃前行的位移相当时,颗粒微元可能会与切削刃刃口重叠,此时在颗粒微元上将会产生一个巨大的载荷,并导致颗粒微元在下个仿真步时直接脱落。这与试验过程中观测到的后刀面上岩屑的产生原因有所不同,试验中后刀面上黏附的岩屑主要因为过切削作用。图 4.36 中,黑色线条表示颗粒微元间的接触力,线条宽度仅表示颗粒微元间接触力的相对尺度大小。

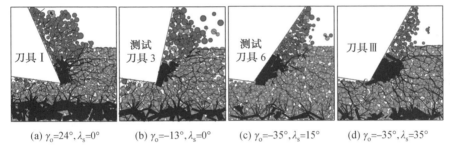

图 4.36　不同切削角度的切削刃破碎模拟月岩瞬间剖面(彩图见附录)

为了进一步观测岩石与前刀面间颗粒微元的移动状态,绘制如图 4.37 所示的颗粒微元相对速度场。其中,表征岩屑的颗粒微元的速度向量以红色高亮显示。在这些红色向量中,总能在切削刃刃尖处发现一些相对速度接近于 **0** 的向量,而且这些向量的存在于切削刃构型无关。由这些零速向量的微元颗粒组成的区域就是前面所说的密实核,密实核区域的形态和大小随着切削过程的前进而波动变化。

如图 4.37 和图 4.38 所示,通过切削刃前端的速度不连续平面可清晰区分出岩石破碎过程中的剪切平面。图 4.37 中的 4 个切削刃具有相同的刃倾角,图 4.38 中的 4 个切削刃的前角相同。从图中可以明显地观测到,随着前角的减少,剪切平面的长度有所增加,同样随着刃倾角的增加,在切削横断面上的剪切平面长度有所降低,这揭示了为何切削力会与前角和刃倾角成反比。

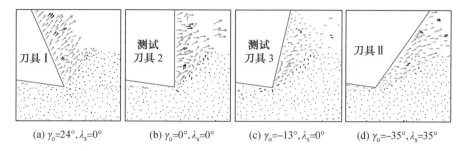

(a) $\gamma_o=24°, \lambda_s=0°$ (b) $\gamma_o=0°, \lambda_s=0°$ (c) $\gamma_o=-13°, \lambda_s=0°$ (d) $\gamma_o=-35°, \lambda_s=35°$

图 4.37   随着前角的增大,颗粒微元相对速度场变化趋势(彩图见附录)

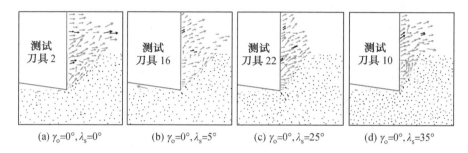

(a) $\gamma_o=0°, \lambda_s=0°$ (b) $\gamma_o=0°, \lambda_s=5°$ (c) $\gamma_o=0°, \lambda_s=25°$ (d) $\gamma_o=0°, \lambda_s=35°$

图 4.38   随着刃倾角的增大,颗粒微元相对速度场变化趋势(彩图见附录)

在不同切削刃的仿真切削过程中,随着前角和刃倾角的增大模拟月岩剪切角变化趋势如图 4.39 所示。随着前角的增加,剪切角大约沿 3 次曲线增加。另外,前角和刃倾角越大,岩屑从岩石上破碎时的破碎空间越大,从而剪切角越大,剪切破碎长度越小,这与试验切削测试结果相一致。显然,在月面环境下,受探测器系统能耗的限制,月岩取芯钻头上的单元切削刃应选取较大的前角和刃倾角,以减少岩石钻进过程中的切削破碎载荷。

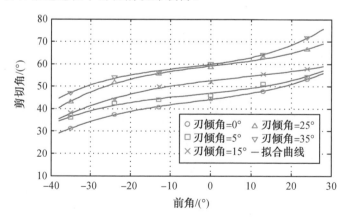

图 4.39   随着前角和刃倾角的增大,模拟月岩剪切角变化趋势

4.4　低作用力高效能模拟月岩钻进取芯钻头设计

在开展月岩取芯钻头设计之前,先界定两个与岩石钻进相关的概念。对于月岩取芯钻头而言,其钻进能力是指在月面工况下,利用探测器给定的有限能力,取芯钻头对可钻性等级不低于Ⅵ级岩石的钻进突破能力,以及对非确知月壤的适应能力和取芯能力。对于岩石的钻进突破能力,可用钻进特性来定量化评价,在额定转速和指定钻进深度条件下,针对Ⅵ级均质可钻性等级的月岩,可用两个指标来表征:给定钻压力条件下的钻进速率,速率越高,钻进特性越好;固定钻进时间条件下的钻压力需求,钻压力越小,钻进特性越好。而钻进效能是指实现岩石钻进破碎功能的程度,以及破碎岩石所需的综合代价。

4.4.1　低作用力高效能月岩取芯钻头方案设计

4.4.1.1　取芯钻头设计依据

由于月面钻进取芯对象具有非确知性,既有宽带分布的月壤,又可能存在大尺度月岩,为实现深层月壤样品的可靠连续采集,取芯钻头需满足如下特殊功能目标要求:在钻进特性方面,需能同时钻进月壤和岩石,对月壤的临界尺度颗粒要有强适应性,对岩石有可钻性等级的最小要求(Ⅵ级以上);在取芯特性方面,需对狭义月壤保持高取芯率(85% 以上),且层理信息保持性要好;对岩石取芯,能钻透厚度小于 50 mm 的岩块,形成的岩柱由钻具取芯机构进行收集;在钻进安全性方面,要实现有限能力的降额使用,且在无温度传感信息条件下,通过钻进负载控制(钻压力低于 800 N),实现钻具温度不超标。

月面钻进取芯过程如图 4.40 所示。当钻进月壤时,位于排屑区的原位月壤被钻头破碎后沿着钻具排屑槽输送至月球表面,位于目标取芯区的月壤顺次贯入钻头取芯通道,进入取芯机构,实现月壤采样。当钻进月岩时,钻头将破碎排屑区的月岩,并在取芯通道内形成岩心,当月岩被突破后,岩心连同下方取芯区的月壤进入取芯机构,实现月岩采样。由于钻具内需布置取芯机构,因此与地质岩石取芯钻头相比,钻头的排屑区较大。

根据月岩取芯钻头的功能目标,结合月面实际钻进取芯过程,将取芯钻头的功能确定如下:

① 切削破碎功能:实现有限能力下 Ⅵ 级可钻性等级岩石的切削破碎。

② 冲击破碎功能:实现钻进切削过程中岩石的冲击辅助破碎。

③ 流场阻隔功能:实现月壤排屑流场、取芯流场的阻隔,提高对狭义月壤的

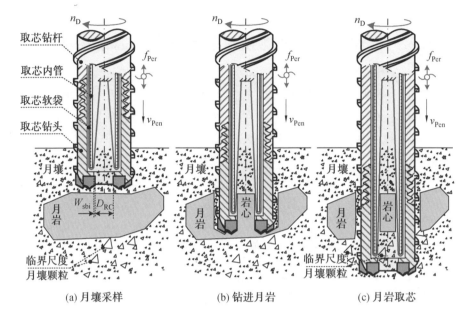

取芯钻杆
取芯内管
取芯软袋
取芯钻头

月壤
月岩
W_{sbi} D_{RC}
临界尺度
月壤颗粒

(a) 月壤采样

月壤
月岩
岩心

(b) 钻进月岩

月壤
月岩
岩心
临界尺度
月壤颗粒

(c) 月岩取芯

图 4.40　月面钻进取芯过程

取芯率,具备对临界尺度月壤颗粒的取芯能力。

④ 月壤排屑功能:实现狭义月壤高效排屑功能,以及对临界尺度月壤颗粒的适应能力。

4.4.1.2　带阻隔环和尖角立刃的取芯钻头方案设计

根据取芯钻头的功能定义和结构组成,可将月岩取芯钻头分为钻头基体和切削刃两部分。其中,破碎月岩的主要结构为切削刃,决定钻进负载,而月壤排屑/取芯能力主要由钻头基体决定。根据月壤在钻进过程中的行为差异,可将钻头下方的原位月壤划分为目标采样区 B、目标排屑区 D 及钻进成孔区 A,原位月壤将分别在排屑取芯界面和排屑成孔界面发生分流,如图 4.41 所示。位于目标采样区 B 的原位月壤将进入取芯管,实现样品采集。位于目标排屑区 D 的原位月壤在切削刃的作用下破碎,形成松散月壤颗粒,并通过螺旋排屑区 C 输送至月球表面。月壤颗粒在输送过程中,钻进成孔区 A 的原位月壤将为整个排屑通道提供边界包络。

针对月壤的排屑功能和流场阻隔功能,哈尔滨工业大学宇航空间机构及控制研究中心研制了 HIT-H 型钻头基体构型[图 4.42(a)],该基体采用空间球面螺旋构型配合月壤取芯阻隔结构,在模拟月壤地面钻进试验中能获得较好的排屑效果及较高的取芯率。为验证球面螺旋构型基体和月壤取芯阻隔结构在提升月壤排屑效率及取芯率方面的作用,以迄今唯一实现月面无人自主采样返回任

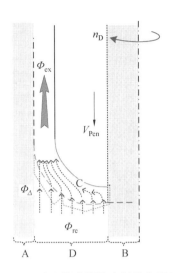

图 4.41　取芯钻头颗粒流场分离界面

务的 Luna 24 取芯钻头作为对比分析对象,开展了 HIT-H 型球面螺旋钻头基体和类 Luna 24 型取芯钻头的月壤排屑 / 取芯特性离散元仿真,结果表明:通过计算,钻头在一定钻进深度下排出颗粒的个数,能够分别得到 HIT-H 型钻头单位时间内排出的颗粒数目为 96.1 个 /s,而类 Luna 24 型钻头在单位时间内排出的颗粒数目仅为 52.3 个 /s;由于钻头基体设计有月壤阻隔环,HIT-H 型钻头几乎没有漏样情况发生,且其采样率在 80% 以上,而类 Luna 24 型钻头目标采样区域内的红色颗粒有明显的被钻头排出的迹象。可见在钻进过程中,钻头的螺旋排屑结构和月壤阻隔环能够有效提升月壤排屑效率及取芯率,因此月岩取芯钻头的设计应在继承上述两种功能的基础上提高其自身突破月岩的能力。

　　针对月岩的切削破碎功能,设计了低作用力高效能月岩取芯钻头(LRCB)[图 4.42(b)],该钻头采用内外双排分布式离散型切削刃,分别镶嵌于球面螺旋线与阻隔环、钻杆螺旋线交界处,这既减少了切削刃对钻头基体螺旋排屑通道的影响,又使得岩石的破碎形式由 HIT-H 型的磨削破碎变为切削破碎,提高了有限钻进能力下的钻进效率和热安全性。切削刃构型采用尖角立刃构型,切削刃的尖角率先以点接触的方式划破岩石,使得钻具能快速定心,保持钻进的稳定性。尖角立刃由两个单元切削刃构成,在钻进过程中用于切削破碎月岩。此外,为了保证月岩在钻进破碎后形成的柱状岩心能够顺利进入取芯机构,并且不影响取芯软袋内翻动作,因此在内排尖角立刃与钻头阻隔环处设计有内出刃,内出刃不参与岩石切削破碎,仅是增大了尖角跨距(即尖角立刃的宽度)。3 个尖角立刃的内出刃所形成的切削包络直径略小于钻头阻隔环内径,使得切削形成的岩心外径略小于钻头取芯通道内径,防止岩心在钻进过程中阻塞取芯通道。

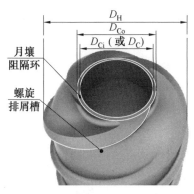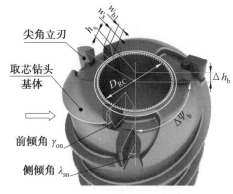

(a) 球面螺旋钻头基体(HIT-H 型)　　　　(b) 低作用力高效能月岩取心钻头(LRCB)

图 4.42　球面螺旋钻头(HIT-H 型)和月岩取芯钻头(LRCB)三维构型释义

　　针对月岩的冲击破碎功能,钻头上所得的有限冲击作用力通过多个离散的尖角立刃传递至岩石表面,尖角立刃上的两个单元切削刃使得冲击力的作用区域进一步分解,使得在尽可能小的作用区域内形成较大的集中冲击应力,提高冲击辅助破碎能力。由于低冲击作用力下切削刃几何参数对岩石的冲击破碎影响甚微,因此在设计月岩取芯钻头切削刃参数时,暂不考虑切削刃参数对冲击应力传递特性的影响,仅以月岩切削破碎功能为取芯钻头参数设计的主要考量目标。

　　根据取芯钻头尺寸约束条件,可将月岩取芯钻头上的球面螺旋线、阻隔环及尖角立刃的设计参数进行归纳,见表 4.24。影响钻头排屑取芯特性的结构参数包括钻头外径、钻头内径、椭球面短轴长度、钻头螺旋数目、排屑螺旋升角以及阻隔环内、外径,影响岩石切削破碎和冲击破碎特性的结构参数包括切削刃高度、角度差、岩石取芯直径,内出刃宽度,前倾角、侧倾角,尖角位置系数,尖角高度及尖角跨距。其中,前倾角为尖角立刃绕钻头径向偏转的角度,侧倾角为尖角立刃绕安装平面法向偏转的角度。

　　月岩取芯钻头参数设计流程可规划(图 4.43)如下:根据钻具设计要求,确定钻头基体结构参数;确定切削刃位置／几何参数;划分单元切削刃、计算单元切削刃几何／运动参数;建立单元切削刃直线切削负载模型;开展模拟月岩单刃直线切削负载试验,标定切削过程中刀具当量摩擦角;进行坐标变换,计算月岩取芯钻头钻进负载;以钻进负载最小为优选目标,进行月岩取芯钻头切削刃参数筛选;开展模拟月岩钻进负载试验验证。

表 4.24 月岩取芯钻头结构设计参数表

所属结构	功能分类	参数名称	符号
钻头基体	月壤排屑	钻头外径	D_H
		钻头内径	D_C
		螺旋线所在椭球面短轴长度	h_H
		钻头螺旋数目	N_H
		排屑螺旋升角	α_H
	流场阻隔	阻隔环内径	D_{Ci}
		阻隔环外径	D_{Co}
切削刃	切削破碎和冲击破碎	切削刃高度差	Δh_b
		切削刃角度差	$\Delta \Psi_b$
		岩石取芯直径	D_{RC}
		内出刃宽度	w_{Sbi}
		前倾角	γ_{on}
		侧倾角	λ_{sn}
		尖角位置系数	k_r
		尖角高度	h_s
		尖角跨距	w_{Sb}

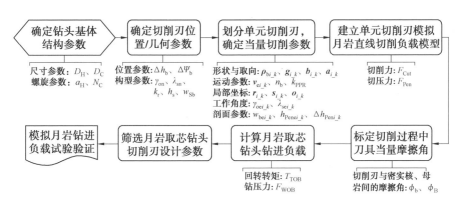

图 4.43 月岩取芯钻头参数设计流程

4.4.2 低作用力高效能月岩取芯钻头构型参数设计

4.4.2.1 取芯钻头钻进负载建模

所谓的钻进负载是指钻进岩石对象时,所需要的钻压力和回转转矩。由于月岩取芯钻头的基体构型采用椭球面螺旋构型,其螺旋排屑曲线如图 4.44 所示。以钻头基体顶面中心点 O 为坐标原点,钻杆轴向为 $+z$ 轴,建立绝对坐标系,其中 $(\boldsymbol{I},\boldsymbol{J},\boldsymbol{K})$ 分别为 3 个坐标轴的单位向量。则根据月岩取芯钻头构型,可得其螺旋排屑槽曲线参数方程为

$$\begin{cases} x_H = \dfrac{1}{2}D_H\sin(\pi t)\sin(2\pi t) \\[2mm] y_H = -\dfrac{1}{2}D_H\sin(\pi t)\cos(2\pi t) \\[2mm] z_H = h_H\cos(\pi t) - h_o \end{cases} \tag{4.61}$$

式中 h_H——钻头基体螺旋线所在椭球面短轴长度,m;

h_o——钻头螺旋线所在椭球面的中心到坐标原点 O 的距离,m,满足

$$h_o = h_H\cos\left[\dfrac{1}{2}\arctan\dfrac{\dfrac{D_H}{2}+w_{Sb1}\cdot\cos\lambda_{snI}}{w_{Sb1}\cdot\sin\lambda_{sn1}}\right] \tag{4.62}$$

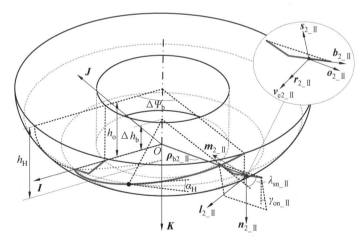

图 4.44 月岩取芯钻头双排尖角立刃曲线和基体椭球面螺旋排屑曲线

月岩取芯钻头双排尖角立刃曲线如图 4.44 所示,第 Ⅰ 排切削刃位于钻头基体顶面,与排屑螺旋线相连;第 Ⅱ 排切削刃沿着螺旋线布置于钻杆与钻头基体交界处。图 4.44 右上角放大视图为月岩取芯钻头上镶嵌的尖角立刃局部构型,可将其看作由两个单元切削刃组合而成。定义第 k 排($k\in\{Ⅰ,Ⅱ\}$)切削刃的 5 个

结构参数为尖角跨距 w_{Sb_k}、尖角高度 h_{s_k}、尖角位置系数 $k_{r\_k}(w_{b1\_k}/w_{Sb\_k})$、前倾角 γ_{on_k} 以及侧倾角 λ_{sn_k},设前倾角和侧倾角均为零的尖角立刃为标准尖角立刃,其曲线参数方程为

$$
\begin{cases}
x'_{b1\_k} = k_{r\_k} \cdot w_{sb\_k} \cdot t' \\
y'_{b1\_k} = 0 \qquad\qquad\qquad (t' \in [0,1]) \\
z'_{b1\_k} = h_{s\_k} \cdot t'
\end{cases}
\tag{4.63a}
$$

$$
\begin{cases}
x'_{b2\_k} = (2k_{r\_k} - 1)w_{Sb\_k} + (1 - k_{r\_k})w_{Sb\_k} \cdot t' \\
y'_{b2\_k} = 0 \qquad\qquad\qquad (t' \in (1,2]) \\
z'_{b2\_k} = 2h_{s\_k} - h_{s\_k} \cdot t'
\end{cases}
\tag{4.63b}
$$

因前倾角和侧倾角均为尖角立刃的镶嵌姿态角,则由标准尖角立刃参数方程构成的向量右乘几何变换矩阵即可得到任意镶嵌姿态/位置的尖角立刃曲线方程。因此,根据月岩取芯钻头中切削刃的布置形式,可分别得到第 Ⅰ、Ⅱ 排尖角立刃的曲线参数坐标向量 $\boldsymbol{bv}_{i\_Ⅰ}$、$\boldsymbol{bv}_{i\_Ⅱ}$ 为

$$
\begin{cases}
\boldsymbol{bv}_{i\_Ⅰ} = \boldsymbol{bv}'^{\mathrm{T}}_{i\_Ⅰ} \cdot \boldsymbol{M}_{\gamma_{on\_Ⅰ}} \cdot \boldsymbol{M}_{\lambda_{sn\_Ⅰ}} \\
\boldsymbol{bv}_{i\_Ⅱ} = \boldsymbol{bv}'^{\mathrm{T}}_{i\_Ⅱ} \cdot \boldsymbol{M}_{\gamma_{on\_Ⅱ}} \cdot \boldsymbol{M}_{\lambda_{sn\_Ⅱ}} \cdot \boldsymbol{M}_{\psi_b}
\end{cases}
\tag{4.64}
$$

式中　　$\boldsymbol{bv}^{\mathrm{T}}_{i\_k}$——第 k 排标准尖角立刃中第 i 个单元切削刃的曲线参数坐标向量,且 $\boldsymbol{bv}'^{\mathrm{T}}_{i\_k} = (x'_{bi\_k} \quad y'_{bi\_k} \quad z'_{bi\_k} \quad 1)$,$i \in \{1,2\}$,$k \in \{Ⅰ,Ⅱ\}$;

$\boldsymbol{bv}_{i\_k}$——第 k 排尖角立刃中第 i 个单元切削刃的曲线参数坐标向量,且 $\boldsymbol{b}^{\mathrm{T}}_{Vi\_k} = (x_{bi\_k} \quad y_{bi\_k} \quad z_{bi\_k} \quad 1)$;

$\boldsymbol{M}_{\gamma_{on\_k}}$——第 k 排尖角立刃绕钻头径向旋转的变换矩阵;

$\boldsymbol{M}_{\lambda_{sn\_k}}$——第 k 排尖角立刃绕/在安装平面法向旋转/平移的变换矩阵;

$\boldsymbol{M}_{\psi_b}$——第 Ⅱ 排尖角立刃绕钻头轴线旋转的变换矩阵。

式(4.63a)和式(4.64)中 $(x_{bi\_k}, y_{bi\_k}, z_{bi\_k})$ 是单元切削刃在经过姿态变换后的绝对坐标,且变换矩阵 $\boldsymbol{M}_{\gamma_{on\_k}}$、$\boldsymbol{M}_{\lambda_{sn\_k}}$、$\boldsymbol{M}_{\psi b}$ 分别为

$$
\boldsymbol{M}_{\gamma_{on\_\kappa}} =
\begin{bmatrix}
1 & 0 & 0 & 0 \\
0 & \cos\gamma_{on\_\kappa} & \sin\gamma_{on\_\kappa} & 0 \\
0 & -\sin\gamma_{on\_\kappa} & \cos\gamma_{on\_\kappa} & 0 \\
0 & 0 & 0 & 1
\end{bmatrix}
\tag{4.65a}
$$

$$
\boldsymbol{M}_{\lambda_{sn\_k}} =
\begin{bmatrix}
\cos\lambda_{sn\_k} & \sin\lambda_{sn\_k} & 0 & 0 \\
-\sin\lambda_{sn\_k} & \cos\lambda_{sn\_k} & 0 & 0 \\
0 & 0 & 1 & 0 \\
r_{dk} & 0 & 0 & 1
\end{bmatrix}
\tag{4.65b}
$$

$$M_{\psi_b} = \begin{bmatrix} \cos \Delta\psi_b & \sin \Delta\psi_b & 0 & 0 \\ -\sin \Delta\psi_b & \cos \Delta\psi_b & 0 & 0 \\ 0 & 0 & 1 & 0 \\ 0 & 0 & \Delta h_b & 1 \end{bmatrix} \tag{4.65c}$$

式中　　$\Delta\psi_b$——第 Ⅰ、Ⅱ 两排尖角立刃间的角度差;

r_{dk}——第 k 排尖角立刃的初始位置半径,$k \in \{\,\text{Ⅰ},\text{Ⅱ}\,\}$,且 $r_{dⅠ} = D_C/2$,即

$$r_{dⅡ} = \sqrt{(w_{Sb} \cdot \cos \lambda_{snⅠ} + r_{dⅠ})^2 + (w_{SbⅠ} \cdot \sin \lambda_{snⅠ})^2}$$

根据式(4.64)所得单元切削刃的曲线参数向量,可求得第 k 排尖角立刃中第 i 个单元切削刃在绝对坐标系中的单位向量 $\boldsymbol{b}_{i\_k}$。同时以该单元切削刃的中点坐标$(x_{bmi\_k}, y_{bmi\_k}, z_{bmi\_k})$作为其在绝对坐标系中的位置向径 $\boldsymbol{\rho}_{bi\_k}$,即

$$\boldsymbol{\rho}_{bi\_k} = x_{bmi\_k} \cdot \boldsymbol{i} + y_{bmi\_k} \cdot \boldsymbol{j} + z_{bmi\_k} \cdot \boldsymbol{k} \tag{4.66}$$

则由单元刀具的位置向径可获得其切削速度向量 $\boldsymbol{v}_{ei\_k}$ 为

$$\boldsymbol{v}_{ei\_k} = \frac{2\pi n_D}{60} \boldsymbol{k} \times \boldsymbol{\rho}_{bi\_k} + \frac{n_D \cdot k_{PPR}}{60} \boldsymbol{k} \tag{4.67}$$

前面关于单元切削刃的受力分析实质上是在局部坐标系中进行的,因此需要获取局部坐标系在绝对坐标系中的坐标表达式,由于局部坐标系与切削速度向量 $\boldsymbol{v}_{ei\_k}$ 和单元切削刃单位向量 $\boldsymbol{b}_{i\_k}$ 有关,从而可得工作基面的单位法向量 $\boldsymbol{r}_{i\_k}$、工作切削平面的单位法向量 $\boldsymbol{s}_{i\_k}$ 以及工作正交平面的单位法向量 $\boldsymbol{o}_{i\_k}$ 分别为

$$\begin{cases} \boldsymbol{r}_{i\_k} = \dfrac{\boldsymbol{v}_{ei_k}\boldsymbol{k}}{|\boldsymbol{v}_{ei\_k}|} = r_{xi\_k} \cdot \boldsymbol{I} + r_{yi\_k} \cdot \boldsymbol{J} + r_{zi\_k} \cdot \boldsymbol{K} \\[2mm] \boldsymbol{s}_{i\_k} = \dfrac{\boldsymbol{v}_{e\_k} \times \boldsymbol{b}_{i\_k}}{|\boldsymbol{v}_{ei\_k} \times \boldsymbol{b}_{i\_k}|} = s_{xi\_k} \cdot \boldsymbol{I} + s_{yi\_k} \cdot \boldsymbol{J} + s_{zi\_k} \cdot \boldsymbol{K} \\[2mm] \boldsymbol{o}_{i\_k} = \boldsymbol{s}_{i\_k} \times \boldsymbol{r}_{i\_k} = o_{xi\_k} \cdot \boldsymbol{I} + o_{yi\_k} \cdot \boldsymbol{J} + o_{zi\_k} \cdot \boldsymbol{K} \end{cases} \tag{4.68}$$

根据式(4.68),可得工作刃倾角 λ_{sei_k}、工作前角 γ_{oei_k} 为

$$\begin{cases} \sin \lambda_{sei\_k} = \boldsymbol{b}_{i\_k} \cdot \boldsymbol{r}_{i\_k} \\[2mm] \tan \gamma_{oei\_k} = \dfrac{(\boldsymbol{g}_{i\_k}, \boldsymbol{r}_{i\_k}, \boldsymbol{o}_{i\_k})}{(\boldsymbol{g}_{i\_k} \times \boldsymbol{o}_{i\_k}) \cdot (\boldsymbol{r}_{i\_k} \times \boldsymbol{o}_{i\_k})} \end{cases} \tag{4.69}$$

其中,$\boldsymbol{g}_{i\_k}$ 为第 k 排尖角立刃前刀面的单位法向量($\boldsymbol{g}_{1\_k} = \boldsymbol{g}_{2\_k} = \boldsymbol{g}_k$),且满足

$$\begin{cases} \boldsymbol{g}_{i\_k} = \dfrac{\boldsymbol{b}_{1\_k} \times \boldsymbol{b}_{2\_k}}{|\,\boldsymbol{b}_{1\_k} \times \boldsymbol{b}_{2\_k}\,|} = g_{xi\_k} \cdot \boldsymbol{I} + g_{yi\_k} \cdot \boldsymbol{J} + g_{zi\_k} \cdot \boldsymbol{K} \\[4mm] (\boldsymbol{g}_{i\_k}, \boldsymbol{r}_{i\_k}, \boldsymbol{o}_{i\_k}) = \begin{vmatrix} g_{xi\_k} & g_{yi\_k} & g_{zi\_k} \\ r_{xi\_k} & r_{yi\_k} & r_{zi\_k} \\ o_{xi\_k} & o_{yi\_k} & o_{zi\_k} \end{vmatrix} \\[8mm] (\boldsymbol{g}_{i\_k} \times \boldsymbol{o}_{i\_k}) \cdot (\boldsymbol{r}_{i\_k} \times \boldsymbol{o}_{i\_k}) \\[2mm] = \begin{vmatrix} \boldsymbol{o}_{i\_k} \cdot \boldsymbol{o}_{i\_k} & \boldsymbol{g}_{i\_k} \cdot \boldsymbol{o}_{i\_k} \\ \boldsymbol{r}_{i\_k} \cdot \boldsymbol{o}_{i\_k} & \boldsymbol{g}_{i\_k} \cdot \boldsymbol{r}_{i\_k} \end{vmatrix} \\[4mm] = \begin{vmatrix} o_{xi\_k}o_{xi\_k} + o_{yi\_k}o_{yi\_k} + o_{zi\_k}o_{zi\_k} & g_{xi\_k}o_{xi\_k} + g_{yi\_k}o_{yi\_k} + g_{zi\_k}o_{zi\_k} \\ r_{xi\_k}o_{xi\_k} + r_{yi\_k}o_{yi\_k} + r_{zi\_k}o_{zi\_k} & g_{xi\_k}r_{xi\_k} + g_{yi\_k}r_{yi\_k} + g_{zi\_k}r_{zi\_k} \end{vmatrix} \end{cases} \tag{4.70}$$

根据尖角立刃的曲线参数坐标向量可得单元切削刃当量切削宽度 w_{bei_k}、当量切削深度 h_{Penei_k} 及当量切削深度波动量 Δh_{pnei_k} 分别为

$$\begin{cases} w_{bei\_k} = |\; x_{bi\_k}(i) - x_{bi\_k}(i-1) \quad y_{bi\_k}(i) - y_{bi\_k}(i-1) \quad z_{bi\_k}(i) - z_{bi\_k}(i-1) \;| \\ h_{Penei\_k} = k_{PPR} \sin[\arccos(\boldsymbol{b}_{i\_k} \cdot \boldsymbol{K})] \\ \Delta h_{Pnei\_k} = \Delta h_{Pn} \sin[\arccos(\boldsymbol{b}_{i\_k} \cdot \boldsymbol{K})] \end{cases} \tag{4.71}$$

将月岩取芯钻头中各尖角立刃的控制参数代入单元切削刃力学模型,根据最小能量耗散原理,可获得各单元切削刃的破碎速比和破碎方向角,使前刀面的切削功率最小,从而计算出各单元切削刃在局部坐标系 $(o_{i\_k}, s_{i\_k}, r_{i\_k})$ 下的切削负载。为了计算整个月岩取芯钻头的钻进负载,须通过坐标变换,将各单元切削刃的负载转换到与绝对坐标系相关联的整体坐标中,然后再进行矢量运算。如图 4.44 所示,整体坐标 $(\boldsymbol{l}_{i\_k}, \boldsymbol{m}_{i\_k}, \boldsymbol{n}_{i\_k})$ 的 3 个坐标轴分别沿着尖角立刃所在位置的切向、径向和轴向,$(\boldsymbol{l}_{i\_k}, \boldsymbol{m}_{i\_k}, \boldsymbol{n}_{i\_k})$ 在绝对坐标系 $(\boldsymbol{I}, \boldsymbol{J}, \boldsymbol{K})$ 中的表达式为

$$\begin{cases} \boldsymbol{l}_{i\_k} = \dfrac{-y_{bmi\_k} \cdot \boldsymbol{I} + x_{bmi\_k} \cdot \boldsymbol{J}}{\sqrt{x_{bmi\_k}^2 + y_{bmi\_k}^2}} \\[4mm] \boldsymbol{m}_{i\_k} = \dfrac{-x_{bmi\_k} \cdot \boldsymbol{I} - y_{bmi\_k} \cdot \boldsymbol{J}}{\sqrt{x_{bmi\_k}^2 + y_{bmi\_k}^2}} \\[4mm] \boldsymbol{n}_{i\_k} = \boldsymbol{K} \end{cases} \tag{4.72}$$

第 k 排尖角立刃中第 i 个单元切削刃的切削负载在 $(o_{i\_k}, s_{i\_k}, r_{i\_k})$ 坐标系和 $(\boldsymbol{l}_{i\_k}, \boldsymbol{m}_{i\_k}, \boldsymbol{n}_{i\_k})$ 坐标系中可分别表示为

$$\Delta F_{lci\_k} = \Delta F_{oi\_k} \cdot \boldsymbol{o}_{i\_k} + \Delta F_{si\_k} \cdot \boldsymbol{s}_{i\_k} + \Delta F_{ri\_k} \cdot \boldsymbol{r}_{i\_k} \tag{4.73}$$

$$\Delta F_{ici\_k} = \Delta F_{li\_k} \cdot \boldsymbol{l}_{i\_k} + \Delta F_{mi\_k} \cdot \boldsymbol{m}_{i\_k} + \Delta F_{ni\_k} \cdot \boldsymbol{n}_{i\_k} \tag{4.74}$$

则

$$\Delta F_{lci\_k} = M_{tran} \cdot \Delta F_{ici\_k} \tag{4.75}$$

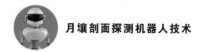
式中 M_{tran}——局部坐标系与整体坐标系间的坐标变换矩阵,且满足

$$M_{tran} = \begin{pmatrix} l_{i\_k} \cdot o_{i\_k} & l_{i\_k} \cdot s_{i\_k} & l_{i\_k} \cdot r_{i\_k} \\ m_{i\_k} \cdot o_{i\_k} & m_{i\_k} \cdot s_{i\_k} & m_{i\_k} \cdot r_{i\_k} \\ n_{i\_k} \cdot o_{i\_k} & n_{i\_k} \cdot s_{i\_k} & n_{i\_k} \cdot r_{i\_k} \end{pmatrix} \tag{4.76}$$

则该单元切削刃在绝对坐标系下的转矩、切压力分别为

$$\begin{cases} \Delta T_{Di\_k} = \Delta F_{li\_k} \cdot \sqrt{x_{bmi\_k}^2 + y_{bmi\_k}^2} \\ \Delta F_{Peni\_k} = \Delta F_{ni\_k} \end{cases} \tag{4.77}$$

最终将各单元切削刃的转矩、切压力累计相加可得月岩取芯钻头的回转转矩和钻压力分别为

$$\begin{cases} T_{TOB} = \sum_{k=1}^{2} \sum_{i=1}^{2} \Delta T_{Di\_k} \\ F_{WOB} = \sum_{k=1}^{2} \sum_{i=1}^{2} \Delta F_{Peni\_k} \end{cases} \tag{4.78}$$

4.4.2.2 切削刃镶嵌姿态试验研究

由前文分析可知,模拟月岩钻进负载主要取决于月岩取芯钻头上的尖角立刃设计参数。为简化试验件数量,在进行尖角立刃结构参数对钻进负载影响试验验证过程中,采用分体式钻头试验件代替月岩取芯钻头构型,如图4.45所示。

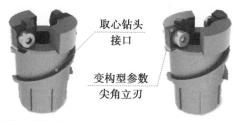

(a) 单排刃齿钻头试验件　　　(b) 双排刃齿钻头试验件

图 4.45　分体式钻头试验件

根据尖角立刃几何参数及其在取芯钻头上的镶嵌姿态角度变动区间,依次将各参数离散化为前倾角 $\gamma_{on} \in \{0, 5, 10, 15, 20, 25\}°$、侧倾角 $\lambda_{sn} \in \{0, 5, 10, 15, 20, 25\}°$、尖角位置系数 $k_r \in \{0.3, 0.4, 0.5, 0.6, 0.7\}$、尖角高度 $h_s \in \{0.5, 0.75, 1, 1.25, 1.5, 1.75, 2\}$ mm 以及尖角跨距 $w_{Sb} \in \{3, 4, 5, 6\}$ mm。试验中,钻进规程均采用回转转速为 100 r/min、进尺速率为 10 mm/min。

当尖角立刃的尖角位置系数($k_r = 0.5$)、尖角高度($h_s = 1$ mm)以及尖角跨距($w_{Sb} = 4$ mm)为定值时,钻进负载(T_{TOB}、F_{WOB})随前倾角、侧倾角的变化趋势如图4.46所示。尖角立刃前倾角的增大会分别使得两个单元切削刃的前角和一个单元切削刃的刃倾角变大,因此钻头回转转矩和钻压力均随着前倾角的增加而减小;尖角立刃侧倾角的增大会分别使得一个单元切削刃的前角和两个单元切削刃的刃倾角变大[根据式(4.69)],因此促使总钻进负载随着侧倾角的增加而减小。由于钻头切削刃的回转半径较小,因此尖角立刃的转矩变化幅度相对钻压力较小。

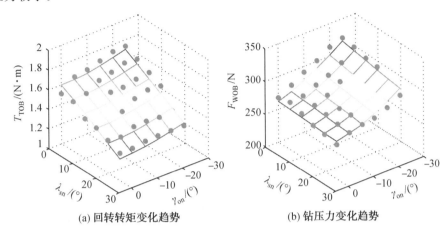

(a) 回转转矩变化趋势   (b) 钻压力变化趋势

图 4.46   钻进负载随前倾角、侧倾角变化趋势图

尖角立刃的钻进负载随尖角位置系数、尖角高度及尖角跨距的变化趋势如图4.47所示。随着尖角位置系数的增加,钻头的回转转矩和钻压力基本未发生明显变化,这是因为尖角位置系数仅改变切削力和切压力在不同单元切削刃上的分配比重,因而不会对钻进总负载产生影响。当尖角高度增加时,由于作用单元切削刃后刀面上的载荷分解到钻压力方向上的分力逐渐减小,从而使得钻头的钻压力呈减小趋势[图 4.47(d)],而回转转矩在前倾角为 0° 时基本没有变化,当前倾角变为 −25° 后,单元切削刃与岩体间的摩擦角略有上升,从而使得回转转矩有所增加。当调整尖角跨距时,钻头钻进负载均未发生明显变动,如图4.47(e)(f) 所示。

在验证尖角位置系数和尖角高度对钻进负载影响的试验中采用的是单排切削刃钻头,而验证尖角跨距对钻进负载影响的试验中采用的是双排切削刃钻头。由于每个试验点的样本重复性有限,因此只能定性地分析钻进负载随钻头切削刃参数变化的趋势,定量分析需增加试验重复性,并对模型中待定常数进行修正。

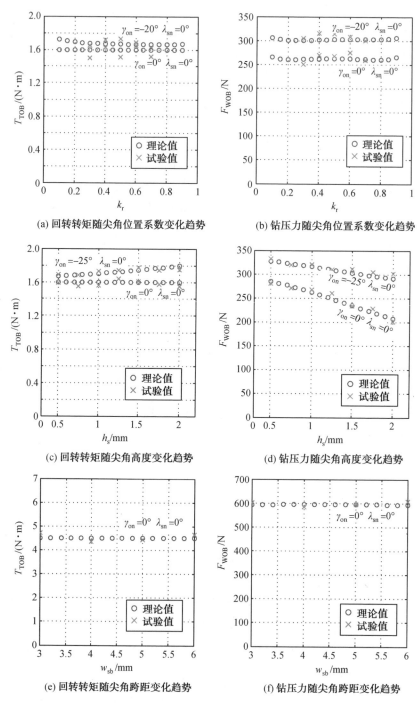

(a) 回转转矩随尖角位置系数变化趋势

(b) 钻压力随尖角位置系数变化趋势

(c) 回转转矩随尖角高度变化趋势

(d) 钻压力随尖角高度变化趋势

(e) 回转转矩随尖角跨距变化趋势

(f) 钻压力随尖角跨距变化趋势

图 4.47　钻进负载随尖角位置系数、尖角高度及尖角跨距变化趋势图

4.4.2.3　取芯钻头参数设计

在完成尖角立刃镶嵌姿态试验研究后,需开展月岩取芯钻头参数设计,确定表 4.25 中的各结构参数值。为了实现月壤在钻具螺旋槽内的排屑连续性,根据钻杆结构参数,分别将钻头外径尺寸(D_H)、内径尺寸(D_C)、螺旋数目 N_H、排屑螺旋升角 α_H 设计为 32 mm、14.5 mm、3 个、$14° \sim 15°$,从而推算出钻头椭球面短轴长度 h_H 为 15.8 mm。此外,根据 HIT-H 型取芯钻头阻隔环设计参数将阻隔环壁厚设计为 1 mm,其参数见表 4.25。

表 4.25　月岩取芯钻头结构参数表

所属结构	功能分类	参数指标	取值(区间)
钻头基体	月壤排屑	钻头外径 D_H	32 mm
		钻头内径 D_C	14.5 mm
		螺旋线所在椭球面短轴长度 h_H	15.8 mm
		钻头螺旋数目 N_H	3 个
	流场阻隔	排屑螺旋升角 α_H	$14° \sim 15°$
		阻隔环内径 D_{Ci}	14.5 mm
		阻隔环外径 D_{Co}	16.5 mm
切削刃	切削破碎和冲击破碎	切削刃高度差 Δh_b	1 mm
		切削刃角度差 $\Delta \psi_b$	93.08°
		岩石取芯直径 D_{RC}	13.5 mm
		内出刃宽度 w_{Sbi}	0.5 mm
		前倾角 γ_{on}	I# 和 II#:$-25° \sim 0°$
		侧倾角 λ_{sn}	I# 和 II#:$0° \sim 25°$
		尖角位置系数 k_r	I# 和 II#:$0.3 \sim 0.7$
		尖角高度 h_s	I# 和 II#:$0.5 \sim 2$ mm
		尖角跨距 w_{Sb}	I# 和 II#:$3 \sim 7$ mm

为了尽可能降低后镶嵌的切削刃对月壤排屑流场的影响,特将两排尖角立刃分别镶嵌于球面螺旋线与阻隔环、钻杆螺旋线交界处。因此,根据取芯钻头基体结构参数,并结合式(4.61)~(4.65),可将切削刃高度差、角度差初始值确定为 1 mm 和 93.08°,当尖角立刃参数发生变动时,切削刃布齿间距(即角度差)会发生微小变化,不会影响钻进负载。

当影响钻头排屑取芯特性的结构参数确定后,根据月岩取芯钻头负载模型,结合模拟月岩钻进试验验证结果,以钻压力最小为优选目标,采用枚举法,开展月岩取芯钻头尖角立刃参数优选。由于取芯钻头内出刃的主要功能是降低岩心与钻头取芯通道接触面,保证岩心能够顺利进入取芯机构,此外内出刃宽度过大会增加钻头切削岩石的区域,从而增大钻进负载,因此将内出刃宽度设计为 0.5 mm,岩石取芯直径设计为 13.5 mm。则参与优选的尖角立刃参数为前倾

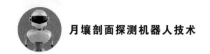

角、侧倾角、尖角位置系数、尖角高度及尖角跨距,优选结果见表 4.25。

根据优选后的取芯钻头构型参数,可获得一定单次冲击功条件下,各尖角立刃获得的单次冲击功,从而由式(4.79)可推得取芯钻头作用在岩石表面的比冲击功 E_P。当钻头输入冲击功设定为 2.6 J 时,根据月岩取芯钻头上各尖角立刃结构参数,即可求解出各单元切削刃上作用的单次冲击功分别为 0.203 J、0.203 J、0.176 J、0.284 J。

$$E_P = \frac{W_P}{N_H k (w_{be1\_I} + w_{be1\_II} + w_{be2\_I} + w_{be2\_II})} \tag{4.79}$$

式中　E_P——取芯钻头作用在岩石表面的比冲击功,J;

　　　N_H——钻头螺旋数目;

　　　k——尖角立刃排数;

　　　w_{bei_k}——单元切削刃当量切削宽度,且 $i \in \{1,2\}$、$k \in \{I, II\}$,m。

4.4.3　回转钻进负载特性试验研究

在完成月岩取芯钻头参数设计与优选后,需开展岩石钻进负载特性测试。试验平台采用钻进负载特性测试平台,钻进对象为可钻性等级 VI 级的模拟月岩,钻杆采用长为 1 m、外径为 32 mm 的三头螺旋取芯钻杆。

钻进负载特性测试平台见表 4.26 中左图所示。取芯钻头通过一根 1 m 长的空心钻杆安装在回转冲击钻机上,钻机内部分别通过回转驱动机构和冲击驱动机构作为钻具施加回转动力与冲击作动力,其中冲击驱动机构与实际月面采样机构的方案相同,均采用圆柱凸轮带动弹簧重锤质量块的形式实现冲击频率的条件。在钻机箱体两侧安装有导向滑轨,通过驱动链条与进尺机构相连,钻头可在钻机和进尺机构的驱动下实现回转冲击钻进。分别安装在驱动链条和钻杆轴线上的拉力传感器和扭矩传感器,可实时获知作用在钻头上的钻压力和负载转矩,安装在钻机箱体与导轨间的磁栅尺传感器可用于估测进尺位移。钻头钻进负载特性测试试验平台的有效钻进行程为 600 mm,这大大增加了钻头在钻进过程中的稳定性。钻进负载特性测试平台的系统参数见表 4.26。

在钻进负载测试平台上,需首先开展月岩取芯钻头参数优选比对试验验证,验证优选后的取芯钻头参数在岩石钻进特性方面的优越性,月岩取芯钻头优选参数与随机选择的对比参数见表 4.27。试验中以固定钻进时间条件下的钻压力需求为钻进特性评价指标,且钻压力越小,表征钻进特性越好。

表 4.26　钻进负载特性测试平台的系统参数

钻进负载特性测试平台	参数	数值
进尺驱动机构　扭矩传感器　回转冲击钻机　磁栅尺传感器　拉力传感器　取芯钻具　岩石卡具（模拟月壤桶）	驱动转速	0 ～ 300 r/min
	驱动转矩	0 ～ 50 N·m
	额定驱动功耗	回转:750 W　冲击:400 W　进尺:90 W
	冲击频率	0 ～ 20 Hz
	单次冲击功	0 ～ 2.6 J
	进尺速率（速控模式）	0 ～ 1 000 mm/min
	钻压力（力控模式）	0 ～ 1 500 N
	钻进行程	600 m

表 4.27　月岩取芯钻头优选参数与随机选择的对比参数

参数名称	前倾角 γ_{on} /(°)		侧倾角 λ_{sn} /(°)		尖角位置系数 k_r	
	Ⅰ	Ⅱ	Ⅰ	Ⅱ	Ⅰ	Ⅱ
优选版	0	0	25	25	0.5	0.3
对比版	−25	−25	0	0	0.5	0.5

参数名称	尖角高度 h_s /mm		尖角跨距 w_{Sb} /mm		钻进负载计算值	
	Ⅰ	Ⅱ	Ⅰ	Ⅱ	回转转矩 /(N·m)	钻压力 /N
优选版	2	2	4.5	5.33	3.77	478.5
对比版	1	0.5	4.5	4.75	4.53	668.6

优选版和对比版月岩取芯钻头实物图如图 4.48 所示。钻头基体材料为 50Cr,尖角立刃材料采用硬质合金 YG8X,为保证切削刃的镶嵌姿态满足设计要求,采用钎焊焊接工艺,月岩取芯钻头钻进模拟月岩负载特性测试试验如图 4.49 所示。

在回转转速为 100 r/min、进尺速率为 10 mm/min 的钻进规程下,优选版和对比版月岩取芯钻头钻进负载随钻进深度变化趋势如图 4.50 所示。随着钻进深度的增加,钻进负载先递增后逐渐趋于平稳,优选版钻头的回转转矩和钻压力分别稳定在 3.65 N·m 和 485.9 N 左右,对比版钻头的回转转矩和钻压力分别稳定在 4.72 N·m 和 682.5 N 左右,与表 4.27 中钻进负载理论预测值基本一致。可见,在钻进深度为 50 mm、钻进时间为 5 min 的条件下,优选版钻头的钻压力要明显小于对比版钻头,这意味着优选版钻头的钻进特性更为出色。

对比版钻头　　　优选版钻头

图 4.48　优选版和对比版月岩取芯钻头实物图

(a) 钻进过程中　　　　　　(b) 钻进后提钻

图 4.49　月岩取芯钻头钻进模拟月岩负载特性测试试验

在完成参数优选比对试验验证后,针对优选钻头开展变规程参数下的岩石钻进负载特性测试,分析影响月岩取芯钻头负载的核心规程参数。其中,钻进规程参数调整区间分别为回转转速 30 ～ 100 r/min、进尺速率为 2 ～ 10 mm/min。当切削刃构型固定时,切削深度波动量与进转比成正比,根据磁栅尺检测到的钻机在一个钻进周期中的进尺位移波动量,可粗略获得钻头切削深度波动量与进转比的拟合函数关系为

$$\Delta h_{\text{Pn}} = (1\,904 \cdot k_{\text{PPR}}^2 - 122.7 \cdot k_{\text{PPR}} + 69.84) \times 10^{-4} \tag{4.80}$$

优选版月岩取芯钻头钻进负载随回转转速、进尺速率及进转比变化趋势如图 4.51 所示。当进尺速率一定时,钻进负载与回转转速成反比;回转转速一定时,钻进负载与进尺速率成正比。这主要是因为钻头回转转速与进转比成反比,进尺速率与进转比成正比。另外,进转比与单刃切削深度正相关,并直接决定了钻进负载的大小。因此,在钻进过程中,相比钻头回转转速和进尺速率,影响钻

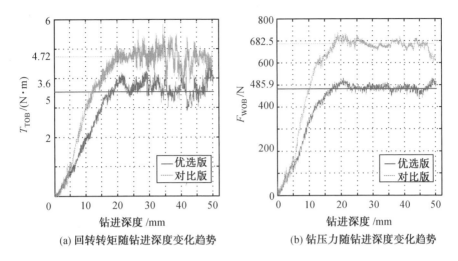

(a) 回转转矩随钻进深度变化趋势　　　(b) 钻压力随钻进深度变化趋势

图 4.50　优选版和对比版月岩取芯钻头钻进负载随钻进深度变化趋势

头钻进负载的核心参数为进转比,且钻进负载随进转比的变化趋势与理论预测结果相一致。

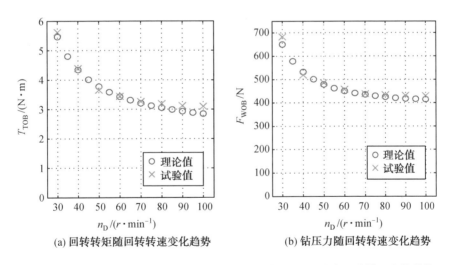

(a) 回转转矩随回转转速变化趋势　　　(b) 钻压力随回转转速变化趋势

图 4.51　优选版月岩取芯钻头钻进负载随回转转速、进尺速率及进转比变化趋势

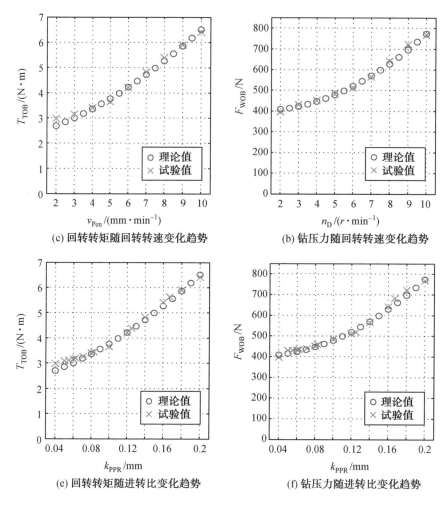

(c) 回转转矩随回转转速变化趋势

(b) 钻压力随回转转速变化趋势

(e) 回转转矩随进转比变化趋势

(f) 钻压力随进转比变化趋势

续图 4.51

4.4.4　月壤排屑取芯特性仿真分析及试验验证

在月面钻进过程中,取芯钻头的钻进能力除了表现在对可钻性等级不低于 Ⅵ 级岩石的钻进突破能力外,还包括对月壤的钻进排屑能力和取芯能力。为了验证取芯钻头在排屑／取芯方面的钻进特性,采用 EDEM 离散元仿真方法,以单位时间内钻头排出的颗粒数目(即排屑效率)评价钻头排屑能力,以有限钻进深度下的取芯率评价钻头的取芯能力,开展月岩取芯钻头与 HIT-H 型钻头仿真钻进比对分析,获得取芯钻头在镶嵌切削刃前后在钻进排屑／取芯特性方面的差异。

在 EDEM 离散元仿真中,颗粒微元间的接触模型采用 Hertz-Mindlin 接触模型,本构参数的匹配目标为模拟月壤的内摩擦角和内聚力(从三轴压缩试验获得)。在试验设计中选用的本构参数见表 4.28,先后经过 PB 试验设计、CCD 设计以及参数筛选后,能获得一组表征模拟月壤力学特性的离散元本构参数。利用表 4.28 中的优选参数重新构建模拟月壤 EDEM 模型,并进行三轴压缩仿真试验,可得到如图 4.52(a) 所示的摩尔应力圆,仿真所得的内摩擦角和内聚力分别为 50.1° 和 51.4 kPa,这与三轴压缩试验结果比较接近(54° 和 41 kPa)。

表 4.28　EDEM 离散元仿真模型中的模拟月壤本构参数

本构参数		取值区间	匹配结果	单位
颗粒密度		—	2 500	kg/m³
泊松比		0.1 ~ 0.3	0.25	
剪切模量		50 ~ 150	100	MPa
颗粒半径		—	0.48	mm
恢复系数		—	0.5	—
静态摩擦系数	颗粒与颗粒	0.1 ~ 0.8	0.3	
	颗粒与钻头	0.2 ~ 0.6	0.4	
	颗粒与边界	0.1 ~ 0.8	0.5	
滚动摩擦系数	颗粒与颗粒	0.01 ~ 0.08	0.01	
	颗粒与钻头	0.01 ~ 0.05	0.01	
	颗粒与边界	0.04 ~ 0.08	0.05	

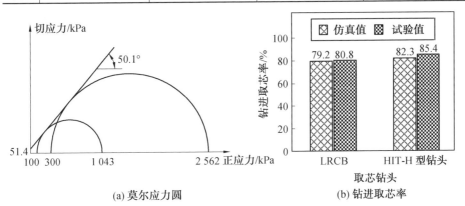

(a) 莫尔应力圆　　　　　　　(b) 钻进取芯率

图 4.52　模拟月壤的莫尔应力圆(仿真值) 和钻进取芯率

图 4.53 所示为基于 EDEM 的月岩取芯钻头与 HIT-H 型取芯钻头模拟月壤钻进仿真对比。在月岩取芯钻头和 HIT-H 型钻头的钻进取芯过程结束瞬间,模拟月壤的离散元仿真剖面如图 4.53 所示。仿真模型中的月壤桶直径和高度分别为 66 mm、75 mm,钻进规程参数设为回转转速 100 r/min、进尺速率 100 mm/min。

同时,在模拟月壤钻进取芯仿真结束后,开展钻进取芯试验以验证仿真模型的准确性。在仿真和试验中,取芯率通过进入取芯通道内的体积来测量。如图4.53所示,从离散元仿真过程中所测得的月岩取芯钻头和HIT-H型钻头的取芯率分别为79.2%、82.3%,从试验过程中所测得的月岩取芯钻头和HIT-H型钻头的取芯率分别为80.8%、85.4%,两个取芯钻头在取芯率表现方面仿真值与试验值基本一致。镶嵌切削刃后钻头前端的月壤扰动区域变大,从而影响力排屑流场、取芯流场的有效阻隔,使得部分处于取芯流场内的颗粒被扰动、强制挤压到排屑区或原态月壤区,因此进入取芯通道内的月壤颗粒就相应地变少了,从而使得月岩取芯钻头的取芯率略低。

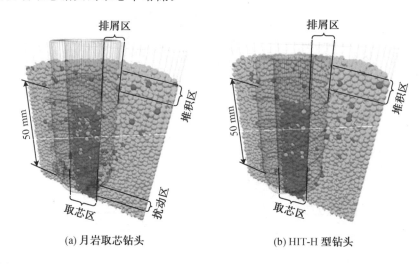

(a) 月岩取芯钻头   (b) HIT-H 型钻头

图 4.53　基于 EDEM 的月岩取芯钻头与 HIT-H 型取芯钻头模拟月壤钻进仿真对比
(彩图见附录)

如图4.53所示,红色颗粒微元表示仿真结束时,已进入到钻头取芯区域的颗粒,且月岩取芯钻头内的红色颗粒略少于HIT-H型钻头。这是因为月岩取芯钻头的切削刃优先于取芯阻隔环接触颗粒微元,并在月岩取芯钻头前端形成一个颗粒扰动区域。原本在排屑区内的颗粒微元由于切削刃的扰动作用被挤入到取芯区域,此时,原本在取芯区域内的颗粒微元被排到取芯孔外,而HIT-H型并没有镶嵌破碎月岩的切削刃。因此,从月岩取芯钻头中漏出的颗粒要比HIT-H型钻头略多。

在仿真过程中,在排屑区域内的颗粒微元被钻头和钻杆上的螺旋槽移至模拟月壤颗粒上表面,形成月壤堆积区域,并随着钻头的钻进,堆积区域内的颗粒微元不断增加。通过统计堆积区域内的颗粒微元数目(图4.54),可获知钻头的排屑效率。月岩取芯钻头在单位时间内排出的颗粒数目为82.2个/s,比HIT-H型钻头每秒少排出13.9个。镶嵌切削刃后的月岩取芯钻头排屑效率有所降低,可归因于钻头前端的扰动区域使得部分颗粒微元被强制挤入原态月壤颗粒区域内。

　　由于在离散元仿真分析中,月壤颗粒被假设为规整的球形颗粒,这无法完全代表实际月球风化层内的非确知月壤颗粒形态。若想进一步模拟月壤颗粒的不规则形状,可通过黏结球形颗粒形成新的复合型颗粒团,以逼近真实月壤几何构型。

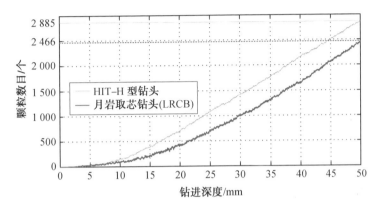

图 4.54　随着钻进深度增加运移至堆积区域的颗粒数目

4.4.5　取芯钻头钻进效能对比验证与分析

　　为了综合分析月岩取芯钻头在钻进效能、钻进特性、排屑特性及取芯特性方面的优势与劣势,在此将月岩取芯钻头(LRCB)与类 Luna 24 钻头、HIT-H 型钻头、JPL 钻头、孕镶金刚石地质钻头(IDCB)及聚晶金刚石复合片(PDC)钻头 5 种典型构型的取芯钻头进行对比,如图 4.55 所示。

(a)类Luna 24 钻头　(b) HIT-H 型钻头　(c) JPL 钻头　(d) IDCB 钻头　(e) PDC 钻头

图 4.55　采样探测与地质勘探领域中常用的取芯钻头构型

　　(1)钻进效能。

　　钻进效能是指钻进破碎岩石功能的实现程度,以及破碎岩石所需的综合代价。用无量纲参数"破碎载荷被增系数 C_{CLPI}"来定量化表征,且破碎载荷被增系数越小,钻进效能越高。钻头在钻进过程中的负载受诸多参数影响,如钻头尺寸、钻头结构参数及岩石特性等。因此,引入破碎载荷被增系数 C_{CLPI} 评价取芯钻头的钻进效能,如式(4.81)所示。破碎载荷被增系数的物理意义可表述为:针对特定可钻性等级岩石,在特定钻进规程条件下,突破岩石的强度极限时,施加在钻头上的主动作用力 F_R 与钻进区岩石极限承压力 F_{UC} 之比。破碎载荷被增系数中包含多种参量,如钻进负载(回转转矩 T_{TOB} 和钻压力 F_{WOB})、钻头尺寸(钻头外径 D_H 和取芯直径 D_{RC})、钻进规程参数(进转比 k_{PPR})、岩石特性(无侧限压缩强度 / 单轴抗压强度 UCS)。

$$C_{CLPI} = \frac{F_R}{F_{UC}} = \frac{2\sqrt{F_{WOB}^2 + [2T_{TOB}/(D_H + D_{RC})]^2}}{(D_H - D_{RC}) \cdot k_{PPR} \cdot UCS} \tag{4.81}$$

(2)钻进特性。

钻进特性是评价取芯钻头钻进能力的定量化指标,是指在额定转速和指定钻进深度条件下,针对 Ⅵ 级均质可钻性等级月岩,给定钻压力条件下的钻进速率,速率越高,钻进特性越好;固定钻进时间条件下的钻压力需求,钻压力越小,钻进特性越好。由于钻进负载特性测试平台的进尺控制模式为速度控制,因此,以第二个指标来评价各取芯钻头的钻进特性。以模拟月岩为钻进对象,回转转速设定为 100 r/min,钻进深度为 50 mm,钻进时间为 10 min,各取芯钻头的实测的平均钻压力见表 4.29。

表 4.29 月岩取芯钻头与其他取芯钻头钻进取芯特性对比

参数类型	类 Luna 24	HIT-H	LRCB	JPL	IDCB	PDC
采样目标	深层月壤			火星岩石	地质岩石	
排屑效率 /(g·s⁻¹)	52.3	96.1	82.2	—	—	—
取芯率 /%	85	96	92	81	—	—
试验钻进对象	模拟月岩				Sori 花岗岩	美国黑岩
单轴抗压强度 UCS/MPa	112	112	112	112	219	300
钻头直径 (孔径、心径)/mm	32/14	32/14.5	32/13.5	34/14.2	36/21.7	66/44.8
质量 /g	75	54	62	72	158	451
钻进特性 (所需钻压力 /N)	560	942	412	435		
进转比 /mm	0.02～0.2	0.021～0.05	0.04～0.2	0.033～0.2	0.025～0.14	0.7
回转转矩 /(N·m)	1.25～24.8	0.98～2.36	2.98～6.4	2.78～6.68	5～25	150
钻压力 /N	260～1 218	400～942	396～767	363～838	1 000～4 200	17 000
破碎载荷被增系数 C_{CLPI} (表征钻进效能)	8.1～13.2	19.3～19.5	3.9～10.1	4.4～11.5	14.3～18.9	10.6

(3) 钻进排屑 / 取芯特性。

钻头的排屑特性通过计算模拟月壤钻进仿真过程中的排屑效率来评价,即单位时间内钻头排出的颗粒数目。通过离散元仿真分析可得出,类 Luna 24 钻头、HIT-H 型钻头以及月岩取芯钻头在单位时间内的排屑数目分别为 52.3 个、96.1 个、82.2 个,见表 4.29。此外,为了获得不同钻头在实际钻进深度下的取芯率指标,在钻具综合特性测试平台上(图 4.56),开展钻进深度为 2 m 的模拟月壤钻进取芯试验,试验中模拟月壤为宽带粒度分布的颗粒物质堆积物,规程参数设定为回转转速 100 r/min、进尺速率 100 mm/min。通过测量钻进取芯结束后获得的月壤样品长度获知取芯率,各钻头所得取芯率见表 4.29。在月面取芯钻进试验中,能明显看到被钻杆螺旋输送至模拟月壤表面的临界尺度颗粒,并且在采样结束后,剪开取芯软带后发现,软带内部同样含有少量临界尺度月壤颗粒,这说明月岩取芯钻头对非确知月壤具有较好的适应能力与取芯能力。

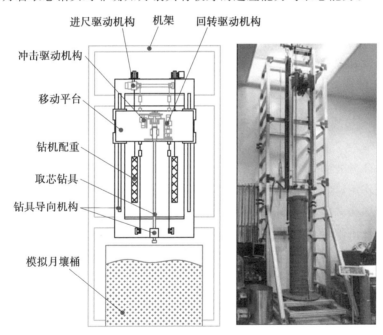

图 4.56 钻具综合特性测试平台原理图及实物图

为了在原有钻头基体上增加突破岩石的能力,在 HIT-H 型取芯钻头外表面电镀了一层立方氮化硼(CBN)磨砺。为了获取表 4.29 中的试验结果,在开展钻进试验前,根据 Luna 24 和 JPL 公布的有关钻头的尺寸数据,仿制了上述两款钻头。孕镶金刚石地质钻头(IDCB)和聚晶金刚石复合片钻头(PDC)是地质钻探中常用的。

如表 4.29 所示,HIT-H 型钻头在模拟月壤排屑效率和取芯率方面具有明显

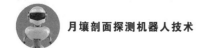

优势,月岩取芯钻头(LRCB)与 HIT-H 型钻头在上述两个方面的特性相接近,而类 Luna 24 钻头和 JPL 钻头的取芯率相对较低。这是由于月岩取芯钻头(LRCB)和 HIT-H 型钻头均采用了利于排屑的螺旋形钻头基体,并设计了保护样芯的阻隔环结构。但由于月壤钻进过程中,月岩取芯钻头上镶嵌的尖角立刃优先于螺旋排屑槽、阻隔环接触月壤颗粒,这增大了钻头前端月壤的扰动区域,致使留在取芯通道内的月壤颗粒减少。

在钻进特性方面,四款取芯钻头均能在规定时间 10 min 内实现 50 mm 的钻进深度,但月岩取芯钻头(LRCB)所需钻压力明显要小于类 Luna 24 钻头和 HIT-H 型钻头,这说明月岩取芯钻头的钻进特性好。此外,在岩石钻进效能方面,随着进转比的增加,破碎载荷被增系数略有降低。这主要由于当进转比较低时,钻进过程中的摩擦负载所占比重较大。如表 4.29 所示,月岩取芯钻头(LRCB)和 JPL 钻头的岩石破碎载荷被增系数非常接近,且明显低于其他构型的钻头。这意味着岩石破碎时,月岩取芯钻头在单位面积上施加的载荷明显高于其他取芯钻头,如类 Luna 24 钻头、HIT-H 钻头、孕镶金刚石地质钻头(IDCB)及聚晶金刚石复合片钻头(PDC)。

4.5 模拟月岩冲击钻进负载特性研究

为了提高月岩的钻进破碎效率,采样机构中增加了辅助冲击功能,可配合钻头回转钻进作用,辅助破碎月岩。由冲击锤产生的冲击力通过近 3 m 长的螺旋钻杆传递至钻头/岩石界面,钻头处的冲击应力也为低作用力,很难在月岩表面形成明显的冲击破碎坑,这与常规地质勘探领域中的冲击破碎过程存在很大差异。可见,如何高效地利用钻头所得冲击力,使其能够最大限度地降低岩石钻进负载,是低作用力条件下提高月岩钻进效能的关键因素。

4.5.1 冲击作动及其传递特性研究

4.5.1.1 冲击驱动机构参数设计

冲击驱动机构是月面采样装置中为钻具提供冲击力的作动组件,对冲击驱动机构的设计参数进行优选,有助于提高钻具的输入冲击力。月面采样装置中的冲击驱动机构均采用间歇凸轮驱动弹簧质量块实现对钻具的冲击加载。因此,当所需冲击功和冲击频率确定后,合理地设计冲击驱动机构能有效降低驱动功耗。反之,当驱动功耗确定后,经过参数筛选后的冲击驱动机构能有效提高输出的冲击功。在此,以冲击驱动机构功耗最小为参数优选目标,开展冲击驱动机构的参数设计。

冲击驱动机构三维模型及其受力分析模型如图 4.57 所示,则冲击驱动机构的功耗 P_C、凸轮回转转速 n_C 和凸轮转矩 T_C 分别为

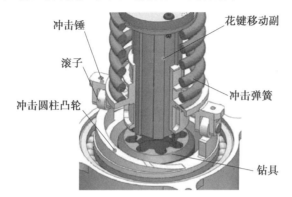

(a) 三维模型

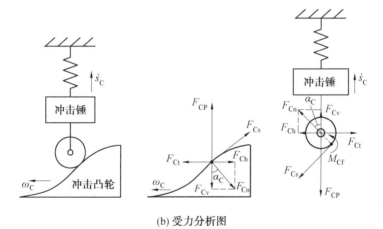

(b) 受力分析图

图 4.57　冲击驱动机构三维模型及其受力分析模型

$$\begin{cases} P_C = \dfrac{2\pi n_C T_C}{60} \\[3mm] n_C = \dfrac{60 f_P}{n_{Cb}} \\[3mm] T_C = \dfrac{(m_P g + k_P s_C + F_{P0} + m_P \ddot{s}_C) \cdot \dfrac{\tan \alpha_C + E_\delta}{1 - E_\delta \tan \alpha_C}}{1 - \dfrac{\tan \alpha_C + E_\delta}{1 - E_\delta \tan \alpha_C} \cdot \mu_C} \cdot R_C \end{cases} \tag{4.82}$$

式中　　n_C—— 冲击凸轮转速,r/min;

　　　　T_C—— 冲击凸轮转矩,N·m。

f_P—— 冲击频率，Hz；

n_{Cb}—— 冲击凸轮廓线凸起个数；

m_P—— 冲击锤质量，kg；

s_C—— 冲击锤位移，m；

F_{P0}—— 冲击弹簧预紧力，N；

$E_δ$—— 冲击锤滚子当量滚动摩擦系数；

$α_C$—— 压力角，(°)；

$μ_C$—— 滑动摩擦系数；

R_C—— 冲击凸轮基圆半径，m；

k_P—— 冲击弹簧刚度系数，N/m。

式(4.82)中的冲击弹簧刚度系数可通过所需冲击功反求而得，即

$$k_P = \frac{2W_P}{(h_{P0} + h_C)^2 - h_{P0}^2} \tag{4.83}$$

式中 h_{P0}—— 冲击弹簧预紧位移，m；

h_C—— 冲击锤最大作动位移，m。

由于所需冲击频率最高为 20 Hz，因此冲击凸轮需要保持一个较高的转速。同时，为了避免滚子在切入与切出凸轮廓线时发生刚性冲击，即需要保证冲击锤滚子的速度与加速度在凸轮廓线初始位置和结束位置时均为 0。因此，选择冲击锤的加速度曲线应为正弦曲线。此外，凸轮压力角方程可通过空间微分几何法推导。

在上述诸多参数中，冲击频率和单次冲击功是系统的初始优选指标，滚子半径和滚动摩擦系数主要由凸轮、滚子的材料及接触刚度决定，冲击弹簧预紧力与冲击弹簧刚度和初始安装位移有关，因此，冲击驱动机构的变量参数可归纳为

$$\boldsymbol{X}_P = \{k_P, h_C, h_{P0}, m_P, n_{Cb}, β_{C1}, R_C\}^T \tag{4.84}$$

式中 $β_{C1}$—— 冲击凸轮推程运动角，(°)，且需满足

$$\frac{2h_C}{R_C \tan[α_C]} \leqslant β_{C1} \leqslant \frac{2π}{n_{Cb}} \cdot \left(1 - f_P \sqrt{\frac{m_P}{k_P}} a\cos\frac{h_{P0}}{h_C + h_{P0}}\right) \tag{4.85}$$

其中，a 为冲击锤的加速度。

除了上述两个约束条件外，其余的设计变量同时也需要满足冲击驱动机构结构尺寸的限制。因此，冲击驱动机构设计的约束参数可离散，见表 4.30，并采用枚举法开展设计参数筛选。

表 4.30　冲击驱动机构设计约束参数及优选结果

参数名称	取值区间	优选结果
冲击弹簧刚度系数 k_P	$< 20\,000$	13 500 N/m
冲击锤振幅 h_C	$5, 6, \cdots, 20$	8 mm
冲击弹簧预紧位移 h_{P0}	$5, 6, \cdots, 20$	20 mm
冲击锤质量 m_P	$180, 280, \cdots, 580$	180 g
凸轮廓线凸起个数 n_{Cb}	$2, 3, 4$	2 个
凸轮推程运动角 β_{C1}	$10, 55, \cdots, 180$	155°
凸轮基圆半径 R_C	$25, 26, \cdots, 35$	33 mm

优选指标:冲击频率 $f_P = 20$ Hz　　单次冲击功 $W_P = 2.6$ J

约束参数:凸轮转速 $n_C < 3\,000$　　滚子当量滚动摩擦系数 $R_{Cf} = 0.003\,9$

滑动摩擦系数 $\mu_C = 0.5$　　许用压力角 $[\alpha_C] < 20°$

经计算可获得 49 104 组冲击驱动机构参数,将冲击驱动机构功耗最小时对应的参数组列入表 4.30 中。为了验证上述优选结果,并获得冲击机构运动特性,利用钻进负载特性测试平台上的冲击驱动机构开展试验验证,试验环境如图 4.58 所示。

图 4.58　冲击驱动机构冲击功标定与测试试验验证环境

首先,需要标定冲击驱动机构单次冲击功。单次冲击功除了与冲击弹簧刚度有关外,还取决于冲击锤在碰撞前的动能。因此,可通过高速摄像的方式获得冲击锤在碰撞前的最大速度,从而求得单次冲击功。

利用表 4.30 中所示的优选结果研制冲击驱动机构,并在钻进负载特性测试平台上开展试验验证。冲击锤的速度曲线如图 4.59(a) 所示,冲击锤在碰撞前的最大运动速度为 -5.045 m/s,由式(4.86)可得出单次冲击功分别为 2.3 J(均低于设计目标值 2.6 J)。

$$W_P = \frac{1}{2} k_P (h_C + h_{P0})^2 - \frac{1}{2} k_P h_{P0}^2 = \frac{1}{2} m_P v_P^2 \tag{4.86}$$

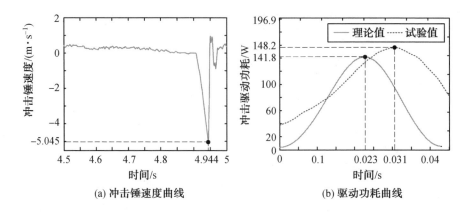

(a) 冲击锤速度曲线　　　　　　　　(b) 驱动功耗曲线

图 4.59　冲击锤速度曲线和驱动功耗曲线

　　冲击驱动功耗曲线理论计算结果与实测结果如图 4.59(b) 所示,最大驱动功耗理论值为 141.8 W,最大功耗试验值为 148.2 W,驱动功耗的试验曲线与理论优选结果基本保持一致。综上所述,通过上述冲击驱动机构设计方法,能够得到一组优选的设计参数,使得冲击频率和冲击功满足采样需求。

4.5.1.2　冲击锤冲击碰撞钻具过程建模

　　冲击锤与钻具碰撞过程假设为单质量块与半无限光杆通过弹簧阻尼单元相互作用过程,且不考虑反射波对冲击应力的叠加影响,如图 4.60 所示。

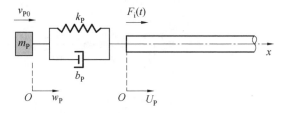

图 4.60　冲击锤冲击钻具力学简化模型

根据牛顿第二定律,有

$$m_P \ddot{w}_P = -k_P(w_P - u_P) - b_P(\dot{w}_P - \dot{u}_P) \tag{4.87}$$

式中　　m_P—— 冲击锤质量,kg;

　　　　k_P—— 冲击锤与钻具碰撞接触刚度,N/m;

　　　　b_P—— 冲击锤与钻具碰撞等效阻尼系数,N·s/m;

　　　　w_P—— 冲击锤位移,m;

　　　　$U_P(x,t)$—— 弹性杆中各质点的位移,m;

　　　　$u_P(t)$—— 接触面上质点的位移,m, 是时间 t 的函数, $u_P(t) = U_P(x,t)\big|_{x=0}$。

设冲击锤和钻具碰撞接触面积为 A_P,则式(4.87)可写成

$$-k_P(w_P - u_P) - b_P(\dot{w}_P - \dot{u}_P) = A_P\sigma_P(0,t) \qquad (4.88)$$

式中　$\sigma_P(x,t)$——截面上的正应力,Pa。

在接触的前一刻($t=0$)时,冲击块及弹性杆处于以下状态:

$$w_P(0) = 0, \dot{w}_P(0) = v_{P0} \qquad (4.89)$$

$$U_P(x,0) = 0, \dot{u}_P(x,0) = 0, x \geqslant 0 \qquad (4.90)$$

式(4.90)也可以写成

$$u_P(0) = 0 \qquad (4.91)$$

根据一维应力波传递的特征方程,弹性杆中质点的位移和应力可以表示为

$$\begin{cases} U_P(x,t) = f(ct-x) \\ \sigma_P(x,t) = -Ef'(ct-x) \end{cases} \qquad (4.92)$$

式中　c——应力波传播速度,m/s;

　　　f——光滑连续函数。

由此可得

$$\begin{cases} u_P = f(ct) \\ \sigma_P(0,t) = -Ef'(ct) \end{cases} \qquad (4.93)$$

考虑到质点速度

$$\dot{u}_P(x,t) = cf'(ct-x) \qquad (4.94)$$

与式(4.88)比较可得

$$\sigma_P(x,t) = -\frac{E}{c}\dot{u}_P(x,t) \qquad (4.95)$$

同理,有

$$\sigma_P(0,t) = -\frac{E}{c}\dot{u}_P(t) \qquad (4.96)$$

最后,将式(4.96)代入式(4.88)中,得

$$b_P\dot{w}_P + k_Pw_P - \left(b_P + \frac{EA_P}{c}\right)\dot{u}_P - k_Pu_P = 0 \qquad (4.97)$$

微分方程(4.87)、(4.97)及边界条件(4.90)、(4.91)共同组成该系统模型,即

$$\begin{cases} m_P\ddot{w}_P = -k_P(w_P - u_P) - b_P(\dot{w}_P - \dot{u}_P) \\ b_P\dot{w}_P + k_Pw_P - \left(b_P + \dfrac{EA_P}{c}\right)\dot{u}_P - k_Pu_P = 0 \\ w_P(0) = 0, \dot{w}_P(0) = v_{P0} \\ u_P(0) = 0 \end{cases}$$

将式(4.87)、式(4.90)、式(4.91)、式(4.97)进行 Laplace 变换,可得以下线性方程:

$$(p^2 + 2\xi_P p + \omega_{P0}^2)w_P^* - (2\xi_P p + \omega_{P0}^2)u_P^* = v_{P0} \tag{4.98}$$

$$(2\xi_P p + \omega_{P0}^2)w_P^* - [2(\xi_P + \eta_P)p + \omega_{P0}^2]u_P^* = 0 \tag{4.99}$$

式中　　$w_P^*(p)$——$w_P(t)$ 的 Laplace 变换量；

　　　　$u_P^*(p)$——$u_P(t)$ 的 Laplace 变换量。

　　ξ_P、η_P 和 ω_{P0} 满足

$$\frac{b_P}{m_P} = 2\xi_P, \qquad \frac{EA_P}{cm_P} = 2\eta_P, \qquad \frac{k_P}{m_P} = \omega_{P0}^2 \tag{4.100}$$

解式(4.98)、式(4.99)构成的方程组,得

$$w_P^*(p) = \frac{v_{P0}[2(\xi_P + \eta_P)p + \omega_{P0}^2]}{p[2(\xi_P + \eta_P)p^2 + (\omega_{P0}^2 + 4\xi_P\eta_P)p + 2\eta_P\omega_{P0}^2]} \tag{4.101}$$

$$u_P^*(p) = \frac{v_{P0}(2\xi_P p p + \omega_{P0}^2)}{p[2(\xi_P + \eta_P)p^2 + (\omega_{P0}^2 + 4\xi_P\eta_P)p + 2\eta_P\omega_{P0}^2]} \tag{4.102}$$

将式(4.101)、式(4.102)进行 Laplace 逆变换可得

$$w_P(t) = \frac{v_{P0}}{2\eta_P}\{1 - e^{-a_P t}\cos \omega_P t + \beta_{P1} e^{-a_P t}\sin \omega_P t\} \tag{4.103}$$

$$u_P(t) = \frac{v_{P0}}{2\eta_P}\{1 - e^{-a_P t}\cos \omega_P t - \beta_P e^{-a_P t}\sin \omega_P t\} \tag{4.104}$$

其中

$$\omega_P^2 = \frac{16\eta_P^2\omega_{P0}^2 - (\omega_{P0}^2 - 4\xi_P\eta_P)^2}{16(\xi_P + \eta_P)^2} \tag{4.105}$$

$$\alpha_P = \frac{\omega_{P0}^2 + 4\xi_P\eta_P}{4(\xi_P + \eta_P)} \tag{4.106}$$

$$\beta_{P1} = \frac{8\eta_P^2 - \omega_{P0}^2 + 4\xi_P\eta_P}{4(\xi_P + \eta_P)\omega_P} \tag{4.107}$$

$$\beta_P = \frac{\omega_{P0}^2 - 4\xi_P\eta_P}{4(\xi_P + \eta_P)\omega_P} \tag{4.108}$$

将式(4.103)、式(4.104)微分得

$$\dot{w}_P(t) = \frac{v_{P0}}{2\eta_P}e^{-a_P t}\{(\alpha_P + \omega_P\beta_{P1})\cos \omega_P t + (\omega_P - \alpha_P\beta_{P1})\sin \omega_P t\} \tag{4.109}$$

$$\dot{u}_P(t) = \frac{v_{P0}}{2\eta_P}e^{-a_P t}\{(\alpha_P - \omega_P\beta_P)\cos \omega_P t + (\omega_P + \alpha_P\beta_P)\sin \omega_P t\} \tag{4.110}$$

令 $\dot{u}_P(t_c) = 0$,得到冲击持续时间 t_c(冲击块从接触到反弹分离)为

$$t_c = \frac{\pi - \varphi_P}{\omega_P} \tag{4.111}$$

其中

$$\varphi = \arcsin \frac{\alpha_P - \omega_P\beta_P}{\sqrt{1_P + \beta_P^2}\sqrt{\alpha_P^2 + \omega_P^2}} \tag{4.112}$$

则在接触面上产生的入射冲击力为

4.5.1.3   冲击应力在取芯钻具中的传递特性分析

（1）冲击应力传递路径分析。

月岩钻取采样过程中冲击应力传递示意图如图 4.61 所示，由钻机内的冲击驱动机构给冲击锤提供动能，产生单次冲击功，当冲击锤与钻机主轴系发生碰撞后，在碰撞接触面产生冲击力，并依次通过钻机主轴、钻杆、钻头，最终由切削刃传递至月岩。

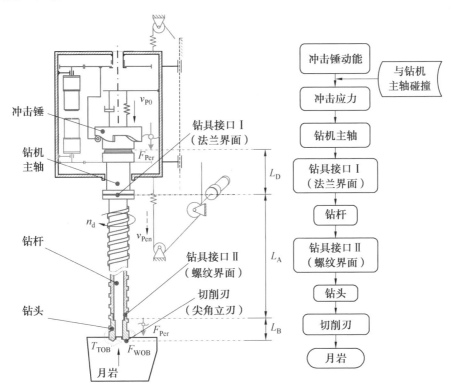

图 4.61   月岩钻取采样过程中冲击应力传递示意图

月面采样钻具冲击传递链参数见表 4.31。

（2）钻杆中的冲击应力衰减特性分析。

由应力波在半无限长杆中的传递特性分析可知，当冲击应力仅沿着光杆轴向传递时，应力波传递的基本方程为

$$\frac{\partial^2 u}{\partial t^2} = c^2 \frac{\partial^2 u}{\partial x^2} \tag{4.113}$$

表 4.31 月面采样钻具冲击传递链参数表

参数	符号	数值	单位
输入冲击功	W_P	$0.8 \sim 4$	J
冲击频率	f_P	$0 \sim 20$	Hz
钻机主轴长度	L_D	230	mm
钻杆长度	L_A	2 600	mm
钻头长度	L_B	46	mm
钻杆外径	D_{Ao}	31	mm
钻杆内径	D_{Ai}	25.5	mm
钻杆横截面面积	A_A	189	mm^2
弹性模量	E	210×10^9	N/m
密度	ρ	7 850	kg/m^3

由式(4.113)可知,杆中的应力是时间和位移坐标的函数,冲击应力将分别随着时间推演和轴向位置的延伸发生衰减。此外,由于钻杆与光杆结构形式不同,其表面设计有螺旋翼,因此冲击应力除了会沿着钻杆轴向传递外,也将沿着螺旋翼方向进行衰减。

如图 4.61 所示,冲击应力是由冲击锤碰撞钻机主轴后,在碰撞接触表面产生的。冲击应力产生模型与前文阐述的冲击锤冲击碰撞钻具模型相同,假设条件均为:

① 假设冲击锤与钻机主轴之间,存在一个没有质量的弹簧和阻尼单元,用以表征接触面的局部变形。

② 假设受到冲击作用的是钻具组件,包括钻机主轴、钻杆、钻头及钻具连接界面等,这些组件具有相同的轴向位移,且为半无限长杆。

则由前文推导可得到钻具组件的入射应力 σ_i 的表达式为

$$\sigma_i(t) = \frac{m_P v_{P0} \sqrt{1 + \beta_P^2} \sqrt{\alpha_P^2 + \omega_P^2} \, \mathrm{e}^{-\alpha_P t} \sin(\omega_P t + \varphi_P)}{A_P} \tag{4.114}$$

式(4.114)即为在钻具组件中位置坐标为 0 时,冲击应力随时间的衰减方程。冲击应力随接触刚度 k_P 和初始速度 v_{P0} 变化趋势如图 4.62 所示。

根据图 4.62 所示,随着冲击锤与钻具组件的接触刚度的增加,钻具上获得的入射冲击应力峰值也随之增大,且冲击应力由 0 增大到最大值所用时间随着接触刚度的增加而减少。此外,冲击锤冲击速度的变大使得钻具组件中所得冲击应力增大,且不同冲击速度下的冲击应力随时间以相同趋势衰减。

当冲击应力在冲击锤与钻具组件接触表面产生后,将沿着钻具轴向进行传递。冲击应力在传播过程中将受钻杆材料滞弹性的影响,造成冲击应力的黏滞损失和热传导损失。在分析冲击应力沿传递方向衰减时,进行如下假设:

① 钻杆长度远大于钻机主轴和钻头,所以忽略冲击应力在上述两个组件中

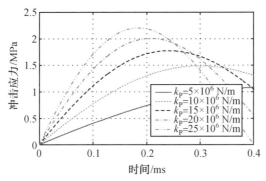

(a) 冲击应力随冲击锤接触刚度变化曲线

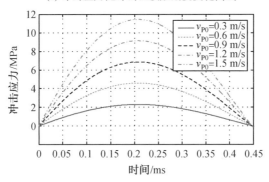

(b) 冲击应力随冲击锤冲击速度变化曲线

图 4.62　钻具冲击入射应力波形图

的传递衰减,仅对钻杆中冲击应力的衰减情况进行分析。

② 假设钻杆为薄壁光杆,即为每个径向截面面积相同。

③ 假设钻杆材料均匀,冲击应力衰减率为恒定值。

选取钻杆中任一微元进行分析(图 4.63),可得

$$\sigma\eta_\sigma \mathrm{d}x = \sigma - (\sigma + \mathrm{d}\sigma) \tag{4.115}$$

式中　η_σ —— 冲击应力衰减率。

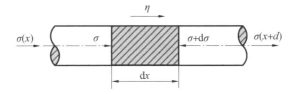

图 4.63　钻具中冲击应力传递示意图

设钻具组件位置坐标 $x = 0$ 时,冲击应力为 σ_0。则对式(4.115)进行积分,可得到冲击应力沿传递方向的衰减方程为

$$\sigma = \sigma_0 e^{-\eta_\sigma x} \qquad (4.116)$$

（3）冲击应力在钻具法兰／螺纹界面的衰减模型。

分别将钻杆与钻机主轴合钻头间的法兰连接及螺纹连接等效为刚体质量模型和质量阻尼模型，如图 4.64 所示。则入射冲击应力与透射冲击应力在法兰和螺纹界面分别满足如下微分方程：

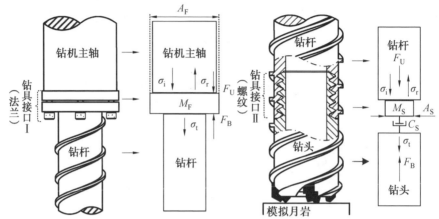

(a) 与钻具法兰界面等效的刚体质量模型　　　(b) 与钻具螺纹界面等效的质量阻尼模型

图 4.64　钻具法兰／螺纹界面应力传递分析

$$\frac{M_F}{2Z} \frac{d\sigma_t}{dt} + \sigma_t = \sigma_i \qquad (4.117)$$

$$\frac{M_S}{2Z} \frac{d\sigma_t}{dt} + \left(1 + \frac{c_S}{2Z}\right)\sigma_t = \sigma_i \qquad (4.118)$$

式中　　M_F——法兰界面的等效刚体质量，kg；

Z——钻具波阻系数，kg/s；

σ_t——界面的透射应力，Pa；

σ_i——界面的入射应力，Pa；

M_S——螺纹界面等效质量，kg；

c_S——螺纹界面等效阻尼，N·s/m。

为简化计算分析过程，在求解钻具连接界面的传递效率时，将前文分析得到的入射冲击应力简化为如式（4.119）所示的指数形式。

$$\sigma_i = \sigma_0 e^{\frac{Z}{m_P}t} \qquad (4.119)$$

式中　　m_P——冲击锤质量，kg。

将式（4.119）代入式（4.117）、式（4.118）后，可分别推导出钻具法兰界面和螺纹界面的冲击应力能量传递效率 η_F、η_S 分别为

$$\eta_{F} = \frac{E_{t}}{E_{i}} = \frac{\dfrac{A_{F}c}{E}\displaystyle\int_{0}^{\infty}\sigma_{t}^{2}\,\mathrm{d}t}{\dfrac{A_{F}c}{E}\displaystyle\int_{0}^{\infty}\sigma_{i}^{2}\,\mathrm{d}t} = \frac{2}{2 + K_{Fmr}} \tag{4.120}$$

$$\eta_{S} = \frac{E_{t}}{E_{i}} = \frac{\dfrac{A_{S}c}{E}\displaystyle\int_{0}^{\infty}\sigma_{t}^{2}\,\mathrm{d}t}{\dfrac{A_{S}c}{E}\displaystyle\int_{0}^{\infty}\sigma_{i}^{2}\,\mathrm{d}t} = \frac{4 + \dfrac{4K_{Smr}}{2 + k_{Sczr}} - \dfrac{16K_{Smr}}{K_{Smr} + k_{Sczr} + 2}}{(k_{Sczr} - K_{Smr} + 2)^{2}} \tag{4.121}$$

式中　　K_{Fmr}——钻具法兰界面等效质量与冲击锤质量比,即 $K_{Fmr} = M_{F}/m_{P}$;

　　　　K_{Smr}——钻具螺纹界面等效质量与冲击锤质量比,即 $K_{Smr} = M_{S}/m_{P}$;

　　　　k_{Sczr}——钻具螺纹界面等效阻尼与钻杆波阻比,即 $k_{Sczr} = c_{S}/Z,\mathrm{N \cdot s^{2}/(k \cdot g \cdot m)}$。

　　钻具法兰界面的冲击应力能量传递效率 η_{F} 与等效质量比 K_{Fmr} 的关系曲线如图 4.65(a) 所示。通过将钻具螺纹界面等效为质量阻尼模型进行分析,可获得不同等效阻尼与钻杆波阻比 k_{Sczr} 条件下,钻具螺纹界面的冲击应力能量传递效率 η_{S} 随等效质量比 K_{Smr} 变化趋势,如图 4.65(b) 所示。

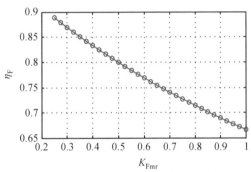

(a) 钻具法兰界面冲击应力传递效率

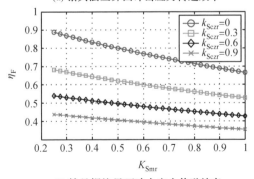

(b) 钻具螺纹界面冲击应力传递效率

图 4.65　钻具法兰和螺纹界面冲击应力传递效率

（4）冲击应力在钻具中的传递特性试验研究。

为了测试钻具的冲击应力传递特性，在取芯钻具表面预粘贴光纤光栅传感器，利用钻具综合特性测试平台的冲击驱动机构配合光纤光栅采集装置，可测得钻具受到冲击作动力后不同位置处的应力和应变。钻具冲击应力传递特性测试系统如图 4.66 所示。钻机通过进尺驱动机构给钻具施加一定静压力，保持钻具在冲击过程中时刻与模拟月岩接触，钻具沿轴线方向上贴有光纤光栅传感器，在岩石卡具下方安装有六维力传感器，以获得传递到模拟月岩上的冲击力载荷。

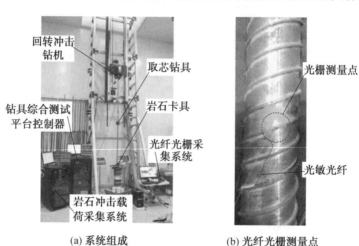

(a) 系统组成　　　　　　　(b) 光纤光栅测量点

图 4.66　钻具冲击应力传递特性测试系统

光纤光栅是一种能够获得材料表面指定位置处应变量的瞬态测量传感器。通过记录分析光栅布拉格波长的变化可获得材料产生的应变，通过材料的应变可推算出该位置处的应力和温度变化。材料应变与光栅布拉格波长变化的关系为

$$\Delta\lambda_B = \lambda_B(1 - P_e)\varepsilon_x + \lambda_B K \Delta T$$

式中　　λ_B——光纤光栅的布拉格波长，m；

$\quad\quad\quad P_e$——光纤的有效弹光系数（硅纤介质中 $P_e = 0.22$）。

在钻具冲击应力传递特性测试试验中，由于钻具外并没有其他介质附着，仅存在于流通的空气中，因此温度的变化仅依靠钻具本身的内摩擦。为了消除温度的误差影响，在每个测点上粘贴的光纤光栅传感器使用强力胶进行封装。光纤光栅传感器的测量原理为传感器主机内部设有光源，光源发出的光经由耦合器入射到传感光栅，再经其布拉格反射后沿原路返回至耦合器中，耦合分光后经光电探测器转换为电信号。其采样频率能达到 25 kHz，每次可以同时采集四路通道信号。

以钻具母线为基准线,在钻具螺旋槽外表面每间隔 800 mm 布置一个光纤光栅测量点,共计 4 处。根据前期钻具冲击应力传递特性仿真分析结果,光纤光栅粘贴在螺旋翼下表面附近,钻具冲击应力传递特性测试试验中的光纤光栅布局如图 4.67 所示。

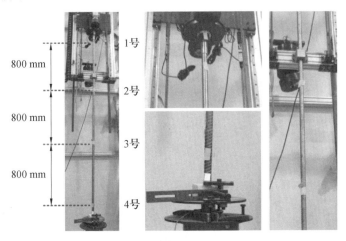

图 4.67　　钻具冲击应力传递特性测试试验中的光纤光栅布局

首先对钻具冲击应力衰减率进行测试分析,以冲击频率 2 Hz、单次冲击功 1.25 J 为钻具冲击输入参数,并且将钻具与模拟月岩间的静压力设为 0 N,即钻具仅与模拟月岩接触,钻机不给钻具施加额外载荷,则钻具不同位置处检测到的应变和应力随时间变化趋势如图 4.68 所示。由图 4.68(b) 可知,冲击应力在钻具 1 号测量点传递至 4 号测量点过程中,冲击应力先后达到最大值,且 4 个测量点的冲击应力峰值沿钻具轴向依次递减。受试验系统采样频率限制,暂且无法捕捉到冲击应力在钻具中传递的完整波形曲线。

分别对测量点 1 和 4 的 5 次冲击应力峰值求平均值,可求得钻具冲击应力衰减率为

$$\eta = \frac{\sigma_1 - \sigma_4}{\sigma_1} \times 100\% = \frac{14.5 - 4.4}{14.5} \times 100\% = 69.7\%$$

在获得钻具冲击应力衰减率后,改变钻具冲击输入参数,以获得钻具上 4 个测量点处的冲击应力峰值随冲击频率、冲击功及静压力的变化趋势,如图 4.69 和图 4.70 所示,钻具冲击输入参数见表 4.32。

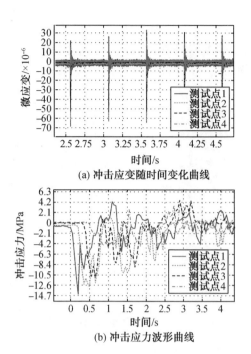

(a) 冲击应变随时间变化曲线

(b) 冲击应力波形曲线

图 4.68　钻具不同位置处的冲击应力、应变随时间变化曲线(彩图见附录)

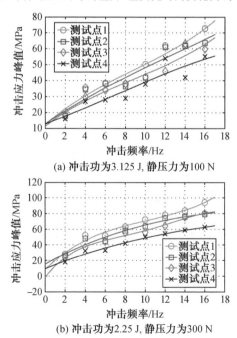

(a) 冲击功为3.125 J, 静压力为100 N

(b) 冲击功为2.25 J, 静压力为300 N

图 4.69　不同冲击频率下钻杆不同测试点处的冲击应力

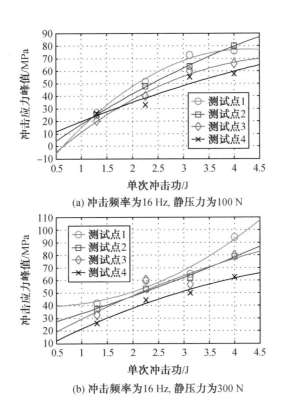

(a) 冲击频率为 16 Hz，静压力为 100 N

(b) 冲击频率为 16 Hz，静压力为 300 N

图 4.70　不同单次冲击功下钻杆不同测试点处的冲击应力

表 4.32　钻具冲击应力试验参数

参数类别	参数范围
冲击频率 /Hz	{2,4,6,8,10,12,14,16}
单次冲击功 /J	{1.3,2.25,3.125,4}
静压力 /N	{100,300}

　　由图 4.69 可知，冲击应力依次经过测量点 1、2、3、4 时的应力峰值呈递减趋势。其中，在 1、2、4 号测量点处，冲击应力峰值在不同冲击输入条件下均大致保持递减趋势，而 3 号测量点处的冲击应力峰值在部分试验中比 2 号测量点的冲击应力还大，这主要是因为 1、2、4 号测量点均在钻具支承点或约束点附近，而 3 号测量点处于钻具中间位置，试验过程中受静压力和冲击力作用钻杆会产生弯曲变形，从而增大了 3 号测量点处光纤光栅的应变量，因此冲击应力峰值也有所增加。此外，从图 4.69 可看出，随着冲击频率增加，钻杆上不同测量点处的冲击应力均有所增加，这主要是因为在钻具综合特性测试平台上，冲击驱动机构的输入单次冲击功会随着冲击频率的增加略有增加。另外，当冲击频率增加时，单位时间内施加冲击力的频次增多，向后经过同一测量点处的冲击应力间隔减小，因此增加了应力叠加的可能性。

由图 4.70 可知,钻杆上不同测量点位置处的冲击应力峰值随着单次冲击功的增加而增大,且大致呈二次增长趋势。此外,当施加在钻具两端的静压力由 100 N 增大至 300 N 时,各测量点处的冲击应力峰值均略有增大,这将增加钻头切削刃冲击模拟月岩过程中的透射应力,即适当增加静压力能有效增大岩石的破碎效率。

为了获得冲击应力在钻具螺旋翼上的应力传递特性,在 3 号测量点同一截面位置处,沿螺旋方向布置一个光纤光栅测量点,以对比冲击应力沿钻具轴向和钻具螺旋方向传递差异。在试验过程中,冲击频率设定为 2 Hz,静压力分别为 100 N、200 N 和 300 N,则 3 号测量点位置处的冲击应力如图 4.71 所示。

由图 4.71 可明显看出,钻具中确实存在沿着螺旋方向传递的冲击应力。与轴向冲击应力相比,沿钻具螺旋翼传递的冲击应力非常小,且随着冲击功的增加变化不明显。这说明,冲击应力在钻具中的主要传递方向为轴向,沿螺旋翼方向传递的冲击应力可近似忽略。

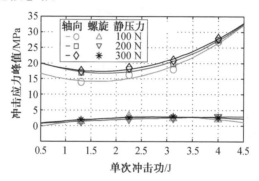

图 4.71　钻具中沿轴向和螺旋方向传递的冲击应力(彩图见附录)

为了获得冲击应力在钻具连接界面处的传递特性,需分别在钻具法兰界面和钻具螺纹界面两端增设光纤光栅测量点。在试验过程中,冲击频率设为 2 Hz,静压力分别设为 100 N 和 300 N,则冲击应力在钻具法兰/螺纹界面的传递特性如图4.72 所示。

由试验结果可以得出,在不同静压力下,冲击应力经过钻具法兰界面时变化不明显。这主要是由于在钻具法兰界面,钻机主轴的横截面面积要大于钻杆截面面积,这使得冲击应力从大截面向小截面传递过程中产生一定程度的放大。虽然冲击应力在经过法兰界面时会产生衰减,但由于界面两端的截面差异使得冲击应力的损耗得到一定补偿,因此钻具法兰界面两侧的应力变化不明显。而当冲击应力经过钻具螺纹界面时,冲击应力发生了明显的损耗,并且随着静压力的增加,冲击应力峰值略有增加。可见在钻具设计过程中,应尽量缩短钻杆与钻头间的螺纹连接长度,以提高冲击应力的传递效率。

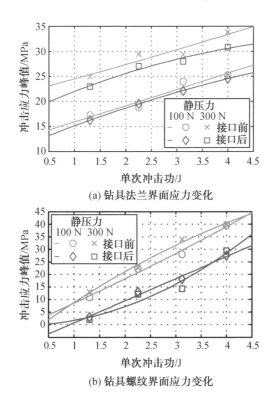

(a) 钻具法兰界面应力变化

(b) 钻具螺纹界面应力变化

图 4.72　钻具连接界面的冲击应力传递特性

4.5.2　岩石冲击切削破碎负载建模

在月面采样过程中,给钻具施加一定的冲击力能有效提高模拟月岩的破碎效率。由月面深层钻取采样机构的方案可知,冲击驱动机构的工作原理是由电机驱动圆柱凸轮转动的同时带动一套弹簧质量单元实现往复运动,从而为钻具施加冲击做功。在月岩取芯钻头回转冲击钻进过程中,与岩石直接作用的部分依然是切削刃,可将钻头回转冲击钻进月岩过程沿钻头周向展开,等效为单元切削刃沿直线切削冲击破碎岩石过程,如图 4.73 所示。

单刃冲击切削破碎模拟月岩过程可分为以下几个阶段(图 4.73):在冲击切削耦合作用阶段,切削刃在向前切削过程中突然受到冲击锤施加的冲击力,此时,切削刃将迅速改变原有运动轨迹,沿着冲击速度和切削速度的耦合方向刺入模拟月岩,并形成一次微小的冲击破碎坑;在力控切削阶段,由于冲击力作用时间极短(远小于凸轮回程运动所需时间),因此切削刃在冲击力消失后将在冲击弹簧预紧力的作用下向前切削破碎模拟月岩,此时模拟月岩的切削深度由冲击弹簧预紧力决定;在位控切削阶段,当冲击锤连同滚子进入到下一个推程运动后,作用在切削刃上的冲击弹簧预紧力将消失,此时切削刃将进入位控切削阶

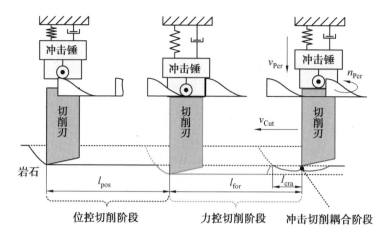

图4.73　冲击切削耦合条件下模拟月岩破碎过程示意图

段,即切削刃将完全按照预设切削深度破碎模拟月岩。至此,一次完整的冲击加载周期结束,切削刃等待进入下一次冲击加载。

4.5.2.1　冲击切削耦合阶段岩石破碎负载建模

在一次完整的冲击加载周期中,冲击力的作用时间极短(几个毫秒),因此暂且忽略冲击力作用过程中切削刃沿水平方向的切削位移,即假设模拟月岩的冲击切削耦合破碎过程可依次离散为冲击破碎过程和切削破碎过程。

(1) 单元切削刃冲击凿入模拟月岩力学模型。

因单次冲击过程中切削刃与岩石相互作用时间极短,因此假设切削刃作用在岩石上的载荷 F_{Per} 与侵入深度 h_{Per} 之间时刻满足如下关系(忽略岩石在加载/卸载过程中接触刚度的变化):

$$F_{Per} = Kh_{Per} \tag{4.122}$$

式中　　K——模拟月岩接触刚度,N/m;

　　　　h_{Per}——切削刃侵入模拟月岩深度,m。

对式(4.122)进行微分,可得

$$\frac{\mathrm{d}F_{Per}}{\mathrm{d}t} = K\frac{\mathrm{d}u}{\mathrm{d}t} = Kv_{Per} \tag{4.123}$$

式中　　v_{Per}——切削刃冲击凿入模拟月岩的速度,m/s。

切削刃冲击破碎模拟月岩瞬间受力分析图如图4.74所示。根据波动力学理论,冲击力以波动的形式,通过切削刃传递至模拟月岩,在切削刃与模拟月岩接触表面,波会产生透射和反射,则根据受力平衡,在切削刃在与模拟月岩的接触表面满足

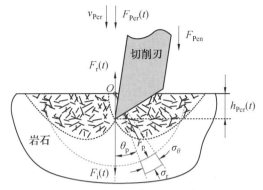

图 4.74　切削刃冲击破碎模拟月岩瞬间受力分析图

$$F_{\mathrm{Per}}(t) = F_{\mathrm{i}}(t) + F_{\mathrm{r}}(t) + F_{\mathrm{Pen}} \tag{4.124}$$

式中　　$F_{\mathrm{i}}(t)$——从切削刃到模拟月岩的入射冲击力,N;

　　　　$F_{\mathrm{r}}(t)$——从模拟月岩到切削刃的反射冲击力,N;

　　　　F_{Pen}——切削刃预先施加在模拟月岩上的切压力,N。

切削刃与模拟月岩接触面满足如下速度关系:

$$v_{\mathrm{Per}}(t) = v_{\mathrm{i}}(t) + v_{\mathrm{r}}(t) \tag{4.125}$$

式中　　$v_{\mathrm{i}}(t)$——切削刃上的质点入射速度,m/s;

　　　　$v_{\mathrm{r}}(t)$——切削刃上的质点反射速度,m/s。

且由波动力学理论知,入射及反射冲击力与速度关系为

$$\begin{cases} F_{\mathrm{i}}(t) = Z v_{\mathrm{i}}(t) \\ F_{\mathrm{r}}(t) = -Z v_{\mathrm{r}}(t) \end{cases} \tag{4.126}$$

式中　　Z——钻具波阻,kg/s。

将式(4.125)和式(4.126)代入式(4.124)可得

$$\begin{aligned} F_{\mathrm{Per}}(t) &= Z v_{\mathrm{i}}(t) - Z \cdot v_{\mathrm{r}}(t) + F_{\mathrm{Pen}} \\ &= Z v_{\mathrm{i}}(t) - Z[v_{\mathrm{Per}}(t) - v_{\mathrm{i}}(t)] + F_{\mathrm{Pen}} \\ &= 2Z v_{\mathrm{i}}(t) - Z \cdot v_{\mathrm{Per}}(t) + F_{\mathrm{Pen}} \\ &= 2F_{\mathrm{i}}(t) - Z v_{\mathrm{Per}}(t) + F_{\mathrm{Pen}} \end{aligned} \tag{4.127}$$

将式(4.123)代入式(4.127)整理后,可得到切削刃的冲击力微分方程为

$$\frac{\mathrm{d}F_{\mathrm{Per}}}{\mathrm{d}t} + \frac{K}{Z}F_{\mathrm{Per}} = \frac{2K}{Z}F_{\mathrm{i}} + \frac{K}{Z}F_{\mathrm{Pen}} \tag{4.128}$$

代入初始条件 $F_{\mathrm{Per}}|_{t=0} = 0$,解得

$$F_{\mathrm{Per}} = \mathrm{e}^{-\frac{K}{Z} \cdot t} \int_{0}^{t} \mathrm{e}^{\frac{K}{Z} \cdot t} \left(\frac{2K}{Z}F_{\mathrm{i}} + \frac{K}{Z}F_{\mathrm{Pen}} \right) \mathrm{d}t \tag{4.129}$$

当入射冲击力为

$$F_i(t) = m_P v_{P0} \sqrt{1 + \beta_P^2} \sqrt{\alpha_P^2 + \omega_P^2} \, e^{-\alpha_P t} \sin(\omega_P t + \varphi_P) \qquad (4.130)$$

式中　　m_P—— 冲击锤质量，kg；

　　　　ω_P—— 冲击锤位移，m。

切削刃破碎模拟月岩的冲击力为

$$
\begin{aligned}
F_{Per} &= e^{-\frac{K}{Z} \cdot t} \int_0^t e^{\frac{K}{Z} \cdot t} \left(\frac{2K}{Z} F_i + \frac{K}{Z} F_{Pen} \right) dt \\
&= e^{-\frac{K}{Z} \cdot t} \left[\int_0^t \left(\frac{2K}{Z} F_i e^{\frac{K}{Z} t} \right) dt + \int_0^t \left(\frac{K}{Z} F_{Pen} e^{\frac{K}{Z} \cdot t} \right) dt \right] \\
&= e^{-\frac{K}{Z} \cdot t} \frac{2K m_P v_{P0} \sqrt{1 + \beta_P^2} \sqrt{\alpha_P^2 + \omega_P^2}}{Z} \int_0^t \left[e^{(\frac{K}{Z} - \alpha_P)t} \sin(\omega_P t + \varphi_P) \right] dt +
\end{aligned}
$$

$$F_{Pen} (1 - e^{-\frac{K}{Z} \cdot t}) \qquad (4.131)$$

解得

$$F_{Per} = e^{-K^* \cdot t} K^* \frac{2 m_P v_{P0} \sqrt{1 + \beta_P^2} \sqrt{\alpha_P^2 + \omega_P^2}}{(K^* - \alpha_P)^2 + \omega_P^2} \cdot$$

$$\{ e^{(K^* - \alpha_P)t} [(K^* - \alpha_P) \sin(\omega_P t + \varphi_P) - \omega_P \cos(\omega_P t + \varphi_P)] -$$

$$[(K^* - \alpha_P) \sin \varphi_P - \omega_P \cos \varphi_P] \} + F_{Pen} (1 - e^{-K^* \cdot t}) \qquad (4.132)$$

式中　　K^* —— 切削刃与模拟月岩冲击系数，$K^* = K/Z$，s/m。

由式(4.132)可绘制出切削刃冲击力随时间变化曲线，如图 4.75 所示。

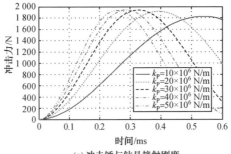

(a) 冲击锤与钻具接触刚度

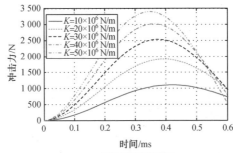

(b) 模拟月岩接触刚度

图 4.75　不同接触刚度下模拟月岩所受冲击力随时间变化曲线

由于岩石的冲击破碎区域远小于切削刃宽度,可将前面得出的切削刃施加在模拟月岩上的冲击力考虑为线载荷。在线载荷 F_{Per}/w_b 作用下,模拟月岩(假定为半无限平面,如图 4.74 所示)内部应力状态为

$$\sigma_r = \frac{2F_{Per}\cos\theta_P}{\pi r_P w_b}(\sigma_\theta = 0, \tau_{r\theta} = 0) \tag{4.133}$$

式中　　r_P—— 极坐标系中极点 O 的极径,m;

θ_P—— 极坐标系中极点 O 的极角,(°);

σ_r—— 模拟月岩微元所受的沿极径方向的正应力,Pa;

σ_θ—— 模拟月岩微元所受的沿极角方向的正应力,Pa;

$\tau_{r\theta}$—— 模拟月岩微元所受的沿极径/角方向的切应力,Pa。

如图 4.74 所示,由于切应力 $\tau_{r\theta} = 0$,因此 σ_r、σ_θ 为模拟月岩微元的主应力。在线载荷作用下,岩石中的剪切裂缝通常沿着与最大主应力保持恒定角度的轨迹方向传播。对于直线载荷来说,这些轨迹组成两条对数螺旋线,如式(4.134)所示。

$$r_P = r_{P0}\,e^{\pm\theta_P\cot\lambda_f} \tag{4.134}$$

式中　　r_{P0}—— 两组对数螺旋线交点到极点 O 的距离,m;

λ_f—— 剪切裂缝轨迹上任一点的切线方向与该点处最大主应力间夹角,(°)。

由弹性力学中关于材料的应力状态分析结论知,在外载荷作用下,物体内部任一微元上的应力状态满足

$$\begin{cases} \tau = \dfrac{\sigma_1 - \sigma_2}{2}\sin 2\lambda \\ \sigma = \dfrac{\sigma_1 + \sigma_2}{2} - \dfrac{\sigma_1 - \sigma_2}{2}\cos 2\lambda \end{cases} \tag{4.135}$$

式中　　σ_1、σ_2—— 微元上所受正应力,Pa;

τ—— 微元上所受切应力,Pa;

λ—— 剪切破碎平面与主应力间夹角,(°)。

将式(4.133)和式(4.134)代入方程组(4.135)可得对数螺旋线上任一点处的切应力 τ_P 和正应力 σ_P 为

$$\begin{cases} \tau_P = \dfrac{F_{Per}\sin 2\lambda_f}{\pi r_{P0} w_b}e^{\pm\theta_P\cot\lambda_f}\cos(\pm\theta_P) \\ \sigma_P = \dfrac{F_{Per}(1 - \cos 2\lambda_f)}{\pi r_{P0} w_b}e^{\pm\theta_P\cot\lambda_f}\cos(\pm\theta_P) \end{cases} \tag{4.136}$$

又因为岩石破碎过程服从摩尔库伦屈服定理,即 $\tau_P = \sigma_P \cdot \tan\varphi + C$,则将式(4.136)代入并整理可得

$$r_{P0} = \frac{2F_{Per}(\sin\lambda_f)^2(\cot\lambda_f - \tan\varphi)\cos(\pm\theta_P)}{\pi w_b Ce^{\pm\theta_P\cot\lambda_f}} \tag{4.137}$$

式(4.137)可理解为,当岩石表面作用一定载荷后,在载荷两侧将形成两条如图 4.74 所示的剪切裂纹,该裂纹满足式(4.134)所示关系,且两条裂纹交点到极点 O 之间距离为 r_{P0},将这一区域定义为岩石受冲击力后形成的压实区域。在得到 r_{P0} 后便可根据式(4.134)得出模拟月岩冲击破碎坑的完整轮廓曲线。

(2)模拟月岩受冲击力后切削破碎特性分析。

在受到冲击作用后,模拟月岩在载荷作用点前后分别形成两条冲击破碎坑,当切削刃继续向前切削时,模拟月岩会沿着之前由冲击力形成的剪切破碎裂纹继续破碎。为简化受力分析模型,将切削过程中模拟月岩的剪切破碎面假设为平面,起止点分别为冲击破碎坑(对数螺旋线)轮廓曲线与模拟月岩已切削表面和未切削表面的交点。冲击切削耦合条件下切削刃前端将形成 3 个区域(图 4.76),即 $OAGF$ 为因冲击力形成的压实破碎区,$ABCD$ 为因冲击力形成的冲击破碎屑,BEC 为因切削作用形成的剪切破碎区。则受力方程可列为

$$\begin{cases} F_R\cos(\varphi_b - \alpha_x) = F_{\sigma p}\cos\left(\lambda_c + \varphi_c - \dfrac{\pi}{2}\right) + F_{nx} \\ F_R\sin(\varphi_b - \alpha_x) = F_{\sigma p}\sin\left(\lambda_c + \varphi_c - \dfrac{\pi}{2}\right) + F_{ny} \end{cases} \tag{4.138}$$

式中　　F_R——作用在切削刃上的合力,N;

F_{nx}——母岩对破碎区岩屑的合反力在水平方向上的分力,N;

F_{ny}——母岩对破碎区岩屑的合反力在竖直方向上的分力,N。

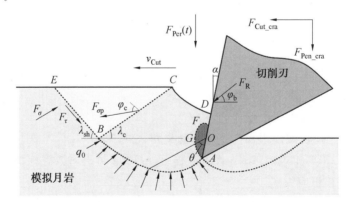

图 4.76　冲击切削耦合条件下单元切削刃破碎模拟月岩受力分析

式(4.138)中,$F_{\sigma p}$ 满足如下关系:

$$F_{\sigma p} = \frac{1}{n+1} \cdot \frac{h_{Pna}w_b}{\sin\lambda_{sh}} \cdot \frac{C\cos\varphi_b}{\sin(\varphi_b + \varphi_c + \lambda_{sh} + \lambda_c)} \tag{4.139}$$

图 4.76 和式(4.138)中的其余参数变量参照单元切削刃切削破碎模拟月岩

受力分析。在求解切削刃上合力 F_R 之前,需要求解母岩对破碎区岩屑的合力 F_σ。假设在对数螺旋线 AB 上存在均布力 q,且满足

$$q = q_0 \sin \theta \qquad (4.140)$$

式中　q_0——应力常数。

将式(4.134)中的极坐标函数转化为直角坐标函数为

$$\begin{cases} x(\theta) = r \sin \theta = r_0 \, e^{\theta \cot \lambda_f} \sin \theta \\ y(\theta) = r \cos \theta = -r_0 \, e^{\theta \cot \lambda_f} \cos \theta \end{cases} \qquad (4.141)$$

则在冲击破碎坑形成的对数螺旋线上任一两个极角 θ_i 和 θ_{i+1} 间的弧长 l_{mi} 为

$$\begin{aligned} l_{mi} &= \int_{\theta_i}^{\theta_{i+1}} \sqrt{\left(\frac{\mathrm{d}x}{\mathrm{d}\theta}\right)^2 - \left(\frac{\mathrm{d}y}{\mathrm{d}\theta}\right)^2} \, \mathrm{d}\theta \\ &= \int_{\theta_i}^{\theta_{i+1}} r_0 \, e^{\theta \cot \lambda_f} \sqrt{(\cot \lambda_f)^2 + 1} \, \mathrm{d}\theta \\ &= r_0 \sqrt{(\cot \lambda_f)^2 + 1} \int_{\theta_i}^{\theta_{i+1}} e^{\theta \cot \lambda_f} \, \mathrm{d}\theta \\ &= \frac{r_0 \sqrt{(\cot \lambda_f)^2 + 1}}{\cot \lambda_f} \, e^{\theta \cot \lambda_f} \Big|_{\theta_i}^{\theta_{i+1}} \end{aligned} \qquad (4.142)$$

则任一弧长上的合力为

$$F_{ni} = q_0 \cdot \sin \theta_{mi} \cdot l_{si} = \frac{q_0 r_0 \sqrt{(\cot \lambda_f)^2 + 1}}{\cot \lambda_f} \sin \theta_{mi} \cdot e^{\theta \cot \lambda_f} \Big|_{\theta_i}^{\theta_{i+1}} \quad (4.143)$$

式中　θ_{mi}——相临极角 θ_i 和 θ_{i+1} 间所夹弧长中点对应的极角,且 $\theta_{mi} \approx \dfrac{\theta_i + \theta_{i+1}}{2}$。

则母岩对破碎区岩屑的合反力在水平和竖直方向上的分力分别为

$$\begin{cases} F_{nx} = \sum_{i=1}^{n} F_{ni} \cdot \cos \varphi_{ni} \\ F_{ny} = \sum_{i=1}^{n} F_{ni} \cdot \sin \varphi_{ni} \end{cases} \qquad (4.144)$$

式中　φ_{ni}——弧长微元 l_{si} 中点处法向量/反力与水平方向夹角,(°),且

$$\tan \varphi_{ni} = \frac{\cot \lambda_f \sin \theta_{mi} + \cos \theta_{mi}}{\cot \lambda_f \cos \theta_{mi} - \sin \theta_{mi}} \qquad (4.145)$$

将式(4.143)和式(4.145)代入式(4.144)中可得母岩对破碎区岩屑的合反力在水平和竖直方向上的分力,即

$$\begin{cases} F_{nx} = \dfrac{q_0 r_0 \sqrt{(\cot \lambda_f)^2 + 1}}{\cot \lambda_f} \sum_{i=1}^{n} \left(\sin \theta_{mi} \cdot e^{\theta \cot \lambda_f} \Big|_{\theta_i}^{\theta_{i+1}} \right) \cdot \cos \varphi_{ni} \\ F_{ny} = \dfrac{q_0 r_0 \sqrt{(\cot \lambda_f)^2 + 1}}{\cot \lambda_f} \sum_{i=1}^{n} \left(e^{\theta \cot \lambda_f} \Big|_{\theta}^{\theta_{i+1}} \right) \cdot \sin \varphi_{ni} \end{cases} \qquad (4.146)$$

将式(4.146)代入式(4.138),解得

$$F_{R} = \frac{\cos\left(\lambda_c + \varphi_c - \dfrac{\pi}{2}\right) \cdot K_{Fny} - \sin\left(\lambda_c + \varphi_c - \dfrac{\pi}{2}\right) \cdot K_{Fnx}}{\cos(\varphi_b - \alpha_x) \cdot K_{Fny} - \sin(\varphi_b - \alpha_x) \cdot K_{Fnx}} \cdot F_{\sigma p} \quad (4.147)$$

式中

$$\begin{cases} K_{Fnx} = \sum_{i=1}^{n} \left(\sin\theta_{mi} \cdot e^{\theta\cot\lambda_f} \Big|_{\theta_i}^{\theta_{i+1}}\right) \cdot \cos\varphi_{ni} \\ K_{Fny} = \sum_{i=1}^{n} \left(\sin\theta_{mi} \cdot e^{\theta\cot\lambda_f} \Big|_{\theta_i}^{\theta_{i+1}}\right) \cdot \sin\varphi_{ni} \end{cases} \quad (4.148)$$

则在冲击切削耦合作用下,单切削刃破碎模拟月岩所需的切削力和切压力分别为

$$\begin{cases} F_{Cut\_cra} = F_R \cdot \cos(\varphi_b - \alpha) \\ F_{Pen\_cra} = F_R \cdot \sin(\varphi_b - \alpha) \end{cases} \quad (4.149)$$

4.5.2.2 力控切削阶段岩石破碎负载分析

模拟月岩在力控切削阶段的切削深度由冲击弹簧预紧力决定,若冲击弹簧预紧力大于切削破碎岩石所需的切压力,实际切削深度将大于初始预设切削深度;反之,切削刃将按照预设切削深度破碎模拟月岩。此外,力控切削阶段的切削负载除了受冲击弹簧预紧力影响外,还受冲击力影响。在冲击切削耦合阶段,模拟月岩会在冲击力作用下形成一次冲击破碎坑,当切削刃继续向前切削时,模拟月岩会沿着冲击破碎坑的断裂轨迹进行破碎,因此力控切削阶段中的部分负载来自破碎已经形成冲击坑的模拟月岩。此外,当切削速度一定时,力控切削阶段的水平切削位移主要受冲击频率的影响,冲击频率越高,切削位移越短。即冲击频率较高时,力控切削阶段的位移较小,切削刃跨越冲击破碎坑的相对耗时变多,破碎已经形成冲击坑的模拟月岩的负载所占比重增大。则模拟月岩在力控切削阶段所需的平均破碎负载为

$$\begin{cases} F_{FCut\_ave} = F_{Cut\_cra} \cdot K_{cra} + F_{Cut\_pre} \cdot K_{pre} \\ F_{FPen\_ave} = F_{Pen\_cra} \cdot K_{cra} + F_{Pen\_pre} \cdot K_{pre} \end{cases} \quad (4.150)$$

式中　　F_{Cut_cra}——形成冲击破碎坑后完成一次切削周期所需的切削力,N;

　　　　F_{Pen_cra}——形成冲击破碎坑后完成一次切削周期所需的切压力,N;

　　　　K_{cra}——形成冲击破碎坑后完成一次切削周期所需的切削负载所占权重系数;

　　　　F_{Cut_pre}——在冲击弹簧预紧力作用下切削模拟月岩所需的切削力,N;

　　　　F_{Pen_pre}——在冲击弹簧预紧力作用下切削模拟月岩所需的切压力,N;

　　　　K_{pre}——预紧力作用下切削负载所占权重系数。

且式(4.150)中权重系数满足

$$
\begin{cases}
K_{\mathrm{cra}} = \dfrac{t_{\mathrm{cra}}}{t_{\mathrm{for}}} = \dfrac{2\pi \cdot l_{\mathrm{cra}} \cdot f_{\mathrm{p}}}{v_{\mathrm{Cut}} \cdot \beta_{\mathrm{cl}} \cdot n_{\mathrm{cb}}} \\
K_{\mathrm{pre}} = 1 - K_{\mathrm{cra}}
\end{cases}
\tag{4.151}
$$

式中　　t_{cra}——切削刃跨越冲击破碎坑所需的时间,s;

$\qquad$ t_{for}——切削刃经过力控切削阶段所需的时间,s;

$\qquad$ l_{cra}——冲击破碎坑的水平位移,m;

$\qquad$ f_{p}——冲击频率,Hz;

$\qquad$ v_{Cut}——切削刃水平移动速度,m/s;

$\qquad$ β_{cl}——冲击驱动机构中凸轮的空程运动角,(°);

$\qquad$ n_{cb}——冲击驱动机构中凸轮的凸起个数。

力控切削条件下的模拟月岩切削负载特性与给定切削深度的模拟月岩切削负载特性在本质上是一致的。

4.5.2.3　位控切削阶段岩石破碎负载分析

当冲击凸轮从空程运动转为推程运动时,冲击锤将沿着凸轮廓线向上运移并压缩冲击弹簧,为下一次冲击力储能。此时,冲击锤不再压紧于切削刃刀杆顶端,切削刃暂时处于自由状态。随着切削的继续进行,切削刃将迅速被模拟月岩未切削表面顶起,并紧贴在刀杆上限位表面。此时,模拟月岩将按照预设切削深度进行切削破碎,由于机架和刀杆间存在装配间隙及弹性变形,因此切削刃的实际切削深度要略小于预设切削深度,即

$$
h_{\mathrm{Pen}} = h_{\mathrm{PPen}} - \Delta h_{\mathrm{Pen}}
\tag{4.152}
$$

式中　　h_{Pen}——模拟月岩在速控切削阶段的实际切削破碎深度,m;

$\qquad$ h_{PPen}——模拟月岩的预设切削深度,m;

$\qquad$ Δh_{Pen}——由机械系统装配间隙和弹性变形产生的切削深度变化量,m。

将式(4.152)代入式(4.34),可得到速控切削阶段模拟月岩的切削破碎负载。

4.5.3　模拟月岩切削冲击破碎负载特性试验验证

为了验证切削刃在不同阶段时的负载特性,需要在单刃直线切削负载测试平台上开展单元切削刃冲击切削负载特性试验。由前面理论模型知,模拟月岩所获得的冲击力分别与冲击锤和切削刃刀架、切削刃和模拟月岩间的碰撞接触刚度有关,为了获得上述两个接触刚度系数,开展模拟月岩冲击力传递特性试验,通过测试不同冲击功作用下模拟月岩冲击力变化规律,可标定模型中的两个碰撞接触刚度,图 4.77 所示为不同冲击功时模拟月岩的最大冲击力。试验中可通过调节冲击弹簧预紧力获得不同冲击功的大小,随着冲击功由 0.013 8 J 增大

到 0.802 7 J，模拟月岩获得的最大冲击力也从 623.2 N 增大到 3 598 N。通过系数待定可求得冲击锤与切削刃刀架、切削刃与模拟月岩间的碰撞接触刚度，见表 4.33，模型中其他参数可通过岩石力学特性试验以及单刃直线切削离散元仿真获得。

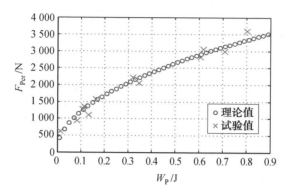

图 4.77　不同冲击功时模拟月岩的最大冲击力

表 4.33　模拟月岩回转冲击钻进负载特性预估模型中特性参数

岩石品种	内聚力	内摩擦角	压入硬度	岩粉与母岩间摩擦角	密实核与切削破碎方向夹角	冲击锤与刀架接触刚度	切削刃与岩石接触刚度
大理岩	25.0 MPa	41.8°	1 080 MPa	32.2°	60°	20 kN/mm	21 kN/mm

由于切削构型对冲击力的传递损耗影响较小，因此在开展单刃切削冲击破碎模拟月岩负载特性测试时，采用前角 $-13°$、刃倾角 $0°$、刃宽 4 mm 的切削刃。当切削深度为 0.033 mm、切削速度为 26.1 mm/s、冲击功为 0.28 J、冲击频率为 4 Hz 时，模拟月岩在单个冲击周期内的切压力负载随时间变化趋势如图 4.78(a) 所示。蓝色实线表示试验负载，当经过一次冲击力后，模拟月岩的切压力瞬间到达峰值并迅速回落，进入力控切削阶段（浅黄色区域），并稳定在 151 N 左右（与冲击弹簧预紧力相当）。当冲击凸轮进入推程运动后，切削刃进入位控切削阶段（浅灰色区域），此时由于刀架上的预紧力瞬间释放，切削刃将被模拟月岩的待切削区域迅速顶起，按照预设切削深度进行切削，且切压力稳定在 23.1 N 左右。由于机架和刀架间存在装配间隙和弹性变形，因此切削过程中的系统刚度将发生变化，从而切削过程中的切削深度波动量 Δh_{Pn} 也将产生一定变化。图 4.78(b) 所示为冲击过程中冲击力变化曲线，冲击力的理论与试验变化曲线基本一致。

以进尺位移的平均值作为切削深度波动量 Δh_{Pn} 的标定值，可分别获得力控切削阶段和位控切削阶段中切削深度波动量与切削深度、冲击频率之间的拟合函数关系，即

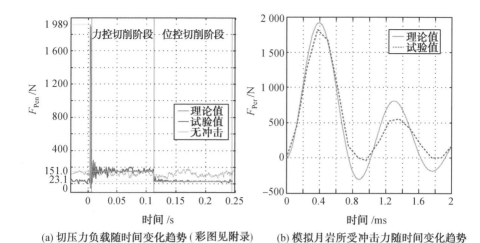

(a) 切压力负载随时间变化趋势（彩图见附录）　(b) 模拟月岩所受冲击力随时间变化趋势

图 4.78　单个冲击周期内模拟月岩切削负载变化趋势

$$
\begin{cases}
\Delta h_{\text{Pen\_for}} = (39\ 450 h_{\text{Pen}}^2 + 22\ 290 h_{\text{Pen}} + 6\ 883) \times 10^{-6} \\
\Delta h_{\text{Pen\_pos}} = (-21.11 + 764.8 h_{\text{Pen}} + 1.315 f_{\text{P}} - 5\ 924 h_{\text{Pen}}^2 + \qquad\qquad (4.153) \\
\qquad\qquad 1.119 h_{\text{Pen}} f_{\text{P}} + 20\ 210 h_{\text{Pen}}^3 - 41.71 h_{\text{Pen}}^2 \cdot f_{\text{P}}) \times 10^{-4}
\end{cases}
$$

变切削深度、变冲击频率条件下，模拟月岩切削冲击平均负载如图 4.79 所示。

图 4.79(a)(b) 所示为力控切削阶段模拟月岩负载变化曲面，在此阶段切削负载与冲击频率成反比，这主要由于随着冲击频率的增加，冲击切削耦合条件下的破碎负载所占比重增加，而在冲击切削耦合条件下模拟月岩需要更小的剪切破碎长度即可完成一次破碎，因此平均负载逐渐降低。此外，随着切削深度的增加，模拟月岩的切削负载明显分成两个阶段：当切削深度低于 0.1 mm 时，模拟月岩的破碎负载变化不明显，这是由于在冲击弹簧预紧力作用下，模拟月岩刚好能够形成 0.1 mm 左右的切削深度；而当切削深度大于 0.1 mm 时，破碎负载随切削深度增加显著上升，冲击弹簧预紧力不再起主导作用。

图 4.79(c)(d) 为位控切削阶段模拟月岩负载变化曲面，在切削深度较低时（低于 0.1 mm），岩石破碎负载会随着冲击频率的增加而增加；而随着切削深度的增加，岩石破碎负载受冲击频率影响减弱。图 4.79(e)(f) 为模拟月岩冲击切削平均负载随冲击频率、切削深度变化趋势，模拟月岩破碎负载总体上会随着切削深度的增加而显著递增，而随着冲击频率的增加略有降低，且试验值与理论计算值的变化趋势相一致。

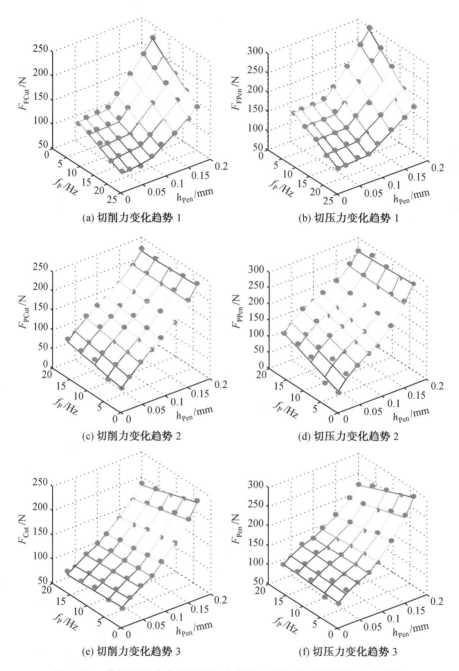

图 4.79　模拟月岩冲击切削平均负载随冲击频率、切削深度变化趋势

4.5.4　模拟月岩冲击钻进负载特性试验研究

月岩取芯钻头回转冲击钻进模拟月岩的负载特性在钻具综合特性测试平台开展,通过对比冲击加载前后钻头钻进负载变化趋势,分析冲击力对模拟月岩破碎的辅助作用。在试验中,将月岩取芯钻头输入冲击功设定为 2.6 J,则根据月岩取芯钻头构型可获得不同单元切削刃在一次冲击过程中获得的冲击功为 0.203 J、0.203 J、0.176 J、0.284 J。当钻头回转转速为 30 r/min,进尺速率为 3 mm/min,冲击频率为 20 Hz 时,冲击加载前后月岩取芯钻头钻进负载变化情况如图 4.80 所示。

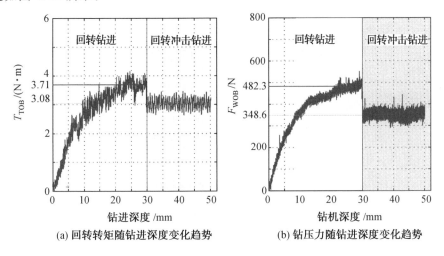

(a) 回转转矩随钻进深度变化趋势　(b) 钻压力随钻进深度变化趋势

图 4.80　冲击加载前后月岩取芯钻头钻进负载对比

钻进初始阶段,月岩取芯钻头以 0.1 mm/r 的进转比钻进,冲击机构未工作(浅黄色区域),此时随着钻进深度的增加钻进负载逐渐增大,回转转矩及钻压力分别稳定在 3.71 N·m 和 482.3 N。当钻进深度达到 30 mm 后,启动冲击机构(浅灰色区域),可看到在冲击力的作用下,月岩取芯钻头的回转转矩和钻压力均有所降低,并最终稳定在 3.08 N·m 和 348.6 N,可见,冲击机构能够有效降低钻进模拟月岩所需要的载荷。

图 4.81 为冲击频率在 0～20 Hz 之间,月岩取芯钻头在不同进转比条件下的钻进负载变化趋势,其中钻头转速设定为 50 r/min,通过调整进尺速率(2～10 mm/min)改变钻进过程中的进转比(0.04～0.2 mm/r)。当钻头设计参数固定时,切削深度波动量与进转比成正比,根据磁栅尺检测到的钻机在一个钻进周期中的进尺位移波动量,可粗略获得钻头切削深度波动量与进转比的拟合函数关系为

$$\Delta h_{\mathrm{Pn}} = (532 \cdot k_{\mathrm{PPR}}^2 - 3.4 \cdot k_{\mathrm{PPR}} + 17.89) \times 10^{-4} \qquad (4.154)$$

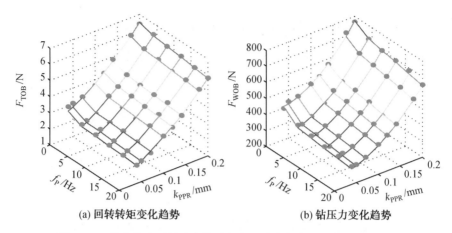

(a) 回转转矩变化趋势   (b) 钻压力变化趋势

图 4.81 模拟月岩回转冲击钻进负载随冲击频率、进转比变化趋势

由图 4.81 可知,引入冲击力后,月岩取芯钻头的钻进负载均有不同程度的降低,并随着冲击频率的增大继续降低。其中,当冲击频率增大到 20 Hz、进转比分别为 0.04 mm/r 和 0.2 mm/r 时,破碎模拟月岩所需的回转转矩可分别节省 0.86 N·m 和 0.56 N·m,破碎模拟月岩所需的钻压力可分别节省 85.8 N 和 116 N,且钻进负载随进转比和冲击频率的变化趋势与理论预测结果相一致。

在冲击频率为 20 Hz、进转比为 0.1 mm/r 时,月岩取芯钻头的钻进负载变化趋势如图 4.82 所示。随着回转转速的增加,回转转矩和钻压力均有所增加,这可归因于钻头回转转速的增加,降低了钻进过程中钻头回转一圈施加在模拟月岩上的冲击力次数,即振转比降低,使得模拟月岩的冲击切削耦合破碎过程所占比重降低,因此需要钻机提供更大的回转转矩和钻压力。

为了验证月岩取芯钻头(LRCB)在冲击辅助破碎条件下的钻进效率,开展模拟月岩冲击钻进负载、钻进温升比对试验,参与对比的钻头构型为类 Luna 24 型、HIT-H 型以及 JPL 钻头,试验参数与试验结果见表 4.34。试验过程中,为了避免钻进规程参数对钻进效率及钻进温升的影响,在 4 组钻进试验中采用相同的钻进规程参数,即冲击频率为 20 Hz、冲击功为 2.6 J、回转转速为 100 r/min、进尺速率为 5 mm/min。根据模拟月岩的冲击钻进负载,可推导各取芯钻头的破碎载荷被增系数。各钻头温度通过间接测量方法,利用红外测温仪实测钻进结束时钻头与钻杆接口处的温度。由表 4.34 可见,在冲击辅助破碎条件下,月岩取芯钻头的破碎载荷被增系数最低,这表明其对冲击力的高利用效率;钻进结束时,与其他 3 种钻头温升相比,月岩取芯钻头的温度最低,这主要归因于月岩取芯钻头的钻进负载低,导致温升低。需要指出的是,表 4.34 中所测温度为室温条件下所测的钻头与钻杆连接处附近的温度,由于存在空气对流辅助散热,因此各取芯钻头的钻进温差并不是特别显著。

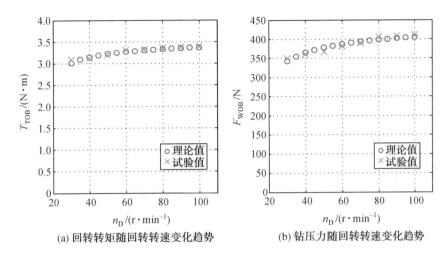

(a) 回转转矩随回转转速变化趋势　　　(b) 钻压力随回转转速变化趋势

图 4.82　进转比一定时月岩取芯钻头回转冲击钻进负载随回转转速变化趋势

表 4.34　冲击辅助破碎条件下月岩取芯钻头与典型取芯钻头钻进效率及钻进温升特性对比

参数类型	类 Luna 24	HIT-H	LRCB	JPL
冲击频率 /Hz	20	20	20	20
冲击功 /J	2.6	2.6	2.6	2.6
钻进深度① /mm	50	50	50	50
进转比② /mm	0.05	0.05	0.05	0.05
破碎载荷被增系数 C_{CLPI}	8.2	18.8	6.7	7.4
钻头温度 /℃	47.5	78.3	38.1	43.2

注：① 钻进深度根据试验自行设计；

②　进转比 $= \dfrac{v_{pth}}{n} = \dfrac{5}{100} = 0.05$。

第 5 章

贯入式月壤剖面探测技术

贯 入是浅层月壤剖面探测可行方式之一，具有贯入体质量小、功耗
需求低等显著优点。本章主要介绍贯入器工作原理及其效能影
响因素，冲击作动式贯入器设计、冲击传递贯入效能试验等。

5.1　概述

　　贯入式探测是三类具有代表性的地外天体浅层土壤剖面探测方式之一。相比于月壤样品采集－返回分析,贯入式原位探测具有贯入深度限制小、贯入体质量小、探测成本低、功耗需求小等优点。贯入式探测方式按驱动形式又可以分为冲击作动贯入式、动能贯入式和直压贯入式等。其中直压贯入式受限于月面低重力条件,适用性较差,现有可行度较高的方案是冲击作动贯入式和动能贯入式,本章将对冲击作动贯入式月壤剖面探测技术进行介绍。

　　冲击作动式贯入器可贯入到月壤剖面一定深度,实现月壤及其剖面力学特性参数的科学探测,适用于月球,同时也适用于火星及小行星的原位探测。受作业功率、冲击作动能量等因素制约,冲击作动式贯入技术在月壤剖面探测领域尚存在诸多技术瓶颈。本章以月壤剖面探测任务为背景,结合月壤剖面物理力学特性和探测器质量／能量和尺度苛刻约束,介绍一种冲击作动式月壤剖面贯入器系统方案,以其贯入过程的力学特性为主线,以最大限度提升贯入效能为研究目标,对贯入器在月壤剖面中贯入机理、冲击作动的高效传递等共性问题开展系统研究和阐述,并介绍冲击贯入作业装置的设计。

5.2　贯入器贯入原理及其效能影响因素

5.2.1　冲击作动式贯入器贯入原理

　　冲击作动式贯入器这个概念是由俄罗斯的 VNII Transmash 研究机构提出的,此研究机构在月球车的设计研发方面具有丰富经验,所提出的冲击作动式贯入器概念,是依靠内部机械装置来驱动冲击作动式贯入器本体,使冲击作动式贯入器贯入月壤一定深度。

5.2.1.1　系统组成及工作原理

　　依据冲击作动式贯入器月壤剖面原位探测的构想,参照国际先例,提出冲击作动式贯入器系统总体方案,如图5.1所示。系统总体方案由冲击作动式贯入器本体、连接脐缆和贯入器辅助装置组成。

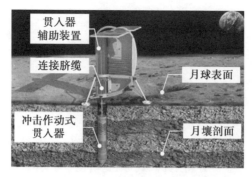

图 5.1　冲击作动式贯入器月壤剖面原位探测总体方案示意图

冲击作动式贯入器在辅助装置配合下完成贯入工作,建立起贯入基本状态后,由电机驱动,通过一个特定的储能机构对冲击锤进行储能,储能到一定程度后,突然释放冲击锤,冲击锤以一定的速度撞击贯入器本体,贯入器本体在这个冲击动力的作用下突破周围月壤体结构的力学限制,实现一定位移的贯入过程;之后,再次对冲击锤进行储能,释放后完成第二次撞击和贯入,依次循环,完成自动贯入。其工作过程如图 5.2(a)(b) 所示。

在贯入过程中,利用贯入器本体携带的各类传感器,实时采集并传输贯入器本体的位移、速度、加速度信息,依据已经标定好的贯入特性分析软件,反演出贯入路径处的月壤物理参数和力学参数;通过携带的其他传感器,获取探测点月壤剖面的化学成分、温度等信息,如图 5.2(c)(d) 所示,从而实现较为精确的原位探测。其中,连接脐缆具备为贯入器提供电能、传输科学探测数据的综合功能。

(a) 初始状态　　　(b) 自动贯入　　(c) 获取数据　　(d) 数据分析

图 5.2　冲击作动式贯入器月壤剖面原位探测工作流程

5.2.1.2　贯入器共性物理模型

为了抓住贯入器对月壤剖面贯入作用的物理本质,聚焦科学问题,需要对贯入器的具体实现方案及具体结构形式进行简化与提炼。本节中忽略驱动单元的具体实现形式,不把它作为研究对象,将贯入器抽象为冲击锤和贯入体这两个基本功能单元。从实现月壤剖面冲击作动式贯入的物理本质看,冲击作用的传递路径可抽象为"冲击锤 → 贯入体 → 月壤体";从冲击传递及产生功能作用的路径上分析,具有两个功能界面:冲击界面,将冲击锤的动力传递给贯入体;贯入界面,是贯入体与月壤体间的相互作用界面。为此,本节把贯入器对月壤体的研究聚焦提炼为"3 体 /2 界面",如图 5.3 所示。

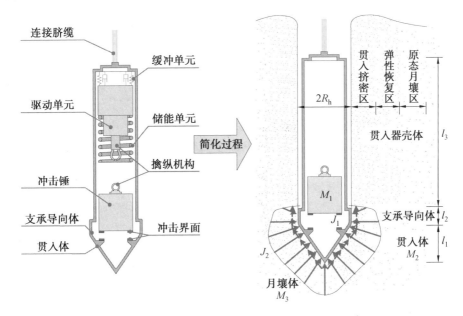

图 5.3 冲击作动式贯入器与月壤体相互作用的"3 体 /2 界面"共性物理模型

为了后续研究内容阐述的方便,对冲击作动式贯入器与月壤体相互作用的"3 体 /2 界面"共性物理对象做以下定义:

① 冲击锤 M_1:是冲击作动式贯入器实现贯入的直接动力源,其动力用冲击动能来表征。冲击锤的物理量用质量 M_1、冲击速度 v_1、构型参数来表征。

② 贯入体 M_2:是冲击作动式贯入器实施贯入月壤剖面的功能单元,几何构型一般为薄壳状阶梯回转体。贯入体的物理量用质量 M_2、几何构型、工作面表面特性等参量来表征。

③ 月壤体 M_3:是探测点处的月壤剖面体,其物理形态为实际月壤,为研究方便,本章用模拟月壤来代替。月壤体的物理量用粒度分布、孔隙比 e、内聚力 c、内摩擦角 φ 等参数来表征。

④ 冲击界面 J_1:是冲击锤与贯入体之间的冲击能量传递界面,其作用是高效地将冲击锤的冲击能量传递给贯入体。冲击界面的物理量用界面构型参数、接触碰撞刚度、碰撞阻尼等参数来表征。

⑤ 贯入界面 J_2:是贯入体与月壤体之间的接触和相互作用界面,其功能是高效地利用贯入体获得的冲击动力,实现对周围月壤的挤密。贯入界面的物理量用贯入体几何构型、贯入体工作面表面特性等参量来表征。

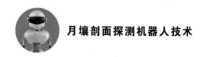

5.2.1.3 贯入过程空间置换机理分析

冲击作动式贯入器在贯入月壤剖面过程中会出现几个阶段的力学状态,如图 5.4 所示。当冲击锤进行储能时,贯入器与月壤体之间呈现为力学平衡状态;当冲击锤冲击到贯入器的冲击界面时,两者将发生弹性碰撞作用,贯入器获得一个瞬态过程的冲击力 $F_{-\Delta t}$,贯入器作用在月壤体上的应力大于月壤体的临界平衡应力,月壤颗粒将产生重新排布,月壤体与贯入器之间的应力分解为两部分,一部分为直接实现挤密功能的法向应力,另一部分为沿着作用面切向和与贯入位移方向相反的滑移摩擦应力。

根据预期探测区月壤剖面特性分析可知,地球的土壤是由固体颗粒、水和气体三相物质所组成的,而月壤剖面是由固体颗粒和真空孔隙两相所组成的。一般来说,含水量越高,土越软,含水量越低,土越硬,因此,在压缩性方面,月壤剖面比土壤更难压缩,而引起月壤剖面的体积变化,是指月壤剖面孔隙比发生了变化。而冲击作动式贯入器贯入月壤剖面的过程中,月壤体颗粒的压缩是很微小的,可以忽略不计,因此,月壤剖面孔隙比的变化,主要是由真空孔隙的体积发生改变引起的。

选取一定体积的月壤剖面样本为研究对象,假设施加在月壤剖面样本上的有效应力为 p_1,在竖向应变为零的条件下,月壤剖面水平方向的长度为 D,月壤剖面中月壤体颗粒的体积为 V_s,此时的孔隙比为 e_1,则真空孔隙的体积为 $e_1 V_s$,月壤剖面的总体积 $V_1 = (1+e_1)V_s$;当有效应力增加到 $p_2 = p_1 + \Delta p$ 时,月壤剖面水平方向的长度为 D',压缩长度为 $S = D - D'$,此时的孔隙比为 e_2,则真空孔隙的体积为 $e_2 V_s$,月壤剖面的总体积 $V_2 = (1+e_2)V_s$。

有效应力增加量 Δp 对应的体积变化表达式为

$$\frac{V_1 - V_2}{V_1} = \frac{e_1 - e_2}{1 + e_1} \tag{5.1}$$

假设在竖向应变为零的条件下,月壤剖面未发生改变的横截面面积为 A,则有效应力增加量 Δp 体积变化的表达式为

$$\frac{V_1 - V_2}{V_1} = \frac{DA - D'A}{DA} = \frac{S}{D} \tag{5.2}$$

根据式(5.1)和式(5.2)可得,在竖向应变为零时,压缩长度 S 的数学表达式为

$$S = \frac{e_1 - e_2}{1 + e_1}D \tag{5.3}$$

根据中国地质大学所提出的模拟月壤力学特性参数,见表 5.1,对冲击作动式贯入器贯入月壤剖面过程中孔隙比的变化进行分析。

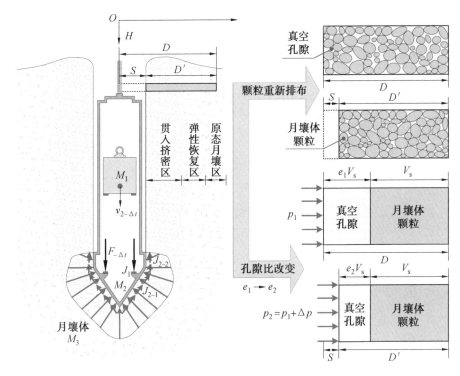

图 5.4　冲击作动式贯入器贯入月壤剖面过程中孔隙比变化状态示意图

表 5.1　模拟月壤力学特性参数表

颗粒粒度 /mm	相对密度 /%	密度 /(g·cm⁻³)	孔隙比	内摩擦角 /(°)	内聚力 /kPa
	75	1.99	0.477	30.53	0.33
	80	2.02	0.455	31.42	0.93
0.1～1.0	85	2.05	0.434	32.33	1.47
	90	2.08	0.412	33.28	2.08
	95	2.12	0.391	34.23	2.72

　　针对表 5.1 中 5 种模拟月壤的孔隙比,分析月壤剖面样本压缩长度 S 与样本长度 D 的比值和月壤剖面压缩后孔隙比 e_2 之间关系,如图 5.5 和图 5.6 所示,并重点关注孔隙比 e_2 和无纲量 S/D 的关系,而不关注 S 和 D 的单位。

　　在 5 种模拟月壤中,当月壤剖面的相对密度为 75%,初始孔隙比 $e_1 = 0.477$,压缩后孔隙比 $e_2 = 0$ 时,样本压缩长度与样本长度的比值 S/D 最大(此时 S/D 最大值为 0.323),如图 5.5(a) 所示;当月壤剖面的相对密度为 95%,初始孔隙比 $e_1 = 0.391$,压缩后孔隙比 $e_2 = 0$ 时,样本压缩长度与样本长度的比值 S/D 最小(此时 S/D 最大值为 0.281),如图 5.6(c) 所示。

　　当月壤剖面的初始孔隙比 e_1 和样本压缩长度 S 相同时,样本长度 D 随压缩

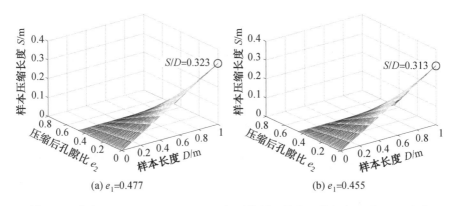

图 5.5　孔隙比 $e_1 = 0.477$ 和 0.455 时，月壤剖面样本压缩长度 S 随 e_2、D 变化

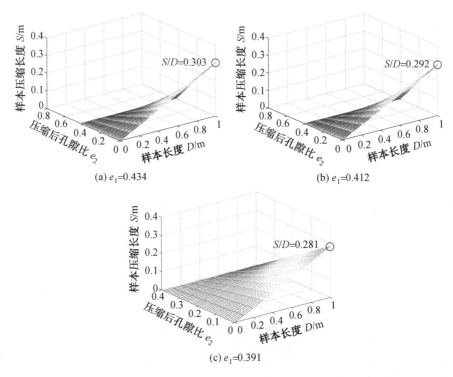

图 5.6　孔隙比 $e_1 = 0.434$、0.412 和 0.391 时，月壤剖面样本压缩长度 S 随 e_2、D 变化

后孔隙比 e_2 减小而变大；当压缩后孔隙比 e_2 相同时，样本压缩长度与样本长度的比值 S/D 随初始孔隙比 e_1 减小而变小。

压缩指数 C_c 是用来衡量月壤剖面压缩性大小的一个重要参数，C_c 的数值越大，则说明相同压力对数值的增量所产生的孔隙比的增量越大，从而月壤剖面的压缩性也越高。对于地球上的土壤，一般认为，当 $C_c < 0.033$ 时，土壤为低压缩

性;当 $C_c = 0.033 \sim 0.167$ 时,土壤为中等压缩性;当 $C_c > 0.167$ 时,土壤为高压缩性。根据资料表明,月壤剖面是由两相物质所组成的,在压缩性方面,比地球上的土壤更难压缩。目前,未有关于月壤剖面压缩指数的相关资料,暂用地球上的土壤压缩指数来分析月壤剖面的压缩性。

根据土力学理论可知,压缩指数 C_c 的数学表达式为

$$C_c = \frac{e_1 - e_2}{\lg(\sigma_2 + \sigma_1) - \lg \sigma_1} \qquad (5.4)$$

$$\sigma_1 = \gamma D = \rho g D \qquad (5.5)$$

式中　σ_1——月壤剖面样本的自重应力,kPa;

σ_2——月壤剖面样本压缩后的水平应力,kPa;

γ——月壤剖面样本的容重,kN/m^3,$\gamma = \rho g$。

将式(5.4)、式(5.5)代入式(5.3)进行求解,可得

$$S = C_c \frac{D}{1 + e_1} \lg\left(\frac{\sigma_2 + \sigma_1}{\sigma_1}\right) = C_c \frac{D}{1 + e_1} \lg\left(\frac{\sigma_2 + \rho g D}{\rho g D}\right) \qquad (5.6)$$

根据表5.1中的5种孔隙比、密度和3种压缩性评判指标,分析月壤剖面样本压缩长度 S 和样本长度 D 的比值与月壤剖面样本压缩后的水平应力 σ_2 的关系,如图5.7～图5.9所示。

当压缩指数 $C_c = 0.167$(月壤剖面样本处于高压缩),5种模拟月壤中,孔隙比 $e_1 = 0.477$、相对密度为 75% 的模拟月壤中 S/D 最大(此时,S/D 最大值为7.026,水平应力 $\sigma_2 = 300$ kPa),如图5.7(a)所示;孔隙比 $e_1 = 0.391$、相对密度 $D_r = 95\%$ 的模拟月壤中 S/D 最小(此时,S/D 最大值为7.033,水平应力 $\sigma_2 = 300$ kPa),如图5.7(b)所示。

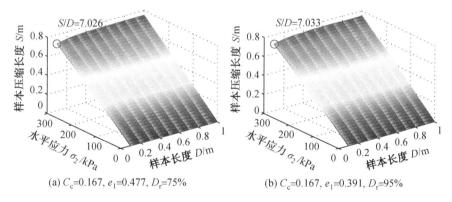

(a) $C_c = 0.167$, $e_1 = 0.477$, $D_r = 75\%$　　　　(b) $C_c = 0.167$, $e_1 = 0.391$, $D_r = 95\%$

图5.7　当月壤剖面为高压缩性时,样本压缩长度 S 随 D、σ_2 变化

当压缩指数 $C_c = 0.1$(月壤剖面样本处于中等压缩),5种模拟月壤中,孔隙比 $e_1 = 0.477$、相对密度 $D_r = 75\%$ 的模拟月壤中 S/D 最大(此时,S/D 最大值为4.207,水平应力 $\sigma_2 = 300$ kPa),如图5.8(a)所示;孔隙比 $e_1 = 0.391$,$D_r = 95\%$ 的

模拟月壤中 S/D 最小(此时,S/D 最大值为 4.211,水平应力 $\sigma_2 = 300$ kPa),如图 5.8(b) 所示。

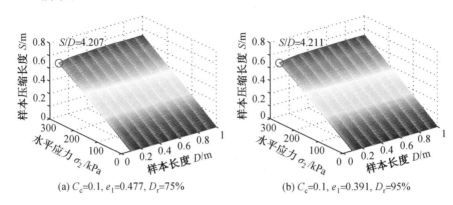

图 5.8　当月壤剖面为中等压缩性时,样本压缩长度 S 随 D、σ_2 变化

当压缩指数 $C_c = 0.033$(月壤剖面样本处于低压缩),5 种模拟月壤中,孔隙比 $e_1 = 0.477$,相对密度为 75% 的模拟月壤中 S/D 最大(此时,S/D 最大值为 1.388,水平应力 $\sigma_2 = 300$ kPa),如图 5.9(a) 所示;孔隙比 $e_1 = 0.391$,相对密度 $D_r = 95\%$ 的模拟月壤中 S/D 最小(此时,S/D 最大值为 1.391,水平应力 $\sigma_2 = 300$ kPa),如图 5.9(b) 所示。

当月壤剖面的压缩指数 C_c 和初始孔隙比 e_1 相同时,样本压缩长度与样本长度的比值 S/D 随水平应力 σ_2 增大而变大;月壤剖面为同等压缩级范围内时,在水平应力 σ_2 作用下,样本压缩长度与样本长度的比值 S/D 随模拟月壤的相对密度增大而变大。

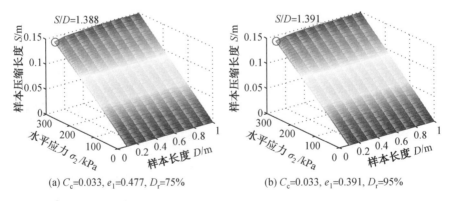

图 5.9　当月壤剖面为低压缩性时,样本压缩长度 S 随 D、σ_2 变化

对月壤剖面的孔隙比和压缩指数分析发现,月壤剖面孔隙比大小是决定冲击作动式贯入器能否贯入月壤剖面的关键因素。对于孔隙比接近于零的月壤剖

面来说,没有多余的真空孔隙体积来置换给贯入器贯入月壤剖面过程所需要的空间,因此,孔隙比较大的月壤剖面更适合冲击作动式贯入器贯入。

5.2.1.4　贯入区应力分布分析

根据"3 体 /2 界面"共性物理模型可知,冲击作动式贯入器贯入月壤剖面过程,可看作是对原态月壤剖面强行扩孔的过程。贯入器对月壤剖面外荷载所产生的应力大小和支承导向体构型参数,决定了贯入器周围月壤体的贯入挤密区(塑性区)与弹性恢复区(弹性区)的应力场和位移场以及扩孔压力和塑性区半径。贯入器对原态月壤剖面强行扩孔的力学分析,如图 5.10 所示。

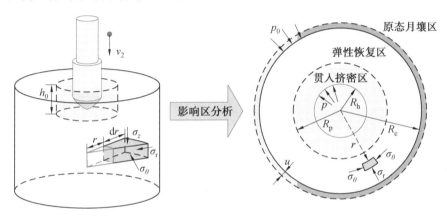

图 5.10　冲击作动式贯入器对原态月壤剖面强行扩孔的力学分析

设各向同性月壤体初始压力为 p_0、贯入器对月壤体压力为 p、贯入器支承导向体的半径为 R_h、贯入挤密区(塑性区)的外半径为 R_p、弹性恢复区(弹性区)的外半径为 $R_e \rightarrow \infty$。

假设冲击作动式贯入器贯入月壤剖面中,月壤体为各向同性和具有剪胀性的理想弹塑性材料,并且在发生屈服前服从弹性和胡克定律,屈服条件满足Mohr-Coulomb 准则,其形式为

$$A_1 \sigma_\theta - \sigma_r = B_1 \tag{5.7}$$

式中　　σ_r ——月壤体径向应力,Pa;

　　　　σ_θ ——月壤体切向应力,Pa;

　　A_1、B_1 ——无纲量函数,$A_1 = \dfrac{1 + \sin \varphi_1}{1 - \sin \varphi_1}$,$B_1 = \dfrac{2c_1 \cos \varphi_1}{1 - \sin \varphi_1}$,其中 φ_1、c_1 分别

　　　　　　为扩孔后月壤剖面的内摩擦角(°)和内聚力(Pa)。

在贯入过程中,贯入器周围月壤体中任意点的应力必须满足平衡方程

$$r \frac{\partial \sigma_r}{\partial r} + (\sigma_r - \sigma_\theta) = 0 \tag{5.8}$$

根据贯入器对原态月壤剖面强行扩孔的力学分析,可得应力边界条件为

$$\begin{cases} \sigma_r \mid_{r=R_h} = -p \\ \sigma_r \mid_{r=R_e \to \infty} = -p_0 \end{cases} \tag{5.9}$$

(1) 贯入挤密区(塑性区)。

随着冲击作动式贯入器对月壤体压力 p 增加,贯入器周围月壤体将形成一个孔壁形状的塑性区。

由屈服条件式(5.7)和平衡方程式(5.8),可得塑性区应力分量为

$$\begin{cases} \sigma_r = \dfrac{B_1}{A_1 - 1} + Cr^{-\frac{A_1-1}{A_1}} \\ \sigma_\theta = \dfrac{B_1}{A_1 - 1} + \dfrac{C}{A_1} r^{-\frac{A_1-1}{A_1}} \end{cases} \tag{5.10}$$

冲击作动式贯入器对原态月壤剖面强行扩孔的过程属于柱体扩张过程,其弹性应力－应变关系可表示为

$$\begin{cases} d\varepsilon_r^e = \dfrac{\partial \dot{u}}{\partial r} = \dfrac{1-v^2}{E}\left(d\sigma_r - \dfrac{v}{1-v}d\sigma_\theta\right) \\ d\varepsilon_\theta^e = \dfrac{\dot{u}}{r} = \dfrac{1-v^2}{E}\left(-\dfrac{v}{1-v}d\sigma_r + d\sigma_\theta\right) \end{cases} \tag{5.11}$$

式中 v—— 泊松比;

       E—— 变形模量,MPa。

由弹性应力－应变关系式(5.11),可得应力解为

$$\begin{cases} \sigma_r = -p_0 - (p_{max} - p_0)\left(\dfrac{R_p}{r}\right)^2 \\ \sigma_\theta = -p_0 + (p_{max} - p_0)\left(\dfrac{R_p}{r}\right)^2 \end{cases} \tag{5.12}$$

式中 p_{max}—— 月壤体屈服压力,Pa。

将式(5.12)代入式(5.7),可得月壤体屈服压力为

$$p_{max} = \frac{B_1 + (A_1 - 1)p_0}{A_1 + 1} + p_0 \tag{5.13}$$

由式(5.9)和式(5.12),可得弹性区应力分量为

$$\begin{cases} \sigma_r = -p_0 - \dfrac{D}{r^2} \\ \sigma_\theta = -p_0 + \dfrac{D}{r^2} \end{cases} \tag{5.14}$$

由于弹－塑性区界面应力分量具有连续性,可以确定常数 C 和 D,即

$$\begin{cases} C = -\dfrac{2A_1[B_1 + (A_1-1)p_0]}{(A_1-1)(A_1+1)} R_p \dfrac{A_1-1}{A_1} \\[3mm] D = \dfrac{B_1+(A_1-1)p_0}{A_1+1} R_p^2 \end{cases} \tag{5.15}$$

（2）贯入挤密区（塑性区）外半径。

当满足 $p > p_{\max}$ 时，由式（5.9）、式（5.10）和式（5.15），可得冲击作动式贯入器贯入月壤剖面过程中，塑性区外半径 R_p 与支承导向体的半径 R_h 和此时压力 p 的关系为

$$R_p = \left[\frac{A_1+1}{2A_1} \frac{B_1+(A_1-1)p}{B_1+(A_1-1)p_0}\right]^{\frac{A_1}{A_1-1}} R_h \tag{5.16}$$

式中　　p_0——月壤体的初始压力，$p_0 = K_0 \gamma_0 h_0$，Pa；

$\qquad K_0$——静止月壤体压力系数，$K_0 = 1 - \sin \varphi_0$；

$\qquad \gamma_0$——月壤体初始状态的容重；

$\qquad \varphi_0$——月壤体的初始内摩擦角，(°)。

根据式（5.16），可得采用地球上打桩方式，将桩打进月壤剖面过程中，塑性区外半径 R_{1p} 为

$$R_{1p} = \left[\frac{A_1+1}{2A_1} \frac{B_1+(A_1-1)p}{B_1+(A_1-1)K_0\gamma_0 H}\right]^{\frac{A_1}{A_1-1}} R_1 \tag{5.17}$$

式中　　H——桩的贯入深度，m；

$\qquad R_1$——桩的半径，m。

根据式（5.16）和式（5.17）可知，当贯入深度 $H = 1$ m，月壤剖面的相对密度由 75% 变化到 95% 时，可得桩贯入挤密区的外半径 R_{1p} 与桩半径 R_1 和对月壤体压力 p 的关系，如图 5.11(a) 所示。当贯入深度为 $H = 1$ m，支承导向体高度 $h = 50$ mm 时，可得贯入器贯入挤密区的外半径 R_p 与支承导向体半径 R_h 和对月壤体压力 p 的关系，如图 5.11(b) 所示。

当月壤剖面的初始相对密度和贯入深度 H 一样时，相对密度由 75% 变化到 95% 的过程中，桩贯入挤密区的外半径 R_{1p} 分别随桩半径 R_1 和对月壤体压力 p 增加而变大；贯入器贯入挤密区的外半径 R_p 分别随支承导向体半径 R_h 和对月壤体压力 p 增加而变大，其中，当贯入挤密区外半径 $R_{1p} = R_p$ 时，桩对月壤体的压力要大于贯入器对月壤体的压力。

进一步分析当桩半径 R_1 和支承导向体半径 R_h 相等时，贯入挤密区的外半径随对月壤体压力变化关系。根据图 5.11 分析，月壤剖面的相对密度由 75% 变化到 95% 的过程中，当贯入深度 $H = 1$ m，桩半径 $R_1 = 10$ mm、15 mm 和 20 mm 时，桩对月壤体的屈服压力为 17.24 kPa，贯入挤密区的外半径 $R_{1p} = 23.19$ mm、34.78 mm 和 46.38 mm，如图 5.12(a) 所示。当支承导向体高度 $h = 50$ mm，支

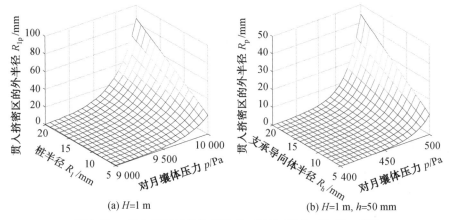

(a) $H=1$ m
(b) $H=1$ m, $h=50$ mm

图 5.11 贯入挤密区的外半径 R_{1p} 和 R_p 随 R_1、R_h 和 p 变化

承导向体半径 $R_h = 10$ mm、15 mm 和 20 mm 时,贯入器对月壤体的屈服压力为 2.99 kPa,贯入挤密区的外半径 $R_p = 9.54$ mm、14.31 mm 和 19.09 mm,如图 5.12(b) 所示。当对月壤体压力 p 超过其屈服压力 p_{max} 时,贯入挤密区的外半径增长率明显变大。

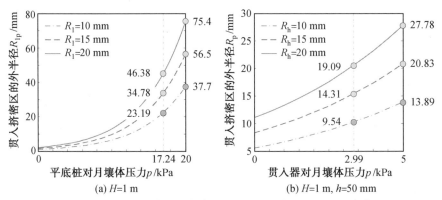

(a) $H=1$ m
(b) $H=1$ m, $h=50$ mm

图 5.12 贯入挤密区的外半径 R_{1p} 和 R_p 随 R_1、R_h 和 p 变化

由图 5.12(b) 的分析结果,详细分析当贯入深度 $H = 1$ m,贯入器支承导向体半径 $R_h = 10$ mm、15 mm 和 20 mm,支承导向体高度 $h = 25$ mm 和 100 mm 时,贯入挤密区的外半径 R_p 随贯入器对月壤体压力 p 变化关系,如图 5.13 所示。

月壤剖面的相对密度由 75% 变化到 95% 的过程中,月壤体的屈服压力 p_{max} 是由月壤体初始状态相对密度、扩孔后相对密度和支承导向体高度 h 决定的,不随支承导向体半径 R_h 增加而发生变化;贯入挤密区的外半径 R_p 增长率随支承导向体半径 R_h 和高度 h 增加而变大。

由贯入挤密区边界影响因素分析过程发现,对于半径相同的桩和贯入器来说,当贯入对象、贯入深度和贯入挤密区的外半径相同时,贯入器对月壤体压力

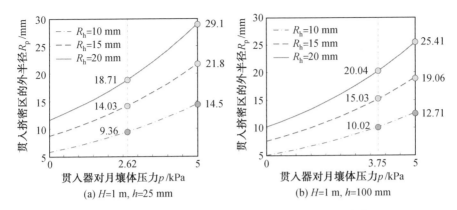

图 5.13   贯入挤密区的外半径 R_p 随 h、R_h 和 p 的变化

明显小于桩对月壤体压力；贯入挤密区的外半径 R_p 与贯入器构型参数和月壤剖面力学特性参数相关。通过开展贯入挤密区边界影响因素分析，可为月壤体颗粒流动特性可视化仿真研究提供理论基础。

5.2.2   高效能贯入关键因素分析

传统的桩体力学已经建立了土壤的准静态失效模型，为冲击作动式贯入器的设计提供了理论参考，但存在着差异性：① 月壤和土壤的本构差异较大，贯入挤密机制不同。超高真空环境下的月壤为固体、气体两相体系，贯入挤密过程中的液体相运移机制不再适用。② 贯入器和桩体的功能目标不同，土体失效和相互作用力学模型不应等同。冲击作动式贯入器在较低的资源需求和较小的功耗代价下追求极限贯入能力，建筑桩体追求的是获得最大承载能力。

由于受作业功率、冲击作动能量等因素制约，冲击作动式贯入器在月壤剖面中实施贯入式探测尚存在诸多技术瓶颈，本节紧密结合月壤特殊性和探测器质量 / 能量和尺度苛刻约束，对贯入器在月壤剖面中贯入机理、冲击作动的高效传递等共性问题开展系统研究，提出影响冲击作动式贯入器高效能贯入的关键因素如图 5.14 所示，主要包括：

① 贯入对象：月壤为两相物质（无水相），空间置换困难；月壤的颗粒形态不规则度强，相互咬合，颗粒流动特性差；月壤剖面的相对密度随深度增加而呈指数规律变化，因此，冲击作动式贯入器贯入的难易程度用均质模拟月壤的相对密度作为评价指标。

② 作动能力：受到探测器构型尺寸制约影响，冲击作动式贯入器包络尺寸也受到影响，在有限空间内实现大储能的目标较为困难。因此，在贯入器设计时，需充分利用其内部空间，合理布局内部传动机构，通过储能机构的创新设计，提高贯入器的作动能力，进而提升贯入器的贯入能力。

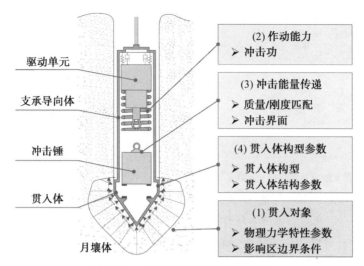

驱动单元

支承导向体

冲击锤

贯入体

月壤体

(2) 作动能力
➤ 冲击功

(3) 冲击能量传递
➤ 质量/刚度匹配
➤ 冲击界面

(4) 贯入体构型参数
➤ 贯入体构型
➤ 贯入体结构参数

(1) 贯入对象
➤ 物理力学特性参数
➤ 影响区边界条件

图 5.14　高效能贯入关键影响因素

③ 冲击能量传递：由储能机构产生的冲击能量施加给冲击锤，传递至贯入器本体，与月壤体作用后实现贯入作用，在整个能量传递路径中，能量传递必然会发生损失，一部分来自冲击锤与贯入器碰撞时所产生的能量损失，另一部分来自驱动单元所获得的无效动能。因此，以有限冲击能量的最佳传递效率为目标，针对贯入器核心单元间质量及刚度匹配和冲击界面参数优化开展研究，提升贯入器的贯入能力。

④ 贯入体构型参数：贯入体作为直接与月壤剖面接触的部分，其构型参数直接影响贯入器贯入效能，借鉴土力学相关理论，针对锥形、内凹形和外凸形3类贯入体，建立对月壤体贯入作用力学模型，并开展构型优化研究，结合离散元仿真手段，对优化后结果进行验证，确定最优构型贯入体，进而降低贯入过程中贯入器受到的阻力，完成提升贯入能力。

5.3　冲击作动式贯入器设计

5.3.1　冲击作动式贯入器方案设计

5.3.1.1　擒纵丝杠储能式贯入器方案

方案概述：本方案采用了"高效利用有效冲击作动力和贯入器分体式"的设计思想，突破了冲击锤撞击贯入体时，冲击能量不能高效施加于贯入体的限制。在贯入器内部设置擒纵丝杠机构，通过擒纵丝杠机构移动改变电流的正负极输入接口,进而解决电机的换向问题。

预期优势:贯入体冲击传递效率较高,有效改善传统贯入器依靠控制电流方向来解决电机转换向问题。

系统组成:擒纵丝杠储能式贯入器由贯入体、支承导向体、冲击锤、擒纵丝杠机构(包括丝杠、丝母机构、释放机构和锁紧机构)、驱动电机、储能弹簧和缓冲弹簧等部件组成,如图 5.15(a) 所示。

工作流程:

① 初始阶段。

② 储能阶段。驱动电机正转带动丝杠回转,使丝母机构带动冲击锤压缩储能弹簧,并进行储能,直到处于压缩变形最大位置时,擒纵丝杠机构处于释放临界状态。

③ 冲击贯入阶段。锁紧机构与释放机构发生接触,储能弹簧释放全部能量,冲击锤获得一定的速度,驱动电机及相关部件受到回弹力并压缩缓冲弹簧,冲击锤撞击贯入体,使贯入体整体实现贯入。

④ 复位阶段。丝母机构压缩上弹簧,擒纵丝杠机构与触点 B 发生分离,并与触点 A 接触,驱动电机开始反转。丝母机构与上弹簧发生分离,丝母机构与锁紧机构再次发生接触,并结合为一体,回到初始状态,随后开始下一个循环。

工作流程如图 5.15(b) 所示。

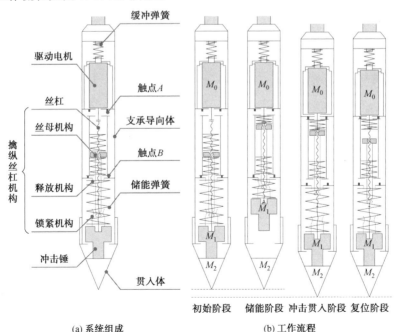

图 5.15　擒纵丝杠储能式贯入器系统组成及工作流程

5.3.1.2 凸轮绳驱储能式贯入器方案

方案概述:本方案实施了"高效利用有效冲击作动力和贯入器分体式"的设计思想,突破了依靠控制电流方向来解决电机换向问题。

预期优势:贯入器系统组成简捷,冲击能量可高效施加于贯入体。对电控资源的需求小,储能可呈线性改变,便于开展解耦型试验研究。

系统组成:凸轮绳驱储能式贯入器由贯入体、支承导向体、冲击锤、凸轮绳驱机构(包括凸轮和绳索)、阻尼绳索、驱动电机、储能弹簧和缓冲弹簧等部件组成,如图5.16(a)所示。

工作流程:

① 初始阶段。

② 储能阶段。驱动电机正转带动凸轮转动,当凸轮转动90°时,绳索处于预紧状态。转动180°时,绳索提拉冲击锤压缩储能弹簧压缩,并进行储能;转动360°时,储能弹簧压缩量为最大值,绳索处于释放临界状态。

③ 冲击贯入阶段。绳索与冲击锤发生分离,储能弹簧释放全部能量,冲击锤获得一定的速度,电机及相关部件机构受到回弹力并压缩缓冲弹簧,冲击锤撞击贯入体,使贯入体整体实现贯入。

④ 复位阶段。随后驱动电机继续转动,开始下一个循环。

其工作流程如图5.16(b)所示。

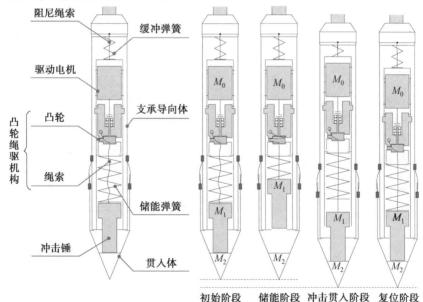

(a) 系统组成　　　　　　　(b) 工作流程

图 5.16　凸轮绳驱储能式贯入器系统组成及工作流程

5.3.1.3　备选方案对比分析

通过以下性能指标对两种设计方案和典型方案进行综合对比分析,并确定优选方案,设计方案对比分析见表 5.2。

优选方案的确定原则如下。

① 设计构型新颖:改善典型传统一体式方案设计理念。

② 系统组成简捷:确保冲击能量传递路径的简捷。

③ 能量传递高效:具备较大储能能力和冲击能量高效传递于贯入体。

表 5.2　冲击作动式贯入器设计方案对比分析表

方案	技术特色	优选结论
典型方案: 偏心凸轮储能式贯入器 	贯入体与支承导向体为一体结构;依靠凸轮偏心距储能	优势:系统组成简捷、易于轻量化 不足:冲击行程较短,不能进行较大的储能
设计方案 1: 擒纵丝杠储能式贯入器	贯入体与支承导向体为分体结构;依靠擒纵丝杠机构进行储能	优势:设计构型新颖,冲击能量高效传递,可获得较大储能 不足:擒纵丝杠机构等电气元件占据过多内部空间
设计方案 2: 凸轮绳驱储能式贯入器	贯入体与支承导向体为分体结构;依靠凸轮绳驱机构进行储能	优势:设计构型新颖,系统组成简捷,可获得较大储能 不足:绳索需要特殊材质编织来提高其使用寿命

依据方案设计情况,以及设计方案的综合对比,确认"凸轮绳驱储能式贯入器"作为优选方案,优选理由如下:

① 设计构型新颖:通过国内外冲击作动式贯入器资料调查,分析典型方案不足,提出了一种分体式贯入器设计方案。

② 系统组成简捷:贯入器系统组成简单,结构紧凑,保证冲击能量传递路径的简捷,储能可呈线性改变,便于开展解耦型试验研究。

③ 能量传递高效:备选方案 2 使储能行程变大,有效地提升储能能力,由于贯入器采用分体式设计方案,冲击能量高效传递于贯入体,避免了冲击能量施加于支承导向体而带来的能量损失。

5.3.2　贯入体对月壤体贯入作用力学模型研究

根据贯入器贯入效能分析可知,贯入体构型参数对贯入阻力影响较大,因此,贯入体构型优化对于提高贯入效能具有重要意义。选取锥形贯入体、内凹形贯入体和外凸形贯入体作为研究对象,建立贯入体对月壤体贯入作用力学模型,

3 种贯入体构型参数见表 5.3。

表 5.3 贯入体构型参数表

参数	符号	数值	单位	贯入体构型示意图
贯入体半径	R	$0 \sim 20$	mm	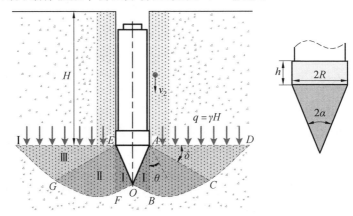
锥形贯入体半锥角（构型基准半角）	α	$0 \sim 40$	(°)	
内凹形贯入体半锥角	α_a	$0 < \alpha_a < \alpha$	(°)	
外凸形贯入体半锥角	α_t	$\alpha < \alpha_t < 2\alpha$	(°)	

5.3.2.1 锥形贯入体贯入作用力学建模

假定月壤剖面是一个均质的半无限体，以贯入器完全贯入月壤剖面过程为研究对象，分析贯入器构型参数对贯入阻力的影响，利用极限平衡理论，建立锥形贯入体对月壤体极限平衡区分析图，如图 5.17 所示。

图 5.17 锥形贯入体对月壤体极限平衡区分析图

根据贯入器贯入月壤剖面过程，对月壤体挤密作用产生区域进行划分，分为贯入挤密区（Ⅰ）、贯入挤密区（Ⅱ）和弹性恢复区（Ⅲ），其中，贯入挤密区（Ⅰ）的月壤体与锥形贯入体直接接触。当贯入体贯入月壤剖面时，锥形贯入体接触面 AO、EO 上的月壤体不发生剪切滑移，逐渐向两侧挤密，并使贯入挤密区（Ⅱ）的月壤体产生破坏。

贯入挤密区（Ⅱ）的月壤体在挤密作用下，形成 ABC、EFG 两组滑裂面，其中，对数螺旋曲线 BC、FG 的数学表达式为

$$r = r_0 e^{\theta \tan \beta} \tag{5.18}$$

式中　r_0——对数螺旋曲线初始长度，mm。

弹性恢复区（Ⅲ）的月壤体受到压力，是由锥形贯入体压力作用产生的，选取滑裂线上月壤体 $ABCJ$ 进行力学分析，如图 5.18 所示。

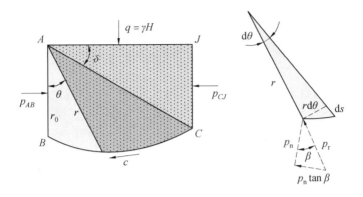

图 5.18　月壤体 $ABCJ$ 力学分析示意图

根据土力学相关理论可知,滑裂线 AC、EG 与水平面夹角 $\delta = \dfrac{\pi}{4} - \dfrac{\beta}{2}$,因此,月壤体 $ABCJ$ 的几何关系数学表达式为

$$AB = r_0 = \frac{R}{\sin \alpha \cos \alpha} \tag{5.19}$$

$$AC = r_0 e^{\left(\frac{\pi}{4} + \frac{\beta}{2}\right) \tan \beta} \tag{5.20}$$

$$AJ = AC \cos \delta = r_0 e^{\left(\frac{\pi}{4} + \frac{\beta}{2}\right) \tan \beta} \cos\left(\frac{\pi}{4} - \frac{\beta}{2}\right) \tag{5.21}$$

$$CJ = AC \sin \delta = r_0 e^{\left(\frac{\pi}{4} + \frac{\beta}{2}\right) \tan \beta} \sin\left(\frac{\pi}{4} - \frac{\beta}{2}\right) \tag{5.22}$$

月壤体 AD 面所受压力 q 为

$$q = \gamma H \tag{5.23}$$

根据极限平衡理论可知,月壤体达到极限剪切破坏时应满足如下条件:

$$\sigma_1 = \sigma_3 \tan^2\left(\frac{\pi}{4} + \frac{\beta}{2}\right) + 2c \tan\left(\frac{\pi}{4} + \frac{\beta}{2}\right) \tag{5.24}$$

CJ 面的最大主应力 σ_1 的数学表达式为

$$p_{CJ} = \sigma_1 = q \cot^2\left(\frac{\pi}{4} - \frac{\beta}{2}\right) + 2c \cot\left(\frac{\pi}{4} - \frac{\beta}{2}\right) \tag{5.25}$$

针对月壤体 $ABCJ$ 的滑裂线 BC 进行力学分析可知,滑裂线 BC 上的力包括内聚力 c、法向作用力 p_n 和摩擦力 $p_n \tan \beta$,其中,p_n 与 $p_n \tan \beta$ 之间的夹角为月壤体的内摩擦角。当月壤体 $ABCJ$ 处于平衡状态时,则满足条件 $\sum M_A = 0$,其关系数学表达式为

$$\sum M_A = M_{p_{AB}} - M_q - M_{p_{CJ}} - M_c = 0 \tag{5.26}$$

月壤体 $ABCJ$ 上各作用力对 A 点的力矩为

$$\begin{cases} M_{p_{AB}} = \dfrac{1}{2} p_{AB} (\overline{AB})^2 = \dfrac{1}{2} p_{AB} r_0^2 \\[3mm] M_q = \dfrac{1}{2} q(\overline{AJ})^2 = \dfrac{1}{2} \gamma H \left[r_0 \mathrm{e}^{\left(\frac{\pi}{2}+\frac{\beta}{2}\right) \tan \beta} \cos^2 \left(\dfrac{\pi}{4} - \dfrac{\beta}{2} \right) \right]^2 \\[3mm] M_{p_{CJ}} = \dfrac{1}{2} p_{CJ} (\overline{CJ})^2 = \dfrac{1}{2} r_0^2 \mathrm{e}^{\left(\frac{\pi}{2}+\beta\right) \tan \beta} \left[\gamma H \cos^2 \left(\dfrac{\pi}{4} - \dfrac{\beta}{2} \right) + c \cos \beta \right] \\[3mm] M_c = \displaystyle\int_0^{\frac{\pi}{4}+\frac{\beta}{2}} c \, \mathrm{d}s \cdot \cos \beta r = \int_0^{\frac{\pi}{4}+\frac{\beta}{2}} c \dfrac{r \mathrm{d}\theta}{\cos \beta} \cos \beta r = \dfrac{1}{2} c r_0^2 \cot \beta \left[\mathrm{e}^{\left(\frac{\pi}{2}+\beta\right) \tan \beta} - 1 \right] \end{cases}$$

$$\text{(5.27)}$$

求解,可得作用在 AB 面上法向应力为

$$p_{AB} = \gamma H N_q + c N_c \qquad\qquad (5.28)$$

式中　N_q、N_c——月壤体颗粒的承载力系数,即

$$N_q = \mathrm{e}^{\left(\frac{\pi}{2}+\beta\right) \tan \beta} \cos^2 \left(\dfrac{\pi}{4} - \dfrac{\beta}{2} \right) \left[\cos^2 \left(\dfrac{\pi}{4} - \dfrac{\beta}{2} \right) \mathrm{e}^{\frac{\pi}{2} \tan \beta} + 1 \right]$$

$$N_c = (\cos \beta + \cot \beta) \mathrm{e}^{\left(\frac{\pi}{2}+\beta\right) \tan \beta} - \cot \beta$$

AB 面上的法向应力 p_{AB} 与月壤体的内摩擦角 φ 和内聚力 c 等参数相关,针对受锥形贯入体作用的月壤体 AOB 进行力学分析,如图 5.19 所示。

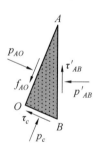

图 5.19　月壤体 AOB 力学分析示意图

由于月壤体 AOB 尺度较小,忽略其重力作用影响。AB 面上的力包括法向力 p'_{AB} 和剪切力 τ'_{AB},其中,τ'_{AB} 作用力方向朝上。锥形贯入体 AO 面上的力包括法向力 p_{AO} 和摩擦力 f_{AO},由于锥形贯入体相对于月壤体 AOB 向下移动,因此,其摩擦力 f_{AO} 方向向下。

根据库仑公式可知,月壤体 AB 和 OB 面上的剪切力的数学表达式为

$$\begin{cases} \tau'_{AB} = c + p'_{AB} \tan \beta \\ \tau_c = c + p_c \tan \beta \end{cases} \qquad (5.29)$$

根据库仑摩擦定律可知

$$f_{AO} = \mu p_{AO} \qquad\qquad (5.30)$$

根据式(5.29)和式(5.30)可得,锥形贯入体 AOE 对月壤体 AOB 的法向作

用力为

$$p_{AO} = Ap'_{AB} + Bc \tag{5.31}$$

式中　$A = \dfrac{\tan^2\beta - 2\tan\beta\tan\alpha - 1}{\mu\tan\beta - 1}$;

　　　　$B = \dfrac{\tan\beta - 2\tan\alpha}{\mu\tan\beta - 1}$;

　　　　$p'_{AB} = p_{AB} = \gamma H N_q + c N_c$。

对锥形贯入体 AOE 进行力学分析,如图 5.20 所示。

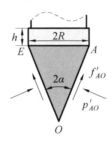

图 5.20　贯入体 AOE 力学分析示意图

月壤体对锥形贯入体 AOE 单位面积的轴向阻力的数学表达式为

$$p_f = p'_{AO}\sin\alpha + f'_{AO}\cos\alpha = p_{AO}(\sin\alpha + \mu\cos\alpha) \tag{5.32}$$

月壤体对锥形贯入体的轴向阻力的数学表达式为

$$F_f = p_f S_{area} \tag{5.33}$$

式中　S_{area}——锥形贯入体锥体表面积,mm^2。

将式(5.31)和式(5.32)代入式(5.33)中进行求解,可得锥形贯入体轴向阻力的数学表达式为

$$F_f = (Ap'_{AB} + Bc)\frac{\pi R^2(\sin\alpha + \mu\cos\alpha)}{\sin\alpha} \tag{5.34}$$

5.3.2.2　内凹形贯入体贯入作用力学建模

根据锥形贯入体对月壤体贯入作用力学模型建模的方法,以及贯入器贯入过程,对月壤体挤密作用产生区域进行划分,并建立内凹形贯入体对月壤体贯入作用力学模型,如图 5.21 所示。

根据内凹形贯入体对月壤体的应力状态分析,可得到作用在 AB 面上法向应力的数学表达式为

$$p_{aAB} = \gamma H N_q + c N_c \tag{5.35}$$

针对受内凹形贯入体作用的月壤体 AOB 进行力学分析,如图 5.22 所示。内凹形贯入体 AO 面上的力包括法向力 p_{AO} 和摩擦力 f_{AO},二者合力为 Q,其微元力学分析如图 5.23 所示。

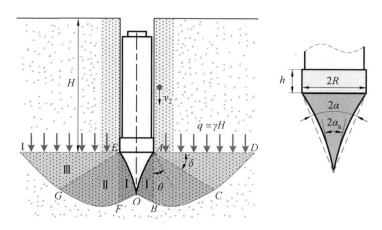

图 5.21　内凹形贯入体对月壤体极限平衡区分析图

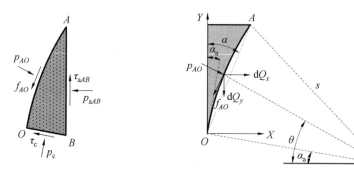

图 5.22　月壤体 AOB 力学分析示意图　　图 5.23　AO 面上的微元力学分析示意图

根据内凹形贯入体构型参数,可得如下几何关系:

$$\overline{AB} = \frac{R\cos(\alpha - \alpha_a)}{\sin \alpha \cos \alpha_a} \tag{5.36}$$

$$\overline{OB} = \frac{R}{\cos \alpha_a} \tag{5.37}$$

$$s = \frac{R}{2\sin \alpha \sin(\alpha - \alpha_a)} \tag{5.38}$$

针对月壤体 AOB 进行力学分析,可得其微元的水平和竖直分力如下:

$$\begin{cases} \mathrm{d}Q_x = (p_{AO}\cos \theta - f_{AO}\sin \theta)\,\mathrm{d}s \\ \mathrm{d}Q_y = (p_{AO}\sin \theta + f_{AO}\cos \theta)\,\mathrm{d}s \end{cases} \tag{5.39}$$

对 AO 面上的微元进行积分可得

$$\begin{cases} Q_x = \int_{\alpha_a}^{2\alpha-\alpha_a} \mathrm{d}Q_x = p_{AO}s\left[\sin(2\alpha-\alpha_a) + \mu\cos(2\alpha-\alpha_a) - \sin\alpha_a - \mu\cos\alpha_a\right] \\ Q_y = \int_{\alpha_a}^{2\alpha-\alpha_a} \mathrm{d}Q_y = p_{AO}s\left[-\cos(2\alpha-\alpha_a) + \mu\sin(2\alpha-\alpha_a) + \cos\alpha_a - \mu\sin\alpha_a\right] \end{cases}$$

$$(5.40)$$

针对月壤体 AOB 处于极限平衡状态进行分析,如下:

$$\begin{cases} Q_x + p_c\sin\alpha_a \overline{OB} - \tau_c\cos\alpha_a \overline{OB} - p_{aAB} \overline{AB} = 0 \\ Q_y - \tau_{aAB} \overline{OB} - p_c\cos\alpha_a \overline{OB} - \tau_c\sin\alpha_a \overline{OB} = 0 \end{cases}$$

$$(5.41)$$

可得内凹形贯入体 AOE 对月壤体 AOB 的法向应力为

$$p_{AO} = A_a p_{aAB} + B_a c$$

$$(5.42)$$

式中　$A_a = \dfrac{\cos(\alpha_a-\alpha)\left[\cos\alpha_a(1-\tan^2\beta) + 2\tan\beta\sin\alpha_a\right]}{\cos\alpha_a\left[(\mu+\tan\beta)\sin(\alpha_a-\alpha) + (1-\mu\tan\beta)\cos(\alpha_a-\alpha)\right]}$

$B_a = \dfrac{\left[\sin\alpha - \tan\beta\cos\alpha_a\cos(\alpha_a-\alpha) + \sin\alpha_a\cos(\alpha_a-\alpha)\right]}{\cos\alpha_a\left[(\mu+\tan\beta)\sin(\alpha_a-\alpha) + (1-\mu\tan\beta)\cos(\alpha_a-\alpha)\right]}$

针对内凹形贯入体完全贯入状态进行力学分析,月壤体对其微元弧线 $\mathrm{d}s$ 的作用力,如图 5.24 所示。

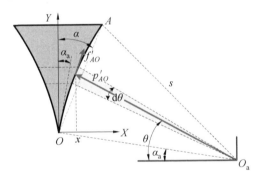

图 5.24　内凹形贯入体微元弧线受力分析

其微元弧线的横坐标数学表达式为

$$x = s(\cos\alpha_a - \cos\theta)$$

$$(5.43)$$

微元面积 $\mathrm{d}s$ 的数学表达式为

$$\mathrm{d}s = 2\pi x_S \mathrm{d}\theta$$

$$(5.44)$$

内凹形贯入体微元面积上的作用力轴向分力数学表达式为

$$\mathrm{d}F_{f_a} = 2\pi x_S(p'_{AO}\sin\theta + f'_{AO}\cos\theta)\mathrm{d}\theta$$

$$(5.45)$$

针对内凹圆弧面进行积分,可得作用在内凹形贯入体上的轴向阻力为

$$F_{f_a} = \int \mathrm{d}F_{f_a} = \int_{\alpha_a}^{2\alpha-\alpha_a} 2\pi x_S(p'_{AO}\sin\theta + f'_{AO}\cos\theta)\mathrm{d}\theta$$

$$= K_a(A_a p_{aAB} + B_a c) \frac{\pi R^2}{2 \sin^2\alpha \sin^2(\alpha - \alpha_a)} \tag{5.46}$$

式中　$K_a = \frac{1}{4}[\cos(4\alpha - 2\alpha_a) - \mu\sin(4\alpha - 2\alpha_a)] + \frac{1}{4}(\cos 2\alpha_a - \mu\sin 2\alpha_a) +$

$$\mu(\alpha_a - \alpha) + \frac{1}{2}\cos\alpha_a[\mu\sin(2\alpha - \alpha_a) - \cos(2\alpha - \alpha_a)]$$

5.3.2.3　外凸形贯入体贯入作用力学建模

根据锥形贯入体对月壤体贯入作用力学模型建模的方法,以及贯入器贯入过程,对月壤体挤密作用产生区域进行划分,并建立外凸形贯入体对月壤体贯入作用力学模型,如图 5.25 所示。

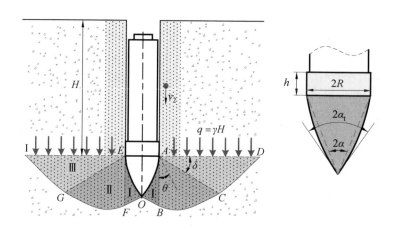

图 5.25　外凸形贯入体对月壤体极限平衡区分析图

根据外凸形贯入体对月壤体的应力状态分析,可得作用在 AB 面上法向应力的数学表达式为

$$p_{tAB} = \gamma H N_q + c N_c \tag{5.47}$$

针对受外凸形贯入体作用的月壤体 AOB 进行力学分析,如图 5.26 所示。AB 面上的力包括法向力 p_{tAB} 和剪切力 τ_{tAB},其中,τ_{tAB} 作用力方向朝上。外凸形贯入体 AO 面上的力包括法向力 p_{AO} 和摩擦力 f_{AO},二者合力为 Q。

根据内凹形贯入体 AOE 对月壤体 AOB 的法向作用力求解方法,可得外凸形贯入体 AOE 对月壤体 AOB 的法向作用力数学表达式为

$$p_{AO} = A_t p_{tAB} + B_t c \tag{5.48}$$

式中　$A_t = \dfrac{\cos(\alpha_t - \alpha)[\cos\alpha_t(1 - \tan^2\beta) + 2\tan\beta\sin\alpha_t]}{\cos\alpha_t[(\mu + \tan\beta)\sin(\alpha_t - \alpha) + (1 - \mu\tan\beta)\cos(\alpha_t - \alpha)]}$

$B_t = \dfrac{[\sin\alpha - \tan\beta\cos\alpha_t\cos(\alpha_t - \alpha) + \sin\alpha_t\cos(\alpha_t - \alpha)]}{\cos\alpha_t[(\mu + \tan\beta)\sin(\alpha_t - \alpha) + (1 - \mu\tan\beta)\cos(\alpha_t - \alpha)]}$

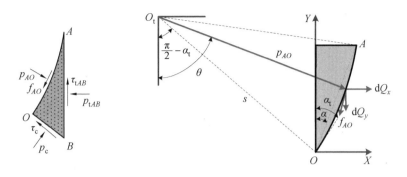

图 5.26　月壤体 AOB 力学分析及 AO 面上的微元力学分析示意图

针对外凸形贯入体完全贯入状态进行力学分析,月壤体对其微元弧线 $\mathrm{d}s$ 的作用力,如图 5.27 所示。

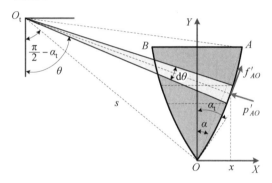

图 5.27　外凸形贯入体微元弧线受力分析

根据作用在内凹形贯入体上的轴向阻力求解方法,可得作用在外凸形贯入体上的轴向阻力数学表达式为

$$F_{f_t} = \int \mathrm{d}F_{f_t} = \int_{\frac{\pi}{2}-\alpha_t}^{\frac{\pi}{2}+\alpha_t-2\alpha} 2\pi x s \left(p'_{AO} \cos\theta + f'_{AO} \sin\theta \right) \mathrm{d}\theta$$

$$= K_t (A_t p_{tAB} + B_t c) \frac{\pi R^2}{2 \sin^2\alpha \sin^2(\alpha_t - \alpha)} \tag{5.49}$$

式中　$K_t = \dfrac{1}{4}\big[\mu\sin(2\alpha_t - 4\alpha) + \cos(2\alpha_t - 4\alpha)\big] + \dfrac{1}{4}(\cos 2\alpha_t - \mu\sin 2\alpha_t) +$

$$\cos\alpha_t\big[\mu\sin(2\alpha - \alpha_t) - \cos(2\alpha - \alpha_t)\big] + \dfrac{1}{2} + \mu(\alpha_t - \alpha)$$

5.3.2.4　贯入体构型参数对贯入阻力影响分析

根据贯入器对月壤体贯入作用的力学模型分析,可得贯入器轴向阻力与月壤体力学特性参数、贯入器构型参数和贯入深度相关。结合贯入器设计依据和约束条件,选取相对密度为 85% 的模拟月壤力学特性参数进行分析,其中,贯入

体与月壤剖面之间的滑动摩擦系数 $\mu = 0.15$。

贯入体构型参数包括：贯入体半径 R、锥形贯入体半锥角（构型基准半角）α 和定型贯入体半锥角 $\Delta\alpha$。其中，当 $\alpha = \Delta\alpha$ 时，贯入体为锥形贯入体；当 $\alpha > \Delta\alpha$ 时，贯入体为内凹形贯入体；当 $\alpha < \Delta\alpha$ 时，贯入体为外凸形贯入体。

以 α 和 $\Delta\alpha$ 为变量，根据贯入器设计依据和约束条件，拟定贯入体半径 $R = 15$ mm，贯入深度 $H = 500$ mm，可得贯入体轴向阻力 F_T 随 α、$\Delta\alpha$ 变化关系。根据图 5.28 分析，当 $R = 15$ mm，α 取值范围为 $0° \sim 40°$ 时，三种构型贯入体中，内凹形贯入体轴向阻力最小（最小值为 283.4 N，此时 $\alpha = 16.2°$、$\Delta\alpha = 5°$），且内凹形贯入体锥角 $2\alpha_a = 10°$；所有锥形贯入体中，当 $2\alpha = 32.4°$ 时，锥形贯入体轴向阻力最小（最小值为 303.9 N，此时 $\alpha = \Delta\alpha = 16.2°$）。

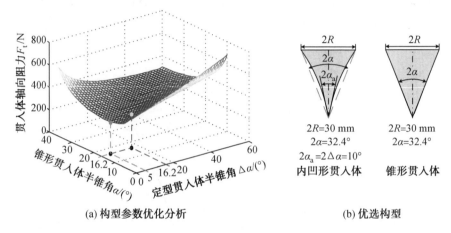

(a) 构型参数优化分析　　　　　　　　(b) 优选构型

图 5.28　贯入体轴向阻力 F_t 随 α、$\Delta\alpha$ 变化

拟定锥形贯入体半径 $R = 15$ mm，以锥形贯入体半锥角 α 为变量，可得锥形贯入体轴向阻力 F_f 随 H、α 变化关系。根据图 5.29 分析，锥形贯入体轴向阻力 F_f 随贯入深度 H 增加而变大，随锥形贯入体半锥角 α 增加而先变小后变大，并且在

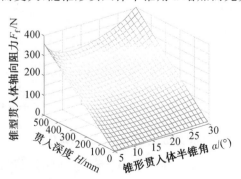

图 5.29　锥形贯入体轴向阻力 F_f 随 H、α 变化

$\alpha = 16.2°$ 时，F_f 为最小值，此时，$F_f = 303.9$ N。

拟定锥形贯入体半锥角 $\alpha = 16.2°$ 和内凹形贯入体半锥角 $\alpha_a = 5°$，以贯入体半径 R 和贯入深度 H 为变量，可得锥形贯入体轴向阻力 F_f 和内凹形贯入体轴向阻力 F_{f_a} 随 α、R 变化关系。根据图 5.30 分析，锥形贯入体轴向阻力 F_f 和内凹形贯入体轴向阻力 F_{f_a} 都随贯入体半径 R 增加而变大，随贯入深度 H 增加而变大，锥形贯入体轴向阻力 F_f 最大值为 473.3 N，此时 $R = 20$ mm，$H = 500$ mm；内凹形贯入体轴向阻力 F_{f_a} 最大值为 427.9 N，此时 $R = 20$ mm，$H = 500$ mm。

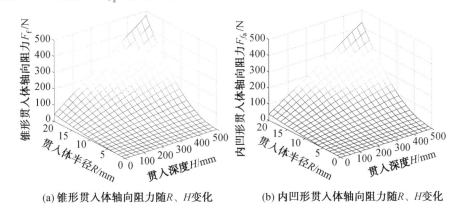

(a) 锥形贯入体轴向阻力随R、H变化　　(b) 内凹形贯入体轴向阻力随R、H变化

图 5.30　不同构型轴向阻力随 R、H 变化

拟定锥形贯入体半锥角 $\alpha = 16.2°$、内凹形贯入体半锥角 $\alpha_a = 5°$、贯入深度 $H = 500$ mm，半径 $R = 15$ mm，以内摩擦角 φ 和内聚力 c 为变量，可得锥形贯入体轴向阻力 F_f 和内凹形贯入体轴向阻力 F_{f_a} 随 φ、c 变化关系。根据图 5.31 分析，当 φ 取值范围为 30.53°～34.23°、c 取值范围为 0.33～2.72 kPa 时，锥形贯入体轴向阻力 F_f 和内凹形贯入体轴向阻力 F_{f_a} 都随内摩擦角 φ 增加而变大，随内聚力 c 增加而变大；锥形贯入体轴向阻力 F_f 最大值为 371.4N；内凹形贯入体轴向

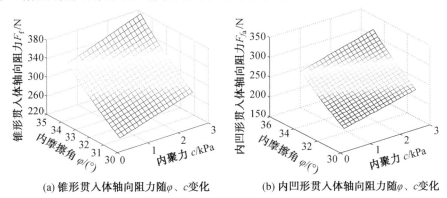

(a) 锥形贯入体轴向阻力随φ、c变化　　(b) 内凹形贯入体轴向阻力随φ、c变化

图 5.31　不同构型轴向阻力随 φ、c 变化

阻力 F_{f_a} 最大值为 332.4 N。

综合分析 3 种贯入体构型参数对贯入阻力影响,可得如下结论:

① 贯入体轴向阻力 F_t 随贯入深度 H 增加而变大,随内摩擦角 φ 和内聚力 c 增加而变大。

② 贯入体轴向阻力 F_t 随贯入体半径 R 增加而变大,减少贯入体半径尺寸对提高贯入能力具有重要作用。

③ 当贯入体半径 $R=15$ mm、贯入深度 $H=500$ mm、构型基准半角 $\alpha=16.2°$ 时,内凹形贯入体轴向阻力最小($F_{f_a}=283.4$ N、$2\alpha_a=10°$),锥形贯入体具有最优值($F_f=303.9$ N、$2\alpha=32.4°$),但两种构型贯入体轴向力相差不大。

贯入体构型的优选结果,需要结合贯入器的设计依据和约束条件、工作时可靠度、冲击能量传递效果等综合因素而确定。

5.3.3 支承导向体构型参数对贯入阻力影响分析

根据土压力理论可得,作用于支承导向体的被动月壤体压力 p_h 为

$$p_h = \gamma z K_p + 2c\sqrt{K_p} \tag{5.50}$$

式中　　K_p —— 被动月壤体压力系数,$K_p = \tan^2\left(\dfrac{\pi}{4} + \dfrac{\varphi}{2}\right)$;

z —— 被动月壤体压力作用点深度,m。

如图 5.32 所示,设支承导向体半径为 R_h、高度为 h、贯入深度为 H,沿支承导向体取微元长度 $\mathrm{d}z$,得到支承导向体微元侧面积 $\mathrm{d}s$ 为

$$\mathrm{d}s = 2\pi R_h \mathrm{d}z \tag{5.51}$$

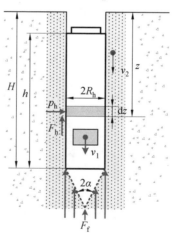

图 5.32　支承导向体对月壤体贯入作用的力学分析

则作用在支承导向体微元侧面积上的正压力 $\mathrm{d}N_\mathrm{s}$ 为

$$\mathrm{d}N_\mathrm{s} = p_\mathrm{h} \cdot \mathrm{d}s = 2\pi R_\mathrm{h} \cdot p_\mathrm{h} \mathrm{d}z \tag{5.52}$$

冲击作动式贯入器贯入月壤剖面过程可分为两个阶段：

① 支承导向体与月壤剖面部分接触时，可得支承导向体侧压力的合力为

$$N = \int_0^H \mathrm{d}N_\mathrm{s} = \int_0^H 2\pi R_\mathrm{h} \cdot p_\mathrm{h} \mathrm{d}z = \pi R_\mathrm{h} \gamma K_\mathrm{p} H^2 + 4\pi R_\mathrm{h} c H \sqrt{K_\mathrm{p}} \quad (h > H)$$

$$\tag{5.53}$$

② 支承导向体与月壤剖面全部接触时，可得支承导向体侧压力的合力为

$$N' = \int_{H-h}^H \mathrm{d}N_\mathrm{s} = \pi R_\mathrm{h} \gamma K_\mathrm{p} (2H - h) h + 4\pi R_\mathrm{h} c h \sqrt{K_\mathrm{p}} \quad (h \leqslant H) \tag{5.54}$$

设支承导向体与月壤剖面的滑动摩擦系数为 μ_k，则月壤剖面对支承导向体的摩擦阻力 F_h 为

$$F_\mathrm{h} = \begin{cases} \pi R_\mathrm{h} \mu_k \gamma K_\mathrm{p} H^2 + 4\pi R_\mathrm{h} \mu_k c H \sqrt{K_\mathrm{p}} & (h > H) \\ \pi R_\mathrm{h} \mu_k \gamma K_\mathrm{p} (2H - h) h + 4\pi R_\mathrm{h} \mu_k c h \sqrt{K_\mathrm{p}} & (h \leqslant H) \end{cases} \tag{5.55}$$

根据式(5.55)和相对密度为 85% 的模拟月壤力学特性参数进行分析，滑动摩擦系数为 $\mu_k = 0.15$，可得支承导向体的摩擦阻力 F_h 与支承导向体半径 R_h 和支承导向体高度 h 的关系，如图 5.33 所示。当贯入深度 $H = 1$ m 时，摩擦阻力 F_h 分别随支承导向体半径 R_h 和支承导向体高度 h 增加而变大，最大值为 702.8 N（此时，$R_\mathrm{h} = 30$ mm，$h = 0.5$ m）。

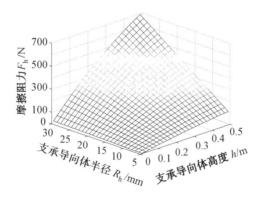

图 5.33　模拟月壤相对密度为 85% 时，摩擦阻力 F_h 随 h 和 R_h 变化

由支承导向体构型参数对贯入阻力影响的分析过程发现，支承导向体半径和高度影响贯入阻力大小。因此，冲击作动式贯入器支承导向体构型参数优化可有效地降低贯入过程中受到月壤剖面的阻力影响。

5.3.4　冲击作动式贯入器质量及刚度匹配

冲击作动式贯入器核心单元主要包括贯入单元（由贯入体和支承导向体组成）、冲击锤、驱动单元、储能单元和缓冲单元，如图 5.34 所示。

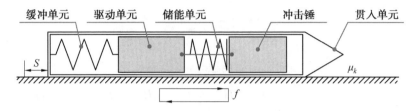

图 5.34　冲击作动式贯入器核心单元组成

根据核心单元建立冲击传递特性物理模型，如图 5.35 所示。此物理模型中，M_0、M_1 和 M_2 分别代表驱动单元质量、冲击锤质量和贯入单元质量；k_0 和 k_1 分别代表缓冲弹簧刚度及储能弹簧刚度；μ_k 代表贯入器与月壤剖面之间的滑动摩擦系数，μ_s 代表贯入器与月壤剖面之间的静摩擦系数；k_k 代表月壤体的刚度系数，c_k 代表月壤体的阻尼系数；f 代表贯入器受到的阻力，N 代表月壤体对贯入器的法向压力。暂不考虑驱动单元（M_0）、冲击锤（M_1）与贯入单元（M_2）之间的摩擦力。贯入器的冲击运动过程如图 5.36 所示，包括以下阶段：

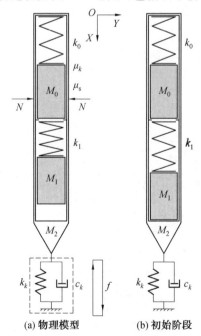

(a) 物理模型　　　(b) 初始阶段

图 5.35　贯入器的冲击传递特性物理模型

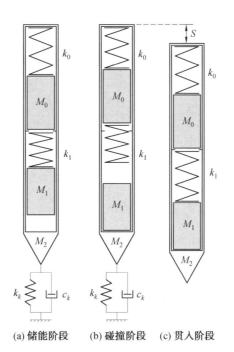

(a) 储能阶段　　(b) 碰撞阶段　　(c) 贯入阶段

图 5.36　贯入器的冲击运动过程

① 初始阶段。贯入器核心单元都处于静止状态,缓冲弹簧(k_0)和储能弹簧(k_1)都处于自然长度。

② 储能阶段。冲击锤(M_1)在驱动单元(M_0)内部机构的驱动作用下,使冲击锤(M_1)沿 X 轴负方向运动,并对储能弹簧(k_1)进行压缩,压缩长度为 Δx,进而完成贯入器储能工作。

③ 碰撞阶段。当储能弹簧(k_1)压缩长度达到指定位置时,冲击锤(M_1)和储能弹簧(k_1)发生分离,驱动单元(M_0)和冲击锤(M_1)在储能弹簧(k_1)的作用下,开始向两个相反的方向运动,缓冲弹簧(k_0)在驱动单元(M_0)的作用下,发生压缩,冲击锤(M_1)在储能弹簧(k_1)作用下,沿 X 轴正方向运动,与贯入单元(M_2)发生碰撞。

④ 贯入阶段。发生碰撞后,贯入单元(M_2)实现一定距离的贯入,从而完成一次冲击贯入过程。

5.3.4.1　贯入器冲击传递特性建模

为了简化物理模型中的碰撞问题,忽略碰撞过程中的能量损失和冲击界面的影响,并认为能量在碰撞界面传递的时间无限小,建立竖直冲击传递物理模型中状态参量的数学表达式,即

$$M_1 \ddot{x}_1 = -k_1 x_1 + M_1 g \tag{5.56}$$

$$\begin{cases} M_0\ddot{x}_0 = k_1(x_1 - x_0) - k_0x_0 + M_0g \\ M_1\ddot{x}_1 = -k_1(x_1 - x_0) + M_1g \end{cases} \tag{5.57}$$

$$\begin{cases} M_0\ddot{x}_0 = k_1(x_1 - x_0) - k_0x_0 + M_0g \\ M_1\ddot{x}_1 = -k_1(x_1 - x_0) + M_1g \\ M_2\ddot{x}_2 = k_0(x_0 - x_2) + M_2g - \mu_kN \end{cases} \tag{5.58}$$

$$\begin{cases} \dfrac{1}{2}M_1\dot{x}_1^2 + \dfrac{1}{2}M_2\dot{x}_2^2 = \dfrac{1}{2}M_1\dot{x}_1'^2 + \dfrac{1}{2}M_2\dot{x}_2'^2 \\ M_1\dot{x}_1 + M_2\dot{x}_2 = M_1\dot{x}_1' + M_2\dot{x}_2' \end{cases} \tag{5.59}$$

$$\begin{cases} M_0\ddot{x}_0 = M_0g - k_0(x_0 - x_2) \\ M_2\ddot{x}_2 = M_2g + k_0(x_0 - x_2) - \mu_kN - f \end{cases} \tag{5.60}$$

式中　x_0——驱动单元 M_0 的位移,m;

　　　x_1——冲击锤 M_1 的位移,m;

　　　x_2——贯入单元 M_2 的位移,m。

贯入器贯入月壤剖面过程中,贯入器受到的阻力由月壤体的刚度系数 k_k 和阻尼系数 c_k 大小所决定,由于试验测试过程中,无法准确给出二者之间匹配系数,因此,在对冲击传递特性物理模型进行分析时,贯入器受到的阻力 f 取值为 3 000 N,月壤体对贯入器法向压力 N 取值为 30 N,f、N 数据来源于摸底测试试验结果,暂不考虑刚度系数 k_k 和阻尼系数 c_k 之间的匹配关系。

5.3.4.2　质量及刚度最优值求解

通过 MATLAB 中的 ode45() 函数对式(5.56)～(5.60)方程组进行求解,可以得到驱动单元(M_0)、冲击锤(M_1)与贯入单元(M_2)任意时间的运动状态变化。数值仿真的程序中,进行如下定义:

Case 1:M_0 静止,M_2 静止;

Case 2:M_0 运动,M_2 静止;

Case 3:M_0 运动,M_2 运动。

阶段一(解锁阶段):当 $k_1\Delta x \leqslant M_0g$,$k_0$ 处于自然长度时,利用 ode45() 函数对式(5.56)进行求解,直到 M_1 与 M_2 发生碰撞时,仿真结束。

阶段一(解锁阶段):当 $k_1\Delta x \geqslant M_0g$,$M_0$ 沿 X 轴负方向运动,贯入器没有产生沿 X 轴方向位移,利用 ode45() 函数对式(5.57)进行求解,直到 M_1 与 M_2 发生碰撞时,仿真结束。

阶段一(解锁阶段):当 M_0 沿 X 轴方向运动时,贯入器产生沿 X 轴负方向位移,贯入器产生运动之前,利用 ode45() 函数对式(5.58)进行求解,贯入器产生运动之后,利用 ode45() 函数对式(5.59)进行求解,直到 M_1 与 M_2 发生碰撞时,仿真结束。

阶段二(碰撞阶段):利用 ode45() 函数对式(5.59)进行求解,得到 M_1 与 M_2 发生碰撞之后的运动状态。

阶段三(碰撞阶段):利用 ode45() 函数对式(5.60)进行求解,得到 M_1 与 M_2 发生碰撞之后,M_0 和 M_2 的运动状态。

根据冲击作动式贯入器设计依据和约束条件要求,拟定冲击传递特性物理模型参数,见表 5.4。

表 5.4　冲击传递特性物理模型参数表

参数	符号	数值	单位
驱动单元质量	M_0	$0.1 \sim 1.1$	kg
冲击锤质量	M_1	$0.1 \sim 1.1$	kg
贯入单元质量	M_2	$0.1 \sim 1.1$	kg
质量优化步长	λ_M	0.1	kg
缓冲弹簧刚度	k_0	$0.5 \sim 9.5$	N/mm
储能弹簧刚度	k_1	$0.5 \sim 9.5$	N/mm
刚度优化步长	λ_k	0.1	N/mm
储能弹簧最大压缩量	Δx	20	mm
贯入器与月壤剖面之间的静摩擦系数	μ_s	0.3	—
贯入器与月壤剖面之间的滑动摩擦系数	μ_k	0.15	—

物理模型数值仿真程序流程图如图 5.37 所示。首先,将物理模型初始参数导入 MATLAB 中,对驱动单元(M_0)、冲击锤(M_1)与贯入单元(M_2)三者的运动状态进行分析,利用 ode45() 函数进行求解;计算出冲击锤(M_1)与贯入单元(M_2)发生碰撞的时间,并保存该时刻之前的数据;碰撞之后的系统将由 $k_0 - M_0 - k_1 - M_1 - M_2$ 变成 $k_0 - M_0 - M_2$ 系统,此时,驱动单元(M_0)、冲击锤(M_1)与贯入单元(M_2)三者的运动状态将利用 ode45() 函数进行求解。然后利用相同的求解方法,在给定时间内求解驱动单元(M_0)和贯入单元(M_2)的运动状态,获得贯入单元(M_2)速度变为零之前的数据。经过对驱动单元(M_0)、冲击锤(M_1)与贯入单元(M_2)的运动状态分析,最终可获得贯入器位移 S 的最优结果和此时的匹配参数 n。

冲击传递特性物理模型中状态参量的数学表达式初始值为 21 600 组参数,经过数值仿真筛选得到 3 080 组数据。对贯入单元(M_2)的位移大小进行排序,得出其位移 S 随匹配参数 n 的变化关系,如图 5.38 所示。其中,$n_{\max}$ 表示贯入单元(M_2)最大位移时的匹配参数;n_0 表示贯入单元(M_2)最终位移未发生改变时的匹配参数;$n_{\min}$ 表示贯入单元(M_2)最小位移时的匹配参数。

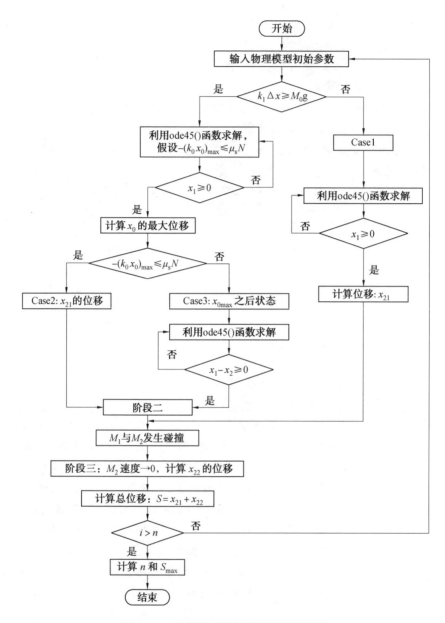

图 5.37　物理模型数值仿真程序流程图

　　在相同冲击能量的单次碰撞情况下，贯入单元 (M_2) 的最大位移 $S_{max} = 5.78$ mm，最小位移 $S_{min} = -8.62$ mm。其参数优化结果见表 5.5。

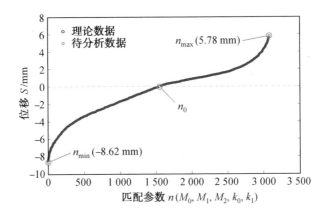

图 5.38　位移 S 随匹配参数 n 的变化

表 5.5　冲击传递特性物理模型参数优化结果

参数	符号	数值			单位
		n_{max}	n_0	n_{min}	
驱动单元质量	M_0	1.1	0.9	1.1	kg
冲击锤质量	M_1	0.1	0.7	1.1	kg
贯入单元质量	M_2	0.1	0.7	0.1	kg
缓冲弹簧刚度	k_0	0.5	2.5	5.5	N/mm
储能弹簧刚度	k_1	9.5	3.5	5.5	N/mm
贯入单元位移	S	5.78	0	-8.62	mm

5.3.4.3　冲击动态传递过程对比分析

对冲击传递特性物理模型做进一步分析,选取匹配参数 n_{max}、n_0、n_{min} 3 种匹配结果,对其位移、速度、重力加速度、贯入体受到的阻力和月壤体对贯入器的法向压力进行分析如下。

(1) 匹配参数为 n_{max} 时。

根据图 5.39 分析,冲击锤(M_1)与贯入单元(M_2)发生第一次碰撞的时间在 0.005 2 s,终止时间发生在 0.007 1 s,整个碰撞过程耗时为 0.001 9 s;在贯入单元(M_2)速度降为零时,贯入单元(M_2)位移为 5.78 mm;在碰撞过程中,冲击锤(M_1)获得的最大速度为 5.938 m/s。

(2) 匹配参数为 n_0 时。

根据图 5.40 分析,冲击锤(M_1)与贯入单元(M_2)发生碰撞的时间在 0.021 5 s,终止时间发生在 0.024 1 s,整个碰撞过程耗时 0.002 6 s;在贯入单元(M_2)速度降为零时,贯入单元(M_2)位移为 0 mm;在碰撞过程中,冲击锤(M_1)获得的最大速度为 1.197 m/s。

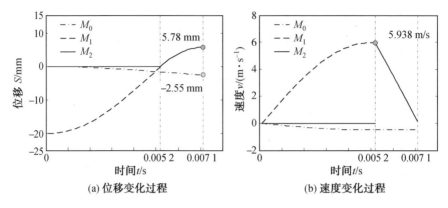

(a) 位移变化过程　　　　　(b) 速度变化过程

图 5.39　匹配参数为 n_{max} 时位移和速度随时间变化曲线

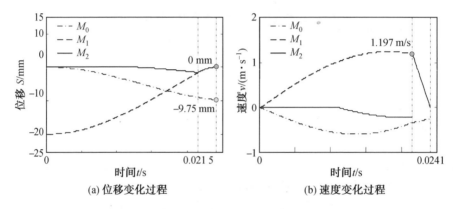

(a) 位移变化过程　　　　　(b) 速度变化过程

图 5.40　匹配参数为 n_0 时位移和速度随时间变化曲线

（3）匹配参数为 n_{min} 时。

根据图 5.41 分析，冲击锤（M_1）与贯入单元（M_2）发生碰撞的时间在 0.012 s，终止时间发生在 0.013 7 s，整个碰撞过程耗时 0.001 7 s；在贯入单元（M_2）速度降为零时，贯入单元（M_2）最大位移为 -8.62 mm；冲击锤（M_1）获得的最大速度为 1.044 m/s。

针对匹配参数 n_{max}、n_0、n_{min} 3 种匹配结果，分析其位移 S 随重力加速度 g 的变化关系，如图 5.42 所示。分析发现，随着 g 增大，冲击锤单次冲击作用下，贯入单元位移 S 的变化不大，在 3 组参数匹配结果中，贯入单元位移 $S(n_{max})$ 的值基本未发生变化；贯入单元位移 $S(n_0)$ 的值由负值改变为正值，其变化值不大；贯入单元位移 $S(n_{min})$ 的值变小。

针对匹配参数 n_{max}、n_0、n_{min} 3 种匹配结果，分析其位移 S 随贯入体受到阻力 f 的变化关系，如图 5.43 所示。分析发现，随着 f 增大，贯入单元位移 S 的值向 Y 轴负方向改变，贯入单元位移 $S(n_{max})$ 的值变小并趋近于稳定状态，贯入单元位

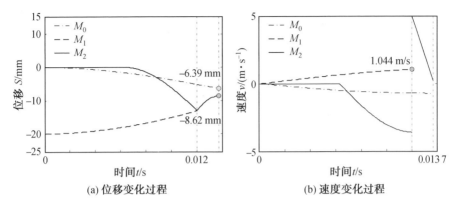

(a) 位移变化过程   (b) 速度变化过程

图 5.41   匹配参数为 n_{min} 时位移和速度随时间变化曲线

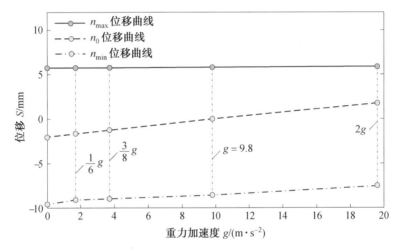

图 5.42   匹配参数分别为 n_{max}、n_0、n_{min} 时，位移随重力加速度的变化关系

移 $S(n_0)$ 的值变小并趋近于零值，位移 $S(n_{min})$ 的值变大并且趋于稳定状态，贯入能力逐渐降低。

针对匹配参数 n_{max}、n_0、n_{min} 3 种匹配结果，分析其位移 S 随月壤体对贯入体法向压力 N 的变化关系，如图 5.44 所示。分析发现，随着 N 增大，贯入单元位移 S 的值向 Y 轴正方向改变，贯入单元位移 $S(n_{max})$ 的值变化不大，贯入单元位移 $S(n_0)$ 的值由负值改变为正值，位移 $S(n_{min})$ 的值变小并趋近于零值。

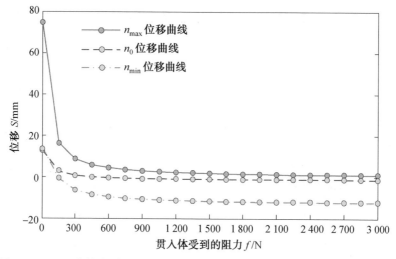

图 5.43 匹配参数分别为 n_{max}、n_0、n_{min} 时，位移随贯入体受到的阻力变化曲线

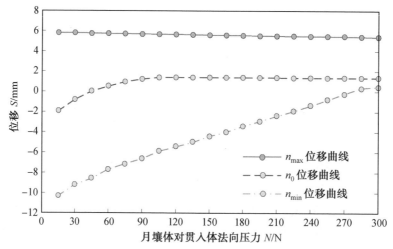

图 5.44 匹配参数分别为 n_{max}、n_0、n_{min} 时，位移随模拟月壤对贯入体法向压力变化曲线

5.4 冲击传递及贯入效能试验

本节针对理论分析、仿真模拟所获得的最优设计参数，如贯入体构型、质量和刚度匹配值、贯入规程参数等进行试验验证；提出贯入效能验证用模拟月壤剖面样本的制备方法，为开展解耦性验证和综合性验证试验提供均一化基础条件。此外，研制参数优选型原理样机和配套试验装置，开展系列化试验，验证本章所提出的理论和仿真结果的正确性与准确性。

5.4.1　贯入效能等效型模拟月壤剖面样本制备技术研究

为确保后续试验研究的重复有效开展,当前亟须大量物理力学特性与真实月壤样品相近的模拟月壤。严格意义上,受当前技术手段制约,目前还无法获取与真实月壤物理力学属性完全一致的模拟月壤,因而在模拟月壤制备过程中需依据具体地面相关试验,并有针对性地选取关键指标。由月壤剖面组构特性分析可知,影响贯入器贯入效能的关键物理力学参数包括月壤剖面矿物成分、密度、孔隙比、抗剪性和压缩性等,因此在制备模拟月壤的过程中需兼顾各个技术指标。

5.4.1.1　等效型模拟月壤原料研究

(1) 模拟月壤的矿物成分。

本节采用的模拟月壤(GUG-1B)原料来自于江苏省南京市六合县八百桥镇的塔山,其主要岩性为碱性橄榄玄武岩。模拟月壤矿物组成及其体积分数见表5.6,该玄武岩呈灰黑、绿黑色,致密块状,斑状结构。斑晶以橄榄石为主,基质为间粒 — 间隐结构或交织结构,由普通辉石、斜长石、橄榄石、磁铁矿和玻璃组成,与真实月壤剖面矿物组成比较类似。

表 5.6　模拟月壤矿物组成及其体积分数　　　　　　　　　　　　　%

方法	长石	橄榄石	辉石	不透明矿物	火山玻璃	备注
CIPW	59.4	16.5	14.1	4.5	5.0	平均组成

经颗粒图像分析仪拍摄可知,上述模拟月壤的颗粒形态大多为棱角状、次棱角状、长条状为主,与实际月壤相似。

在化学成分上,CUG-1B 模拟月壤总体与 Apollo 14 采样点的月壤平均化学成分较为相似。但与真实月壤样品相比,CUG-1B 模拟月壤中的 CaO 的含量低于实际月壤,而 Na_2O、K_2O 的含量却高于真实月壤样品。将上述碱性橄榄玄武岩原料去湿粉碎后,就地加工筛分大于 1 mm 的颗粒,并将小于 1 mm 的颗粒样品采用雷蒙磨加工。加工后粒度由大到小依次为 0.1 ~ 1 mm、0.075 ~ 0.1 mm、0.05 ~ 0.075 mm、0.025 ~ 0.05 mm、0.01 ~ 0.025 mm 和 0 ~ 0.01 mm。各粒度级配的模拟月壤样品的颗粒粒度统计见表 5.7。

表 5.7　模拟月壤样品的颗粒粒度统计　　　　　　　　　　　　mm

序号	1	2	3	4	5	6
技术指标	0 ~ 0.01	0.01 ~ 0.025	0.025 ~ 0.05	0.05 ~ 0.075	0.075 ~ 0.1	0.1 ~ 1
中值粒度	0.009 3	0.01	0.029	0.064	0.090	0.41

对比表 5.7 中模拟月壤的颗粒粒度参数与真实月壤颗粒粒度可知,经过雷蒙磨加工并筛分后的模拟月壤覆盖了真实月壤的粒度范围,其中 0.1 ~ 1 mm 区

间的模拟月壤粒度与真实月壤的平均粒度最为接近,因此后续贯入器贯入效能试验中将采用此区间的模拟月壤作为制备原料。

(2)模拟月壤的密度。

在矿物组成、化学成分相似的前提下,对 CUG－1B 模拟月壤密度与真实月壤密度进行比对。根据图 5.45 分析,CUG－1B 模拟月壤的密度可以覆盖大部分真实月壤的密度分布范围。

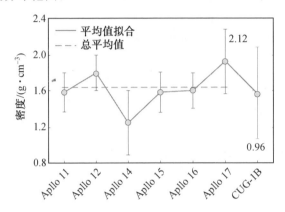

图 5.45 模拟月壤的密度与真实月壤的密度对比

(3)模拟月壤的孔隙比和孔隙率。

CUG-1B 模拟月壤在松散、紧实状态下对应的密度、孔隙比和相对密度参数,见表 5.8。CUG-1B 模拟月壤最大孔隙比为 1.93,最小孔隙比为 0.884。与真实月壤相比,CUG-1B 模拟月壤在孔隙比、密度、相对密度等方面的数据与其比较接近。

表 5.8 模拟月壤密度、相对密度和孔隙比

样品	密度 /(g·cm^{-3})		孔隙比		相对密度 /(g·cm^{-3})
	松散	紧实	松散	紧实	
CUG-1B	0.96～1.09	1.29～2.12	1.93～0.884	0.391～1.213	75%～95%

(4)模拟月壤的抗剪性和压缩性。

针对模拟月壤的土力学参数测量,通过剪切试验原理,采用等应变直接剪切仪和测微量表等装置完成,测得的内摩擦角、内聚力参数如图 5.46 和图 5.47 所示。CUG-1B 模拟月壤的内摩擦角为 $29.1°～34.23°$,内聚力为 $0.33～5.48$ kPa;而实际月壤的内摩擦角为 $30°～50°$,内聚力为 $0.03～2.1$ kPa。内摩擦角的变化范围落在实际月壤范围内,但普遍偏低。在相同密度情况下,内摩擦角大致随着颗粒粒度增大而增大,配制月壤时可以通过加入部分大颗粒样品提高其整体内摩擦角;内聚力的变化范围基本覆盖实际月壤范围,并且随着颗粒粒度增大而降低,线性关系很好。模拟月壤的物理及力学性质与实际月壤符合度

比较见表 5.9。

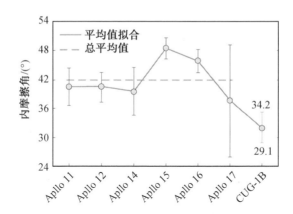

图 5.46　模拟月壤与真实月壤的内摩擦角对比

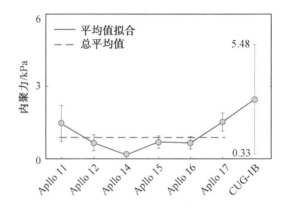

图 5.47　模拟月壤与真实月壤的内聚力对比

表 5.9　模拟月壤的物理及力学性质与实际月壤符合度比较

参数	实际月壤	模拟月壤	单位
粒度范围	＜1	＜1	mm
密度	1.3～2.29	1.29～2.12	g/cm³
内摩擦角	30～50	29.1～34.2	(°)
内聚力	＜0.03～2.1	0.33～5.48	kPa
压缩系数	＜3	0.01～1.19	—

针对上述分析可以发现,模拟月壤的矿物类别、化学成分与真实月壤的相似性较好,后续的冲击作动式贯入器地面验证试验将以 CUG-1B 模拟月壤作为试验原料。

5.4.1.2 模拟月壤剖面试验样本制备

在模拟月壤原料、贯入器构型及月壤桶边界参数确定以后,模拟月壤的相对密度是决定贯入阻力、力学行为的主要因素,其相对密度可以通过试验样本制备方法加以改变并且可控。本节依据作业负载的等效性与覆盖性原则,利用CUG-1B模拟月壤原料,研制了三维振动压实工艺和装备,制备出了供贯入器专用的大尺度模拟月壤剖面试验样本,支撑了贯入器的地面试验开展。

三维振动压实是一种获得高密度模拟月壤试验样本的制备方法,通过三维振动压实方法制备出的模拟月壤试验样本在沿深度方向上的均一性较好,可制备的模拟月壤试验样本密度较高,且压制力小。

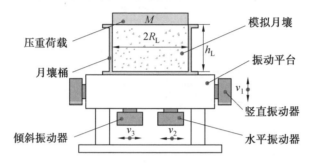

图 5.48 三维振动压实原理示意图

工作原理:依靠振动和压力将固体粉末压实结合在一起,压制粉末致密度高,压制力小,适合模拟月壤试验样本的制备要求。本节采用下振上压式振实模块,通过振动改变模拟月壤颗粒间的位置关系,在压重荷载力的作用下,月壤颗粒间的孔隙率逐渐减小,从而提高模拟月壤的密度,下振上压式振实工艺的工作原理如图 5.48 所示。由于振动作用使材料的内部摩擦急剧减小,剪切强度降低,抗压阻力变得很小,因而在压重荷载的作用下易于压实。在模拟月壤制备的过程中,利用质量体积法测定模拟月壤的相对密度,对每一次输入的深层模拟月壤质量进行记录,待振动完毕后测量试验槽内土壤高度,从而得到本阶段模拟月壤体积,模拟月壤质量与其比值即为本阶段的模拟月壤密度。

模拟月壤试验样本制备装备主要包括:用于存储模拟月壤的月壤桶;用于提供能对月壤桶提供 X 轴、Y 轴、Z 轴 3 个维度振动运动的三维振动平台;作用于模拟月壤表面的压重荷载,在三维振动运作的同时依靠自重给模拟月壤提供压实力,实现模拟月壤的三维振动压实。其装备的性能指标见表 5.10。

表 5.10　　模拟月壤试验样本制备装置性能指标

三维振动台 型号	月壤桶内部尺寸 /(mm × mm)	激振点	激振力 /kN	振动频率 /Hz	振幅 /mm
ZP-6-Ⅱ	φ630 × 445	6	30	20 ~ 50	0.5 ~ 2.5

制备流程:首先将模拟月壤桶转运到振实工作区域,并在三维振动平台上固定;将已经制备好的具有一定粒度级配的模拟月壤原料,进行一次性定量上料至模拟月壤桶当中;待上料结束后,通过吊车放置压重荷载;启动三维振动平台,首先 Z 方向振动 5 min,频率 30 Hz,然后 X、Y、Z 3 个方向振动器全部开启,3 个方向振动频率均调整至 30 Hz,振动 15 min,完成一个三维振动周期;模拟月壤内部形成上下与水平的振动波,在振动平台与压重荷载的共同作用下桶内模拟月壤逐步被压实;在此过程中要进行模拟月壤密实度检测,如图 5.49 所示,当模拟月壤达到所需密实度时,停止振动平台振动,吊出压重荷载;续接月壤桶,并重复上述的上料、振实过程,最终获得具有一定深度且满足贯入器剖面密实度特性需求的模拟月壤。

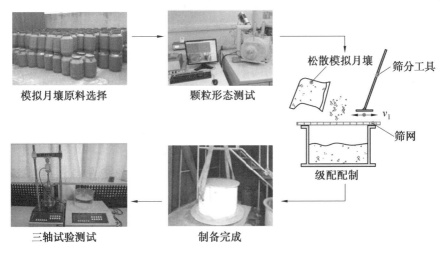

图 5.49　　模拟月壤剖面密实度制备装置及试验流程图

通过上述对真实月壤样品、模拟月壤试验样本的物理与特性调研可以得知,月壤的抗剪性和压缩性等物理参数与月壤的相对密度是一一对应的。因此,对于冲击作动式贯入器贯入效能来说,内聚力、内摩擦角、密度等模拟月壤的物理特性参数可以与相对密度参数等效。表 5.11 为 CUG-1B 模拟月壤,基于颗粒粒度范围为 0.1 ~ 1.0 mm,不同相对密度下的应力密度、孔隙比、内摩擦角和内聚力参数的对应关系。

表 5.11　地面试验所用的模拟月壤参数表

颗粒粒度/mm	相对密度/%	密度/(g·cm⁻³)	孔隙比	内摩擦角/(°)	内聚力/kPa
	75	1.99	0.477	30.53	0.33
	80	2.02	0.455	31.42	0.93
0.1~1.0	85	2.05	0.434	32.33	1.47
	90	2.08	0.412	33.28	2.08
	95	2.12	0.391	34.23	2.72

5.4.2　面向贯入效能的贯入器设计参数试验验证

通过高效能贯入关键因素分析可得,贯入效能分别与贯入体优选构型参数、核心单元的质量和刚度匹配参数、贯入规程参数、模拟月壤密实度参数相关。基于试验的方法,分别对这 4 方面的影响因素进行研究,获得贯入器基于不同影响因素的负载包络,为后续的贯入器原理样机研制提供依据。

5.4.2.1　贯入器优选构型参数试验验证

贯入器优选构型参数主要是指贯入体构型参数的优化结果,作为直接与月壤剖面接触的部分,其构型参数直接影响贯入器的贯入效能。本次试验针对优化后的内凹形贯入体(构型基准角为 32.4°、内凹形锥角为 10°)和 32.4° 锥形贯入体进行试验验证,并确定最优构型贯入体。

本次试验利用模拟月壤接触模型参数匹配试验台进行试验,其试验流程:首先,将制备好相对密度为 85% 模拟月壤的月壤桶转移至指定工作位置,并与移动机构及其附件的接口进行固定;其次,选取包络尺寸为 $\phi30$ mm×550 mm 的支承导向体,再选取内凹形贯入体,将二者安装在指定的工作位置,并打开数据采集系统的相关测试程序;然后,由上位机发送指令,电动推杆以 1 mm/s 的恒定速度使贯入器贯入模拟月壤剖面中,当压力值将要达到其传感器的预警值时,贯入器停止贯入,记录并保存数据;最后,更换 32.4° 锥形贯入体进行试验,并获取数据。其试验结果如图 5.50 所示。

两种贯入体分别随贯入深度的增加而变大,锥形贯入体受到的阻力明显大于内凹形贯入体受到的阻力;在受到相同阻力情况下,锥形贯入体的贯入深度小于内凹形贯入体的贯入深度,并验证基于离散元仿真手段对贯入体构型优化的结果。

5.4.2.2　质量和刚度匹配参数试验验证

冲击作动式贯入器核心单元包括驱动单元(M_0)、冲击锤(M_1)、贯入单元(M_2)、缓冲弹簧(k_0)和储能弹簧(k_1)。贯入器核心单元间质量及刚度参数匹配的优化结果,是影响冲击能量传递效率的重要因素。本次试验结合月球特殊作

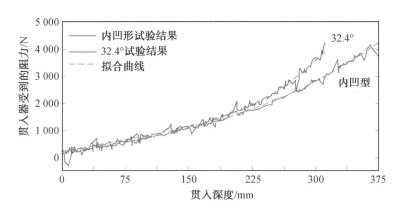

图 5.50　32.4° 锥形贯入体和内凹形贯入体的对比试验结果

业环境,当贯入器处于失重状态时,对冲击传递物理模型准确性进行试验验证,
设计并搭建冲击传递特性试验平台。(该平台可以为模拟贯入器提供几种特殊
重力环境下的试验条件),并分析贯入器核心单元的质量比和刚度比对能量传递
效率的影响规律。

　　质量和刚度匹配参数试验的主要设备包括冲击传递特性试验平台、高速摄
像机、数据采集系统、模拟贯入器等部件,如图 5.51 所示。所匹配的质量单元 M_x
的质量包括 64 g、128 g 和 192 g 3 种规格,通过螺杆将不同配重的质量与模拟冲
击作动源(M_0')、模拟冲击锤(M_1')和模拟贯入器(M_2')连接在一起,以满足不同的
质量匹配需求。

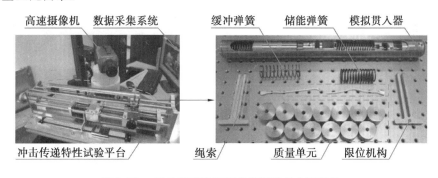

图 5.51　质量和刚度匹配参数试验的主要设备

　　模拟冲击作动源(M_0')、模拟冲击锤(M_1')和模拟贯入器(M_2')的初始质量分
别为 289 g、355 g 和 846 g,其质量变化范围为 64 ~ 1 024 g,试验过程中,质量单
元增量步长均为 64 g。缓冲弹簧刚度(k_0)和储能弹簧刚度(k_1)的变化范围为 0.
3 ~ 9.8 N/mm,试验参数见表 5.12。

表 5.12 质量和刚度匹配参数试验的参数表

参数	符号	数值	单位
模拟冲击作动源包络尺寸	—	$\phi 33 \times 70$	mm×mm
模拟冲击锤包络尺寸	—	$\phi 33 \times 80$	mm×mm
模拟贯入器包络尺寸	—	$\phi 40 \times 400$	mm×mm
模拟冲击作动源质量	M_0'	$289 + M_x$	g
模拟冲击锤质量	M_1'	$355 + M_x$	g
模拟贯入器质量	M_2'	$846 + M_x$	g
匹配的质量单元	M_x	$64 \sim 1\,024$	g
缓冲弹簧刚度	k_0	0.3/0.5/1/2/2.9/3.9/4.9/9.8	N/mm
储能弹簧刚度	k_1	0.3/0.5/1/2/2.9/3.9/4.9/9.8	N/mm

准备过程:首先,选取所需要的匹配质量单元,利用螺杆将选好的匹配质量单元与模拟冲击作动源(M_0')、模拟冲击锤(M_1')和模拟贯入器(M_2')连接在一起,与选好的缓冲弹簧和储能弹簧一起放入模拟器贯入器(M_2')的内部;其次,将匹配好的模拟贯入器(M_2')放在冲击传递特性试验平台上,摇动手轮,通过限位机构对储能弹簧进行压缩,其压缩量可由数显卡尺读出;然后,将一根用于限制储能弹簧释放的绳索安装在模拟冲击作动源(M_0')和模拟冲击锤(M_1')之间的限位槽中,同时拔出限位机构,并将模拟冲击作动源(M_0')、模拟冲击锤(M_1')和模拟贯入器(M_2')三者贴上用于高速摄像机捕捉的 Mark 点;最后,打开数据采集系统的相关测试程序,并将高速摄像机和补光灯调至测试时所需要的最佳状态。其准备工作过程如图 5.52(a) 所示。

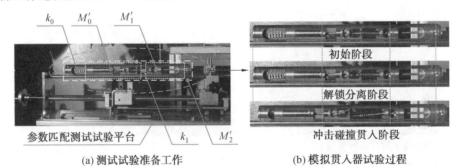

(a) 测试试验准备工作   (b) 模拟贯入器试验过程

图 5.52 质量和刚度匹配参数试验过程

试验流程:首先,将解锁工具放置绳索指定位置,高速摄像机需要提前进行捕捉试验;然后,解锁工作将绳索剪断,模拟冲击作动源(M_0')和模拟冲击锤(M_1')被同时释放,并向相反方向运动,同时,模拟冲击作动源(M_0')压缩缓冲弹簧(k_0),模拟冲击锤(M_1')与模拟贯入器(M_2')发生碰撞;最后,经过周期性运动之后,模拟冲击锤(M_1')和模拟贯入器(M_2')一起向前运动一定距离,并在阻力的作用下停止,打开数据采集系统的相关测试程序,记录并保存数据。其试验过程如图 5.

52(b)所示。

　　根据上述试验过程,依次改变试验中关键部件所需要匹配的质量,经过大量的质量和刚度匹配参数试验,得到模拟贯入器(M_2')运动位移与关键部件的质量比和两弹簧的刚度比之间的影响关系。在测试试验过程中,结合物理模型参数匹配的结果,为了降低试验时间成本,将储能弹簧(k_1)的压缩量每次都控制为 20 mm。在试验过程中,模拟贯入器外部的合力 N 值是由试验测试获得的,试验过程中阻力 N 值均采用此测试中所得结果数据。

　　通过 MATLAB 数值仿真分析,可以得到在相同能量的单次碰撞情况下,冲击锤 M_1 碰撞贯入单元 M_2 以后位移 S 的优化结果,其中,贯入单元 M_2 的最大位移是 124.2 mm,最小位移是 -5.3 mm。其参数优化结果见表 5.13。

表 5.13　　冲击传递物理模型参数优化结果

参数	符号	数值		单位
冲击作动源质量	M_0	0.1	0.3	kg
冲击锤质量	M_1	1.1	1.1	kg
贯入单元质量	M_2	0.3	0.1	kg
缓冲弹簧刚度	k_0	1.5	9.5	N/mm
储能弹簧刚度	k_1	8.5	4.5	N/mm
动摩擦力系数	μ_k	0.15	0.15	——
贯入单元位移	S	124.2	-5.3	mm

　　在有限的试验条件下,利用冲击传递特性试验平台对其物理模型的理论结果进行试验验证,得出其位移 S 随匹配参数 n 的变化关系,对贯入单元(M_2)的位移大小进行排序,如图 5.53 所示,并挑出具有代表性的 13 组测试试验结果与理论结果进行对比,见表 5.14。

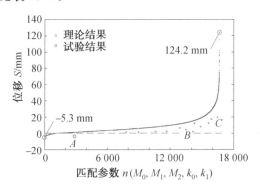

图 5.53　　位移随匹配参数的变化:S 与 n 的关系

表 5.14　贯入单元位移 S 理论结果与测试试验结果对比分析

位移序号	理论结果 /mm	试验结果 /mm	对比位移点
1	1.09	− 1.205	A
2	3.206	1.505	
3	3.885	1.329	
4	4.93	2.29	
5	5.828	2.521	
6	7.144	6.728	
7	8.156	4.844	B
8	9.467	2.491	
9	13.54	12.45	
10	11.34	8.409	
11	20.73	12.71	
12	24.62	17.73	
13	37.76	19.91	C

对试验点(A 点、B 点和 C 点)进行位移和速度的试验验证对比分析:

①A 点参数匹配条件:冲击作动源质量 $M_0 = 801$ g,冲击锤质量 $M_1 = 355$ g,贯入单元质量 $M_2 = 846$ g,缓冲弹簧刚度 $k_0 = 4.9$ N/mm,储能弹簧刚度 $k_1 = 1$ N/mm。

根据图 5.54 分析,贯入单元位移 S 的理论结果比试验结果略大,而且冲击锤(M_1)与贯入单元(M_2)碰撞时间的理论结果比试验结果略延迟一些,但变化趋势是一致的,根据对比曲线可以发现,贯入单元 M_2 运动停止时间的理论结果比试验结果略延迟一些;在发生碰撞之前,速度 v 的理论结果比试验结果略大,但在发生碰撞之后,速度 v 的理论结果与试验结果基本一致,并且贯入单元 M_2 速度变化趋势基本相同。

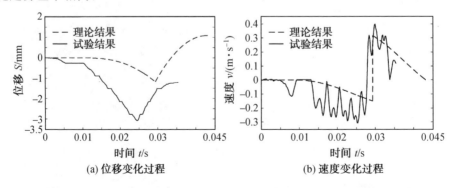

(a) 位移变化过程　　　　　　(b) 速度变化过程

图 5.54　理论结果与试验结果关于 A 点对比分析:位移和速度随时间变化

B 点参数匹配条件:冲击作动源质量 $M_0 = 801$ g,冲击锤质量 $M_1 = 355$ g,贯入单元质量 $M_2 = 846$ g,缓冲弹簧刚度 $k_0 = 4.9$ N/mm,储能弹簧刚度 $k_1 = 9.8$ N/mm。

根据图 5.55 分析,贯入单元位移 S 的理论结果比试验结果在初始阶段基本一致,发生碰撞之后,位移 S 的理论结果比试验结果略大,而且冲击锤(M_1)与贯入单元(M_2)碰撞时间的理论结果比试验结果略延迟一些,但变化趋势是一致的,根据对比曲线可以发现,贯入单元(M_2)运动停止时间的理论结果比试验结果略延迟一些;在发生碰撞之前,速度 v 的理论结果与试验结果基本一致,但在发生碰撞之后,速度 v 的理论结果比试验结果略大,并且贯入单元 M_2 速度变化趋势基本相同。

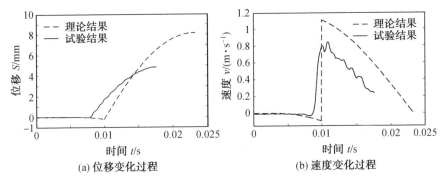

(a) 位移变化过程　　　　　　　　　　(b) 速度变化过程

图 5.55　理论结果与试验结果关于 B 点对比分析:位移和速度随时间变化

C 点参数匹配条件:冲击作动源质量 $M_0 = 801$ g,冲击锤质量 $M_1 = 355$ g,贯入单元质量 $M_2 = 846$ g,缓冲弹簧刚度 $k_0 = 0.3$ N/mm,储能弹簧刚度 $k_1 = 9.8$ N/mm。

根据图 5.56 分析,贯入单元位移 S 的理论结果比试验结果整体变化确实略大,而且冲击锤(M_1)与贯入单元(M_2)碰撞时间的理论结果比试验结果略延迟一些,根据对比曲线可以发现,贯入单元(M_2)运动停止时间的理论结果比试验结果略延迟一些;在发生碰撞之前,速度 v 的理论结果比试验结果略小,但在发生碰撞之后,速度 v 的理论结果比试验结果略大,并且贯入单元 M_2 速度变化趋势基本相同。

通过上述对选取点(A 点、B 点和 C 点)的位移 S 和速度 v 随时间变化分析可知,位移 S 的理论结果比试验结果略大,碰撞发生时间的理论结果比试验结果略延迟一些;速度 v 的理论结果与试验结果变化基本一致,并且都在误差允许范围内。其速度对比分析见表 5.15。

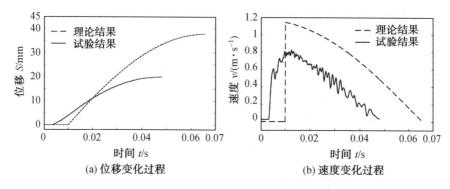

(a) 位移变化过程　　　　　　　(b) 速度变化过程

图 5.56　理论结果与试验结果关于 C 点对比分析:位移随时间变化

表 5.15　选取点 A、B、C 点速度值对比分析参数表

参数	数值			单位
对比点	A	B	C	—
第一次碰撞后模拟贯入器最大速度理论结果	0.315 1	1.106	1.141	m/s
第一次碰撞后模拟贯入器最大速度试验结果	0.398 1	0.840 4	0.826 2	m/s
第一次碰撞时间理论结果	0.029 3	0.01	0.01	s
第一次碰撞时间试验结果	0.027 2	0.008 4	0.003 4	s

通过理论结果与试验结果对比分析发现,碰撞时间存在一些差异,可能造成影响碰撞时间的因素主要包括:① 物理模型数值仿真计算过程中,由碰撞时间取值而造成的;② 测试试验过程中,由高速相机捕获数据时存在时延而造成的。

5.4.2.3　贯入规程参数试验验证

贯入规程参数具体是指贯入器的冲击频率和冲击功,针对给定的贯入规程参数,冲击频率和冲击功对贯入效率的影响是十分必要的。一方面,在单一贯入规程参数变化的作用下,可以获得冲击频率 / 冲击功对贯入效率的影响;另一方面,在冲击频率和冲击功的双重作用下,基于双因素极差分析方法对贯入效率的敏感度进行研究,获取以高贯入效率为原则的贯入规程参数确定决策。本次试验是在冲击贯入效能试验平台上进行,该平台可以对不同冲击频率和冲击功进行单一贯入规程参数试验。

冲击贯入效能试验平台的主要设备包括驱动电机、储能装置、贯入体、月壤桶和数据采集系统,其设计指标见表 5.16,平台系统组成如图 5.57 所示。

表 5.16　冲击贯入效能试验平台设计指标

测试平台包络尺寸 /(mm×mm×mm)	贯入体锥角 /(°)	驱动电机功率 /W	工作行程 /mm	冲击功 /J	冲击频率 /Hz
1 100×1 100×1 550	32.4	400	0~750	0~5	0~0.5

试验流程:首先,将制备好相对密度为 85% 模拟月壤的月壤桶转移至指定

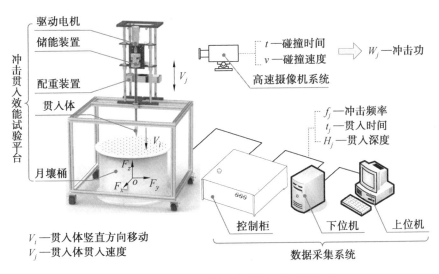

图 5.57　　冲击贯入效能试验平台的系统组成

工作位置;其次,选取包络尺寸为 ϕ30 mm×550 mm 的支承导向体,再选取32.4°锥形贯入体,固定于指定接口,通过改变储能装置中的储能弹簧压缩量和刚度大小,完成冲击功的匹配工作,并将冲击锤、支承导向体和贯入体贴上用于高速摄像机捕捉的 Mark 点,打开数据采集系统的相关测试程序,再将高速摄像机和补光灯调至测试时所需要的最佳状态;再次,由数据采集系统中的上位机发送指令,通过调节驱动电机的转速来改变冲击频率,贯入体在指定的冲击功和冲击频率实现间歇性贯入;然后,利用高速摄像机捕获 Mark 点,并通过后处理软件获得冲击功;最后,当贯入时间达到 15 min 时,试验结束,记录并保存数据,如图 5.58所示。

图 5.58　　冲击贯入效能试验平台及试验流程

本次试验选取冲击频率分别为 0.02 Hz、0.05 Hz、0.1 Hz 和 0.5 Hz,冲击功分别为 0.5 J、1 J、1.5 J 和 2 J 进行分析,共有 16 组不同贯入规程参数试验,试验结果如图 5.59 和图 5.60 所示。

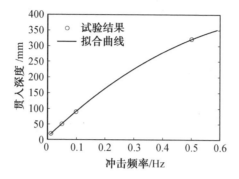

图 5.59　冲击频率对贯入深度的影响

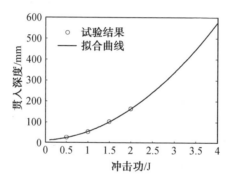

图 5.60　冲击功对贯入深度的影响

试验结果中,定义贯入过程的平均贯入速率为试验贯入效率。冲击频率、冲击功对贯入效率的影响因素分别为 F_a 和 F_b。其计算方法如下:

$$
\begin{cases}
F_a = \dfrac{\dfrac{1}{b}\sum\limits_{i=1}^{a} T_j^2 - \dfrac{T^2}{ab}}{a-1} / F_T \\[4mm]
F_b = \dfrac{\dfrac{1}{a}\sum\limits_{j=1}^{b} T_j^2 - \dfrac{T^2}{ab}}{b-1} / F_T \\[4mm]
F_T = \dfrac{\sum\limits_{i=1}^{a}\sum\limits_{j=1}^{b} X_{ij}^2 - \dfrac{T^2}{ab} - \dfrac{1}{b}\sum\limits_{i=1}^{a} T_i^2 - \dfrac{T^2}{ab} - \dfrac{1}{a}\sum\limits_{j=1}^{b} T_j^2 - \dfrac{T^2}{ab}}{(a-1)\times(b-1)}
\end{cases}
\tag{5.61}
$$

式中　T_i——在第 i 组冲击功作用下,不同冲击频率贯入效率的求和值;

　　　T_j——在第 j 组冲击频率作用下,不同冲击功贯入效率的求和值;

X_{ij}——第 i 组冲击功、第 j 组冲击频率作用下的贯入效率值；

a——试验中冲击功设定的组别数量；

b——试验中冲击频率设定的组别数量；

T——正交试验中所有贯入效率的求和值，$T = \sum\limits_{a}^{i=1} \sum\limits_{b}^{j=1} X_{ij} = \sum\limits_{b}^{j=1} \sum\limits_{a}^{i=1} X_{ij}$；

F_T——正交试验中系统误差引入的影响因素值。

针对冲击频率和冲击功双因素作用，采用二因素极差分析方法对试验结果进行分析，见表 5.17。

表 5.17　　不同冲击频率和冲击功下的贯入效率结果统计

参数 T_j、X_j	冲击功 a/J	冲击频率 b/Hz				参数 T_i、X_i	
		0.02	0.05	0.1	0.5	$T_i = \sum\limits_{b}^{j=1} X_{ij}$	$X_i = T_i/b$
—	—	0.02	0.05	0.1	0.5	$T_i = \sum\limits_{b}^{j=1} X_{ij}$	$X_i = T_i/b$
—	0.5	30	47	77	102	256	64
—	1	53	120	196	210	579	144.75
—	1.5	77	178	260	370	885	221.25
—	2	110	320	450	530	1 410	352.5
$T_j = \sum\limits_{a}^{i=1} X_{ij}$	—	270	665	983	1 212	$T = 3\ 130$	—
$X_j = T_j/a$	—	67.5	166.25	247.75	303	—	—

将表 5.17 中的试验数据代入式(5.61)，可以的得到 $F_a = 13.3$，$F_b = 9.2$，即有 $F_a > F_b$，通过双因素极差分析理论可以得知，在当前的贯入规程参数范围内，冲击功的敏感度要明显优于冲击频率，因此在贯入规程参数选择上确定了低频大冲击功的设计思想。

5.4.2.4　　模拟月壤密实度参数对贯入效能的影响验证

模拟月壤密实度特性是用来评价冲击作动式贯入器贯入过程难易程度的重要指标。本次试验的目的是验证贯入器在不同相对密度下的贯入效率，从而得到贯入器针对模拟月壤的负载包络区域。

本次试验是在冲击贯入效能试验平台上进行，该平台可以获得不同相对密度模拟月壤达到其临界破坏力时所需要的最小冲击功，进而分析贯入体构型对贯入效率的影响。模拟月壤密实特性对冲击贯入效率的影响试验参数如下：锥形贯入体锥角为 32.4°，支承导向体外径为 30 mm，冲击频率为 0.5 Hz，冲击功为 1 J，贯入时间为 75 min，分别对相对密度为 75%、80%、85%、90% 的模拟月壤开展试验。

根据对图 5.61 的分析，基于当前冲击作动下，贯入器可以实现相对密度为 90% 模拟月壤的贯入，可以发现模拟月壤相对密度越小，贯入器的的贯入效率越高；在提高贯入效率的同时，应减少模拟月壤对贯入效能的影响。

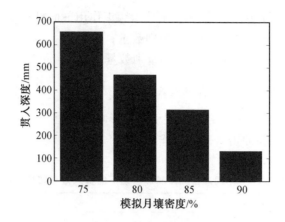

图 5.61 不同密实特性模拟月壤的贯入效率分析

5.4.3 原理样机研制及其贯入效能验证

5.4.3.1 冲击作动式贯入器原理样机研制

根据备选方案设计情况及备选方案的综合对比,确认"凸轮绳驱储能式贯入器"作为优选方案,并对贯入器原理样机进行了详细设计,如图 5.62 所示。

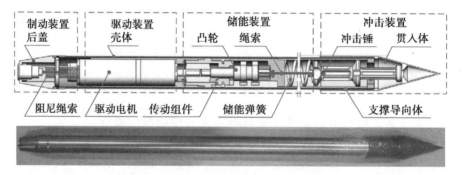

图 5.62 凸轮绳驱储能式贯入器原理样机及三维图

储能装置为贯入器的关键部分,由凸轮绳驱机构和储能弹簧等部件组成,对凸轮绳驱机构进行力学和构型参数分析,如图 5.63 所示。

对储能机构中的力学参数和构型参数进行定义,见表 5.18。

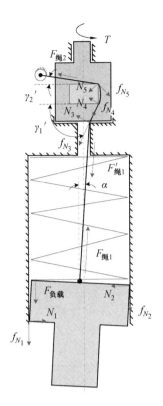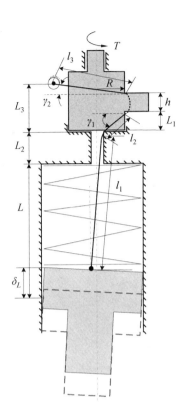

图 5.63　　冲击作动式贯入器凸轮绳驱机构受力分析

表 5.18　　储能机构受力分析参数定义

符号	定义	单位
L	弹簧初始长度	mm
L_1	凸轮下端高度	mm
L_2	冲击套筒高度	mm
L_3	凸轮上端高度	mm
δ_L	储能弹簧压缩量	mm
h	平面凸轮驱动爪高度	mm
l_1	冲击套筒至冲击锤绳索长度	mm
l_2	冲击套筒至平面凸轮驱动爪下端面的绳索长度	mm
l_3	绳固定端至平面凸轮驱动爪上端面的绳索长度	mm
R	凸轮主体部分半径	mm
γ_1	绳在冲击套筒支承点与平面凸轮驱动爪所在下平面所呈角度	(°)

表5.18(续)

符号	定义	单位
γ_2	绳固定端与平面凸轮驱动爪所在上平面所呈角度	(°)
α	l_1 段绳索与竖直方向夹角	(°)
$F_{负载}$	冲击锤重力	N
$F_{绳1}$	l_1 段绳索张紧力	N
$F'_{绳1}$	l_1 段绳索张紧力	N
$F_{绳2}$	l_3 段绳索张紧力	N
F	平面凸轮切向负载	N
N_i	绳索与接触部分正压力($i = 1,2,3,4,5$)	N
f_{N_i}	绳索与接触部分产生的摩擦力($i = 1,2,3,4,5$)	N
T	平面凸轮负载扭矩	N·m
μ_1	钢与钢摩擦系数	—
μ_2	钢与绳间摩擦系数	—
k	储能弹簧刚度	N/m

对储能装置中凸轮绳驱机构的扭矩进行分析,根据凸轮绳驱机构关键点位置,可将平面凸轮绕绳过程分为3个阶段,如图5.64所示。其中预紧力初始点对应绳索固定端,提升初始点对应 l_1 段与 l_2 段的分界点,脱绳初始点对应于解锁凸轮作用点。

凸轮通过初始点后,转过角度为 β 时,绕绳段 l_2 长度为

$$l_2 = \sqrt{(R\beta)^2 + L_1^2} \tag{5.62}$$

根据图5.63中的几何关系,可得

$$l_3 = \sqrt{R^2 + (R+r)^2 + R\left[\alpha_2 + \beta - \arccos\left(\frac{R}{R+r}\right)\right]^2 + (L_3 - L_1 - h)^2} \tag{5.63}$$

当 $\beta = 0$ 时,弹簧的压缩量为绳索的缩短量,可得

$$\delta_L = \frac{l_3 + l_2 - l'_3 - l'_2}{\cos\alpha} \tag{5.64}$$

由冲击锤竖直方向受力平衡可以得到

$$\begin{aligned} F_{绳1}\cos\alpha &= F_{负载} + f_{N_1} + f_{N_2} \\ &= k\delta_L + \mu_1 N_1 + \mu_1 N_2 \end{aligned} \tag{5.65}$$

由绳内部的张紧力平衡可以得到

$$F_{绳2} = F'_{绳1} + f_{N_3} + f_{N_4} + f_{N_5}$$

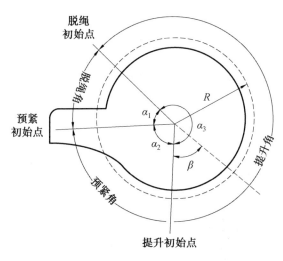

图 5.64　储能机构工作过程分析

$$= F_{绳1} + \mu_2 N_3 + \mu_2 N_4 + \mu_2 N_5 \tag{5.66}$$

综上可得凸轮所需的驱动力矩 T 为

$$\begin{cases} T = FR \\ F = (F'_{绳1} + f_{N_3}) \cos \gamma_1 + F_{绳2} \cos \gamma_2 \end{cases} \tag{5.67}$$

凸轮绳驱储能式贯入器原理样机(备选方案2)与典型方案(偏心凸轮作动储能的贯入器),构型参数优化前后对比见表 5.19。

表 5.19　贯入器原理样机优化前后对比参数表

参数	典型方案	凸轮绳驱储能式	单位
冲击作动式贯入器总体外径	$\phi 38$	$\phi 28.5$	mm
冲击作动式贯入器总体长度	294	515	mm
贯入体角度	45	32.4	(°)
冲击作动式贯入器总质量	962	850	g
冲击锤质量	317	64.2	g
冲击作动源质量	410	600	g
储能弹簧刚度	12	2.7	N/mm
缓冲弹簧刚度	0.1	0.5	N/mm
储能行程	12	30	mm
单次冲击功	0.58	1.22	J

5.4.3.2　贯入效能综合特性测试试验

贯入效能综合特性测试试验是指将所研制的冲击作动式贯入器原理样机,针对指定的模拟月壤进行整机测试试验。试验主要设备包括冲击作动式贯入器原理样机及辅助机构、数据采集系统、月壤桶和高速摄像机系统。

(1) 准备过程。首先,将制备好相对密度为 85% 模拟月壤的月壤桶转移至指定工作位置;然后,将冲击作动式贯入器原理样机与辅助机构接口配合;最后,将贯入器贴上用于高速摄像机捕捉的 Mark 点,打开数据采集系统的相关测试程序,并将高速摄像机和补光灯调至测试时所需要的最佳状态,本试验采用型号为 Phanto V12 的高速摄像机,设置分辨率为 800 mm × 600 mm,为满足贯入器动态性能测试要求,设置拍摄速率为 5 000 幅/s。

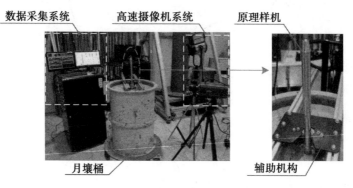

数据采集系统　高速摄像机系统　原理样机

月壤桶　辅助机构

图 5.65　冲击作动式贯入器原理样机试验及试验流程

(2) 试验流程。利用冲击作动式贯入器开展贯入效能试验,设置贯入器冲击频率为 10 s 撞击一次,冲击功为 1.22 J,当贯入器完成贯入模拟月壤剖面时,试验停止,记录并保存数据。录制视频完成后对视频进行合理截取并保存,导入后处理软件进行数据分析,贯入器原理样机贯入过程如图 5.66 所示。

(a) 初始阶段　(b) 贯入体贯入阶段　(c) 支撑导向体贯入阶段　(d) 完全贯入阶段

图 5.66　贯入器原理样机贯入过程

优化后的冲击作动式贯入器原理样机可以实现完全贯入过程,全程试验时间为 2 h 29 min,贯入深度为 545 mm,总冲击次数为 894 次;在贯入深度达到

545 mm 时,冲击作动式贯入器仍具有贯入能力,但单次冲击贯入位移逐渐减小,得到贯入器贯入深度随冲击次数变化曲线,如图 5.67 所示。

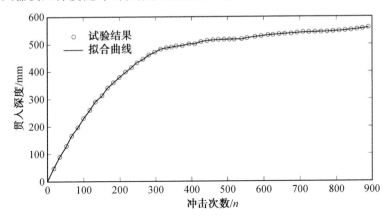

图 5.67　贯入器贯入深度随冲击次数变化曲线

参 考 文 献

[1] 张伟伟. 次表层月壤蠕动掘进式潜探技术研究[D]. 哈尔滨:哈尔滨工业大学,2019.

[2] 赵德明. 月壤钻进排屑模型与曲面螺旋式取心钻具研究[D]. 哈尔滨:哈尔滨工业大学,2016.

[3] 李鹏. 月岩取心钻头及其低作用力高效能钻进特性研究[D]. 哈尔滨:哈尔滨工业大学,2017.

[4] 沈毅. 冲击作动式贯入器及其月壤剖面贯入力学特性研究[D]. 哈尔滨:哈尔滨工业大学,2017.

[5] 郑永春,欧阳自远,王世杰,等. 月壤的物理和机械性质[J]. 矿物岩石,2004,24(4):14-19.

[6] WILCOX BB, ROBINSON M S, THOMAS P C, et al. Constraints on the depth and variability of the lunar regolith[J]. Meteoritics & Planetary Science, 2005, 40(5): 695-710.

[7] BART G D, NICKERSON R D, LAWDER M T, et al. Global survey of lunar regolith depths from LROC images [J]. Icarus, 2011, 215(2): 485-490.

[8] CARRIER W D. Particle size distribution of lunar soil[J]. Geotech. Geoenviron. Eng., 2003, 129(10), 956-959.

[9] HEYWOOD H. Particle size and shape distribution for lunar fines sample 12057, 72[C] // Proc 2nd Lunar Science Conf. Cambridge:MIT Press,1971.

[10] SCOTT R F. The density of the lunar surface soil[J]. Journal of Geophysical Research, 1968,73(16): 5469-5471.

[11] CARRIER W D, OLHOEFT G R, MENDELL W. Physical properties of the lunar surface[J]. Lunar Sourcebook, 1991: 475-594.

[12] CARRIER W D, MITCHELL J K, MAHMOOD A. The relative density of lunar soil[J]. Geochim Cosmochim Acta, 1973 (4): 2403-2411.

[13] MITCHELL J K, HOUSTON W N, SCOTT R F, et al. Mechanical properties of lunar soil: Density, porosity, cohesion and angle of internal friction[C]//Lunar and Planetary Science Conference Proceedings. Cambridge, MA 02142-1493. Cambridge: The MIT Press, 1972.

[14] CREMERS C J, BIRKEBAK R C, DAWSON J P. Thermal conductivity of fines from Apollo 11[C]//Proceedinss of the Apollo 11 Lunar Science Conference Volume 3. New York: Pergammon Press, 1970.

[15] CREMERS C J, BIRKEBAK R C. Thermal conductivity of fines from Apollo 12[C]//Proceedings of the Lunar Science Conference Volume 3. Cambridge: The MIT Press, 1971.

[16] KEIHM S J, LANGSETH M G. Surface brightness temperatures at the Apollo 17 heat flow site: Thermal conductivity of the upper 15 cm regolith[C]//Proceedings of the Fourth Lunar Science Conference Volume 3. Cambridge: The MIT Press, 1980.

[17] HEMINGWAY B S, ROBIE R A, WILSONW H. Specific heats of lunar soils, basalt, and breccias from the Apollo 14, 15, and 16 landing sites, between 90 and 350 °K[C]// Proceedings of the Fourth Lunar Science Conference Volume 3. Cambridge: The MIT Press, 1980.

[18] 徐向华, 梁新刚, 任建勋. 月球表面热环境数值分析[J]. 宇航学报, 2006(2):153-156,200.

[19] 任德鹏, 夏新林, 贾阳. 月球坑的温度分布与瞬态热响应特性研究[J]. 宇航学报, 2007, 28(6):1533-1537.

[20] VASAVADA A R, PAIGE D A, WOOD S E. Near-surface temperatures on mercury and the moon and the stability of polar ice deposits[J]. Icarus, 1999, 141(2): 179-193.

[21] 周明星, 周建江, 汪飞, 等. 非均匀多层月壤微波辐射传输模型与亮温模拟[J]. 系统工程与电子技术, 2011, 33(2):276-281.

[22] MARAKUSHEV A A. Origin of the earth and moon in evolution of the solar system[J]. Earth Science Frontiers, 2002, 9(3):13-22.

[23] 邹永廖, 欧阳自远, 徐琳, 等. 月球表面的环境特征[J]. 第四纪研究, 2002, 22(6):533-539.

[24] 于雯, 李雄耀, 王世杰. 月球探测中月面热环境影响的研究现状[J]. 地球科学进展, 2012, 27(12): 1337-1343.

[25] 肖福根, 庞贺伟. 月球地质形貌及其环境概述[J]. 航天器环境工程, 2003, 20(2): 5-14.

[26] 叶培建, 肖福根. 月球探测工程中的月球环境问题[J]. 航天器环境工程, 2006, 23(1): 1-11.

[27] 丁希仑, 刘舒婷, 张涛. 月面钻进真空环境模拟装置的设计与验证[J]. 北京航空航天大学学报, 2016, 42(11): 2271-2278.

[28] 付晓辉, 邹永廖, 郑永春, 等. 月球表面太空风化作用及其效应[J]. 空间科学学报, 2011, 31(6): 704-715

[29] LAI J, XU Y, ZHANG X, et al. Structural analysis of lunar subsurface with chang'e—3 lunar penetrating radar[J]. Planetary and Space Science, 2016(120): 96-102.

[30] BHANDARI N, GOSWAMI J, LAL D, et al. Cosmic ray irradiation patterns of luna 16 and 20 soils: Implications to lunar surface dynamic processes[J]. Earth and Planetary Science Letters, 1973, 20(3): 372-380.

[31] FÜRI E, MARTYA B, ASSONOV S. Constraints on the flux of meteoritic and cometary water on the moon from volatile element (N-Ar) analyses of single lunar soil grains, luna 24 core[J]. Icarus, 2012, 218: 220-229.

[32] ALLTON J H. Catalog of apollo lunar surface geological sampling tools and containers[R]. Lockheed Engineering and Sciences Company, 1989.

[33] ZACNY K, BAR-COHENY. Mars prospective energy and material resources: drilling and excavation for construction and in-situ resource utilization[M]. Heidelberg: Springer, 2009.

[34] ACCOMAZZO A, FERRI P, LODIOT S, et al. Rosetta operations at the comet[J]. Acta Astronautica, 2015, 115: 434-441.

[35] FINZI A E, ZAZZERA F B, DAINESE C, et al. SD2-How to sample a comet[J]. Space Science Reviews, 2007, 128: 281-299.

[36] BOST N, RAMBOZ C, LEBRETON N, et al. Testing the ability of the ExoMars 2018 payload to document geological context and potential habitability on mars[J]. Planetary and Space Science, 2015(108): 87-97.

[37] MAGNANI P G, RE E, YLIKORPI T, et al. Deep drill (DeeDri) for

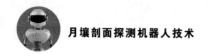

mars application[J]. Planetary and Space Science, 2004: 79-82.

[38] GLASS B J, DAVE A, MCKAY C P. Robotics and automation for "icebreaker"[J]. Journal of Field Robotics, 2014, 31(1): 192-205.

[39] PAULSEN G, ZACNY K, CHU P, et al. Robotic drill systems for planetary exploration[C]//Proceedings of AIAA Space 2006 Conference and Exposition. California: The American Institute of Aeronautics and Astronautics, 2006.

[40] STATHAM S M. Autonomous structural health monitoring technique for interplanetary drilling applications using laser doppler velocimenters[M]. Georgia: Georgia Institute of Technology, 2011.

[41] BAR-COHEN, ZACNY K. Drilling in extreme environments: penetration and sampling on earth and other planets[M]. Weinheim: WILEY-VCH, 2009.

[42] SHI X, DENG Z, QUAN Q, et al. Development of a drilling and coring test-bed for lunar subsurface exploration and preliminary experimental research[J]. Chinese Journal of Mechanical Engineering, 2014, 27(4): 673-682.

[43] 赵曾,孟炜杰,王国欣,等. 钻取式月壤采样器力载试验研究[C]// 中国宇航学会深空探测技术专业委员会第九届学术年会. 杭州:中国宇航学会, 2012.

[44] 鄢泰宁,冉恒谦,段新胜. 宇宙探索与钻探技术[J]. 探矿工程(岩土钻掘工程),2010,37(1):3-7.

[45] 丁希仑,李可佳,尹忠旺. 面向月壤采集的多杆深层采样器[J]. 宇航学报, 2009,30(3):1189-1194.

[46] ALLTON J. The Apollo 11 drive tubes [J/OL]. NASA, 1978, II.1: 1-29 [1978-03-24]. https://curator.jsc.nasa.gov/ lunar/ catalogs/ other/ APOLLO11_DRIVE_TUBES. pdf.

[47] CARRIER W D, JOHNSON S W, WERNER R A, et al. Disturbance in samples recovered with the Apollo core tubes[C]//Lunar and Planetary Science Conference Proceedings. Cambridge: The MIT Press, 1971.

[48] CARRIER W D, JOHNSON S W, CARRASCO H, et al. Core sample depth relationships: Apollo 14 and 15[C]//Lunar and Planetary Science Conference Proceedings. Cambridge: The MIT Press, 1972.

[49] ZACNY K, NAGIHARA S, HEDLUND M, et al. Pneumatic and percussive penetration approaches for heat flow probe emplacement on

robotic lunar missions[J]. Earth, Moon, and Planets, 2013, 111(1-2): 47-77.

[50] SPOHN T, BALL A J, SEIFERLIN K, et al. A heat flow and physical properties package for the surface of Mercury[J]. Planetary and Space Science, 2001, 49(14): 1571-1577.

[51] GRYGORCZUK J, BANASKIWICZ M, SEWERYN K, et al. MUPUS insertion device for the Rosetta mission[J]. Journal of Telecommunications and Information Technology, 2007(1): 50-53.

[52] RICHTER L, COSTE P, GROMOV V, et al. The mole with sampling mechanism (MSM) Technology development and payload of beagle 2 mars lander[C]. [S. l.]Proceedings, 8th ESA Workshop on Advanced Space Technologies for Robotics and Automation, 2004.

[53] WRIGHT I P, SIMS M R, PILLINGER C T. Scientific objectives of the Beagle 2 lander[J]. Acta Astronautica, 2003, 52(2): 219-225.

[54] FOX R A, SCHOWENGERDT F, BOUCHER D, et al. Lunar analog testing in Hawai'i: an example of international collaboration[C]. [S. l.]12th International Conference on Engineering, Science, Construction, and Operations in Challenging Environments — Eath and Space,2010.

[55] SEWERYN K, SKOCKI K, BANASZKIEWICZ M, et al. Determining the geotechnical properties of planetary regolith using low velocity penetrometers[J]. Planetary and Space Science, 2014(99): 70-83.

[56] GRYGORCZUK J, BANASZKIEWICZ M, SEWERYN K, et al. Space penetrators-Rosetta case study[C]. [S. l.] 2013 18th International Conference on Methods and Models in Automation and Robotics, 2013.

[57] SCOTT G P, SAAJ C M, Measuring and simulating the effect of variations in soil properties on microrover trafficability[C]// Proceedings of AIAA Space 2009 Conference and Exposition. Pasadena: The American Institute of Aeronautics and Astronautics, 2009.

[58] GROMOV V V, MISCKEVICH A V, YUDKIN E N, et al. The mobile penetrometer, "amole" for sub-surface soil investigation[C]. [S. l.]7th European Space Mechanisms and Tribology Symposium, 1997.

[59] RICHTER L, KROEMER O. Application of a remote controlled hammering drill from space to deep sea[C]. [S. l.]OCEANS' 09 IEEE Bremen: Balancing Technology with Future Needs, 2009.

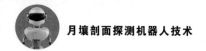
[60] ZACNY K, CURRIE D, PAULSEN G, et al. Development and testing of the pneumatic lunar drill for the emplacement of the corner cube reflector on the moon[J]. Planetary and Space Science, 2012, 71(1): 131-141.

[61] NAGAOKA K. Study on soil-screw interaction of exploration robot for surface and subsurface locomotion in soft terrain[D]. Kanagawa: The Graduate University for Advanced Studies, 2011.

[62] NAGAOKA K, KUBOTA T, OTSUKI M, et al. Robotic screw explorer for lunar subsurface investigation: Dynamics modeling and experimental validation[C]//Advanced Robotics, 2009. [S. l.]International Conference on IEEE, 2009.

[63] MYRICK T, FRADER-THOMPSON S, WILSON J, et al. Development of an inchworm deep subsurface platform for in situ investigation of europa's icy shell[C]. Workshop on Europa's Icy Shell: Past, Present, and Future, 2004, 1: 7041.

[64] LIU Y, WEINBERG B, MAVROIDIS C. Design and modeling of the nu smart space drilling system (SSDS)[C] // Engineering, Construction, and Operations in Challenging Environments (EARTH & SPACE 2006). [S. l.]Proceedings of the Tenth Biennial ASCE Aerospace Division International Conference, 2006.

[65] OMORI H, MURAKAMI T, NAGAI H, et al. Planetary subsurface explorer robot with propulsion units for peristaltic crawling[C]//Robotics and Automation (ICRA). [S. l.]2011 IEEE International Conference on IEEE, 2011.

[66] 胡智新. 月球表面水冰探测进展[J]. 航天器工程, 2010(5): 111-116.

[67] 张冬华, 张春华, 刘芮, 等. 基于 Mini-RF 雷达数据的月球水冰探测[J]. 国土资源遥感, 2014, 26(1): 110-114.

[68] PIETERS C M, GOSWAMI J N, CLARK R N, et al. Character and spatial distribution of OH/H_2O on the surface of the moon seen by M3 on Chandrayaan-1[J]. Science, 2009, 326(5952): 568-572.

[69] HELDMANN J L, STOKER C R, GONZALES A, et al. Red dragon drill missions to mars[J]. Acta Astronautica, 2017(141): 79-88.

[70] SMITH I B, PUTZIG N E, HOLT J W, et al. An ice age recorded in the polar deposits of mars[J]. Science, 2016, 352(6289): 1075-1078.

名词索引

附录　部分彩图

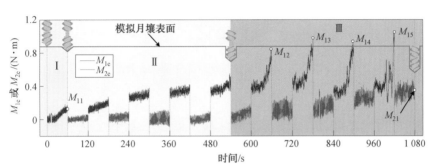

图 2.44　主螺旋、副螺旋负载曲线

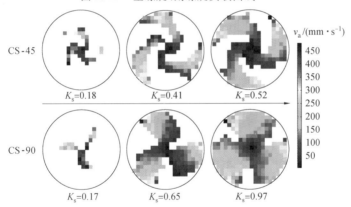

图 2.49　CS-45 和 CS-90 掘进头速度分布规律及动态填充情况

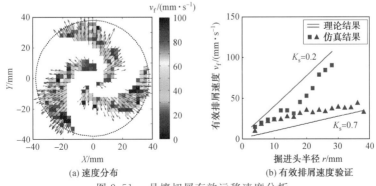

(a) 速度分布　　　　　　　(b) 有效排屑速度验证

图 2.51　月壤切屑有效运移速度分析

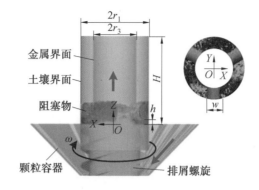

图 2.58　缓存区月壤颗粒流动特性仿真模型

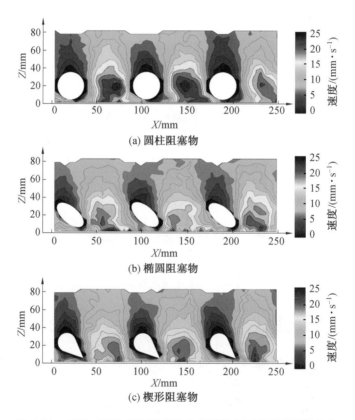

图 2.61　圆柱、椭圆、楔形阻塞物作用下缓存区颗粒速度场分布

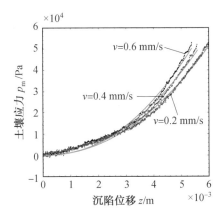

图 2.97　不同压入速率下月壤压力随沉陷位移变化曲线

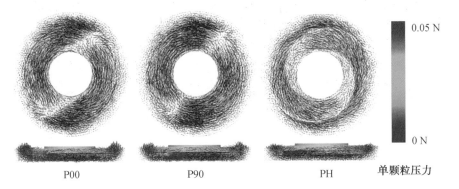

P00　　　　　　　　　P90　　　　　　　　　PH　　　　　单颗粒压力

图 3.45　颗粒压力分布及颗粒在钻头排屑通道内的流线图

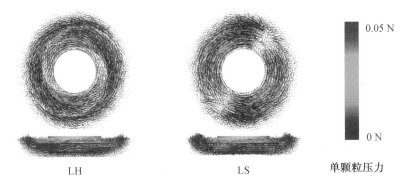

LH　　　　　　　　　　LS　　　　　　　单颗粒压力

图 3.46　钻头排屑通道内颗粒压力分布及排屑流线图

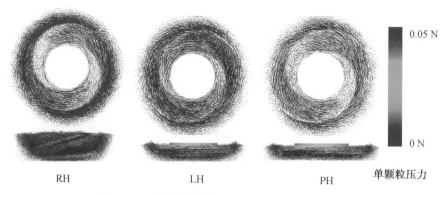

图 3.47　螺旋排屑翼钻头排屑流线及压力分布

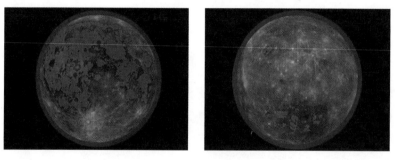

(a) 月球正面玄武岩分布　　　　　　(b) 月球背面玄武岩分布

图 4.3　月球表面玄武岩分布图(红色区域)

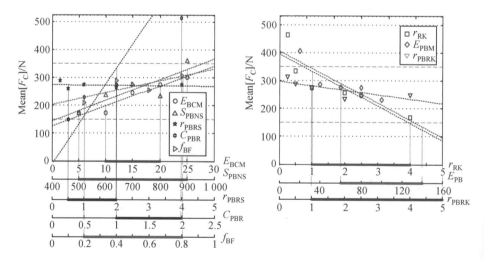

图 4.23　模拟月岩正交切削力平均负载与本构参数关系曲线

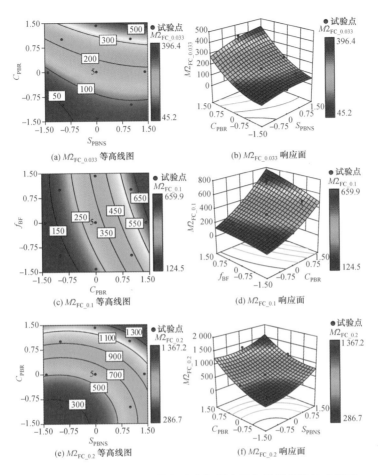

图 4.25 不同切削深度下模拟月岩切削力平均值等高线与响应面

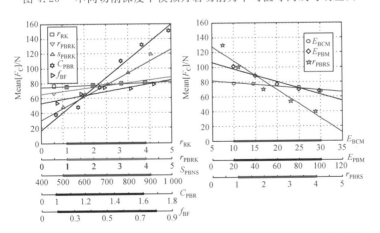

图 4.27 模拟月岩三维切削力仿真平均值随不同本构参数变化趋势

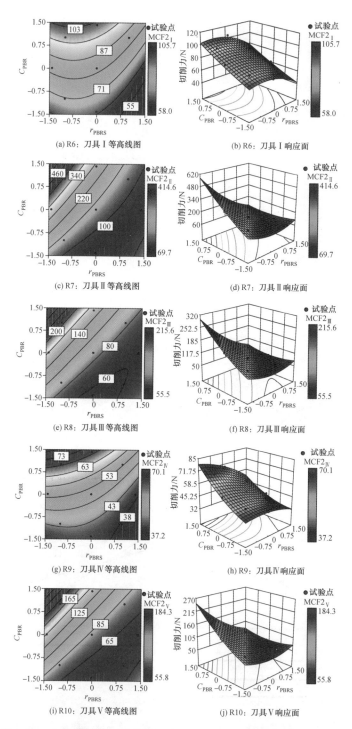

图 4.29　不同切削角度下模拟月岩切削力平均值的等高线和响应面

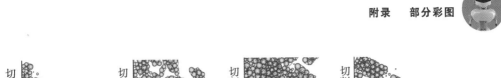

(a) h_{Pen}=0.033 mm　　(b) h_{Pen}=0.075 mm　　(c) h_{Pen}=0.12 mm　　(d) h_{Pen}=0.2 mm

图 4.35　不同切削深度下模拟月岩切削特性离散元数值模拟剖面图

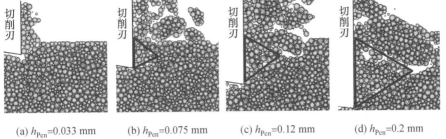

(a) γ_{o}=24°, λ_{s}=0°　　(b) γ_{o}=−13°, λ_{s}=0°　　(c) γ_{o}=−35°, λ_{s}=15°　　(d) γ_{o}=−35°, λ_{s}=35°

图 4.36　不同切削角度的切削刃破碎模拟月岩瞬间剖面

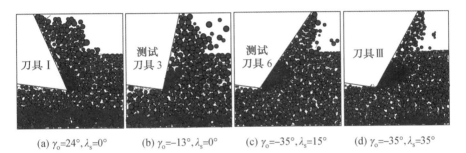

(a) γ_{o}=24°, λ_{s}=0°　　(b) γ_{o}=0°, λ_{s}=0°　　(c) γ_{o}=−13°, λ_{s}=0°　　(d) γ_{o}=−35°, λ_{s}=35°

图 4.37　随着前角的增大,颗粒微元相对速度场变化趋势

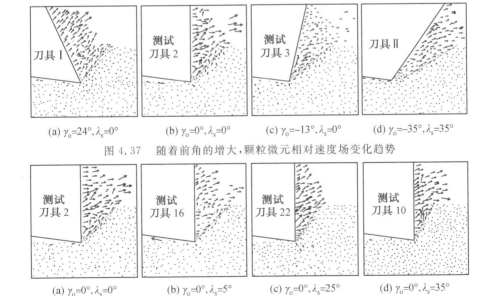

(a) γ_{o}=0°, λ_{s}=0°　　(b) γ_{o}=0°, λ_{s}=5°　　(c) γ_{o}=0°, λ_{s}=25°　　(d) γ_{o}=0°, λ_{s}=35°

图 4.38　随着刃倾角的增大,颗粒微元相对速度场变化趋势

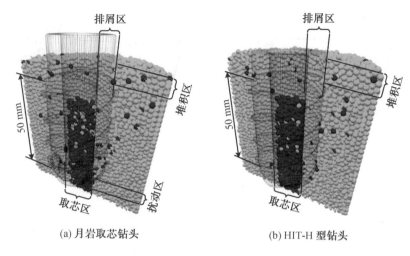

(a) 月岩取芯钻头   (b) HIT-H 型钻头

图 4.53   基于 EDEM 的月岩取芯钻头与 HIT-H 型取芯钻头模拟月壤钻进仿真对比

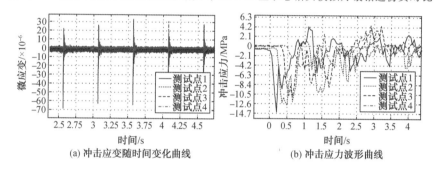

(a) 冲击应变随时间变化曲线   (b) 冲击应力波形曲线

图 4.68   钻具不同位置处的冲击应力、应变随时间变化曲线

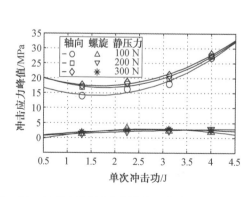

图 4.71   钻具中沿轴向和螺旋方向传递的冲击应力

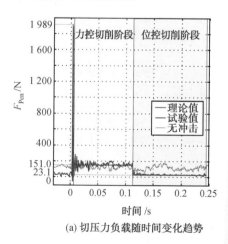

(a) 切压力负载随时间变化趋势

图 4.78   单个冲击周期内
模拟月岩切削负载变化趋势

附录   部分彩图

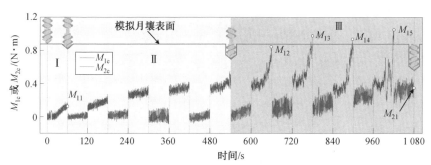

图 2.44   主螺旋、副螺旋负载曲线

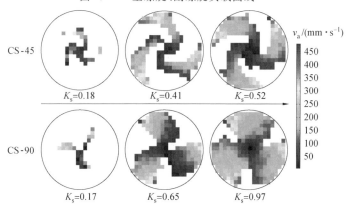

图 2.49   CS-45 和 CS-90 掘进头速度分布规律及动态填充情况

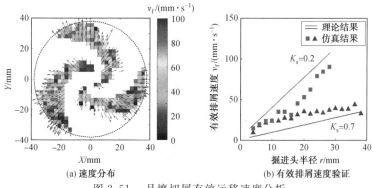

(a) 速度分布   (b) 有效排屑速度验证

图 2.51   月壤切屑有效运移速度分析

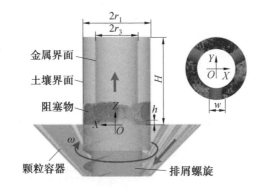

图 2.58　缓存区月壤颗粒流动特性仿真模型

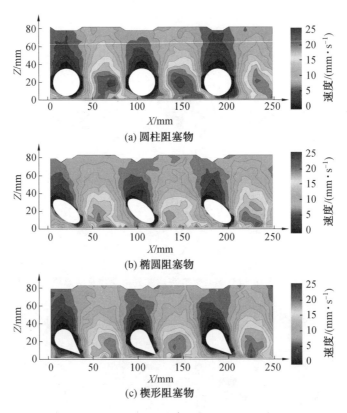

图 2.61　圆柱、椭圆、楔形阻塞物作用下缓存区颗粒速度场分布

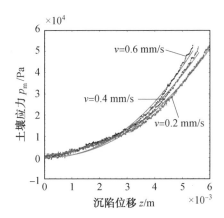

图 2.97　不同压入速率下月壤压力随沉陷位移变化曲线

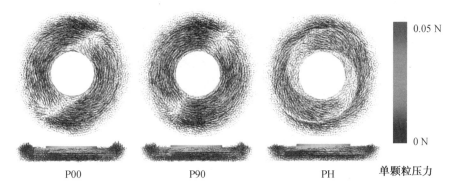

图 3.45　颗粒压力分布及颗粒在钻头排屑通道内的流线图

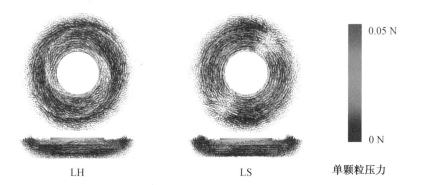

图 3.46　钻头排屑通道内颗粒压力分布及排屑流线图

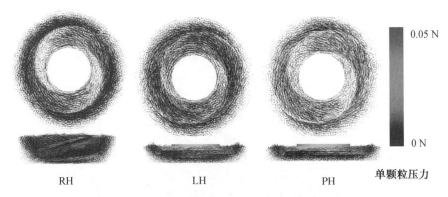

图 3.47　螺旋排屑翼钻头排屑流线及压力分布

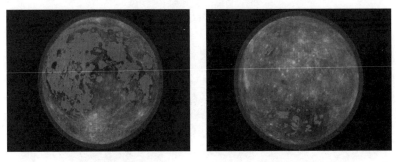

(a) 月球正面玄武岩分布　　　　　　(b) 月球背面玄武岩分布

图 4.3　月球表面玄武岩分布图(红色区域)

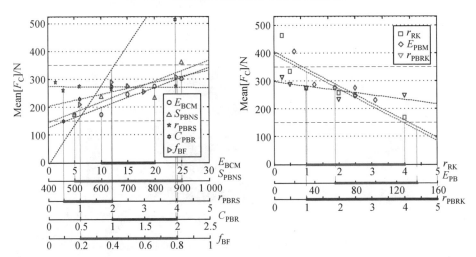

图 4.23　模拟月岩正交切削力平均负载与本构参数关系曲线

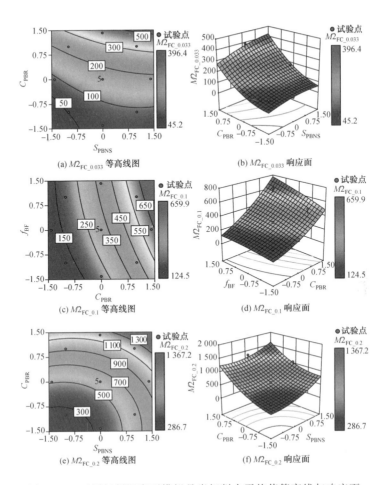

图 4.25　不同切削深度下模拟月岩切削力平均值等高线与响应面

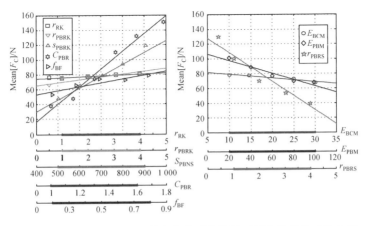

图 4.27　模拟月岩三维切削力仿真平均值随不同本构参数变化趋势

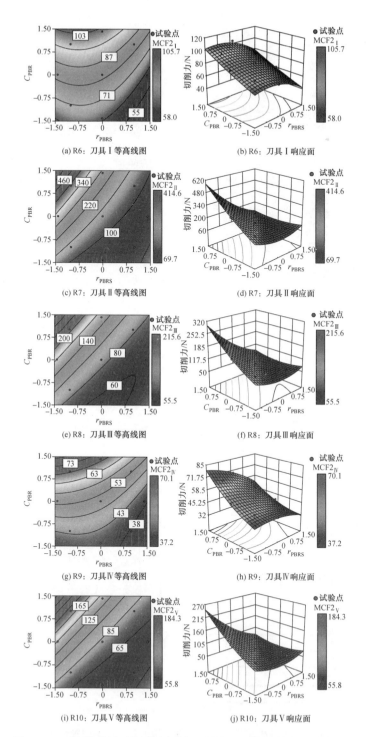

图 4.29　不同切削角度下模拟月岩切削力平均值的等高线和响应面

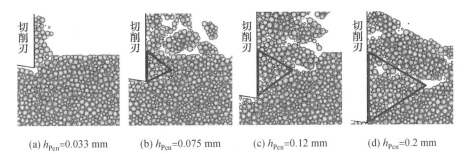

(a) $h_{Pen}=0.033$ mm　　(b) $h_{Pen}=0.075$ mm　　(c) $h_{Pen}=0.12$ mm　　(d) $h_{Pen}=0.2$ mm

图 4.35　不同切削深度下模拟月岩切削特性离散元数值模拟剖面图

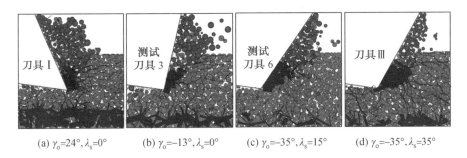

(a) $\gamma_o=24°,\lambda_s=0°$　　(b) $\gamma_o=-13°,\lambda_s=0°$　　(c) $\gamma_o=-35°,\lambda_s=15°$　　(d) $\gamma_o=-35°,\lambda_s=35°$

图 4.36　不同切削角度的切削刃破碎模拟月岩瞬间剖面

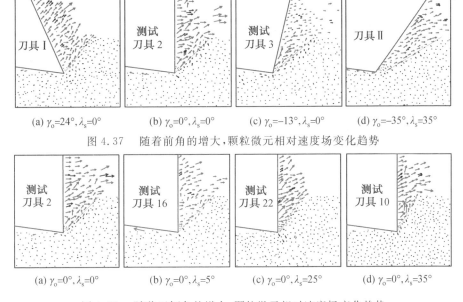

(a) $\gamma_o=24°,\lambda_s=0°$　　(b) $\gamma_o=0°,\lambda_s=0°$　　(c) $\gamma_o=-13°,\lambda_s=0°$　　(d) $\gamma_o=-35°,\lambda_s=35°$

图 4.37　随着前角的增大,颗粒微元相对速度场变化趋势

(a) $\gamma_o=0°,\lambda_s=0°$　　(b) $\gamma_o=0°,\lambda_s=5°$　　(c) $\gamma_o=0°,\lambda_s=25°$　　(d) $\gamma_o=0°,\lambda_s=35°$

图 4.38　随着刃倾角的增大,颗粒微元相对速度场变化趋势

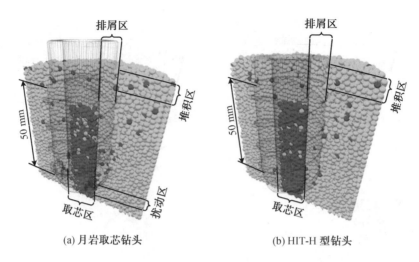

(a) 月岩取芯钻头   (b) HIT-H 型钻头

图 4.53   基于 EDEM 的月岩取芯钻头与 HIT-H 型取芯钻头模拟月壤钻进仿真对比

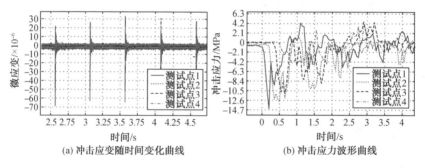

(a) 冲击应变随时间变化曲线   (b) 冲击应力波形曲线

图 4.68   钻具不同位置处的冲击应力、应变随时间变化曲线

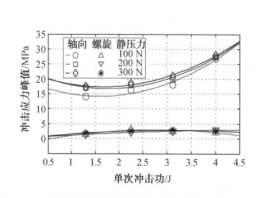

图 4.71   钻具中沿轴向和螺旋方向传递的冲击应力

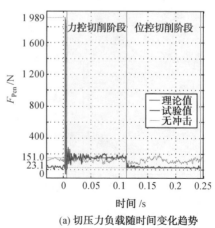

(a) 切压力负载随时间变化趋势

图 4.78   单个冲击周期内
模拟月岩切削负载变化趋势